침엽수의 자연사

The Natural History of Conifer

침엽수의 자연사

The Natural History of Conifer

공우석 지음

들어가는 말

제주도 한라산 백록담에 처음 오른 것은 고등학교 2학년 여름방학이었다. 친구와 함께 한라산 동쪽 성판악 등산로 중간지점인 진달래밭대피소를 지나면서 만난 울창한 침엽수림은 잊을 수 없는 강렬한 인상을 남겼다. 대학원생이 되어 한라산 고산대와 아고산대의 식물을 조사하면서 그 침엽수와 고사목이 구상나무였다는 것을 알았다.

나무와 숲을 공부하는 식물지리학자로서 지난 40여 년 동안, 우리나라의 고산과 아고산 생태계를 이루는 한라산의 눈향나무, 금강산의 잣나무와 분비나무, 설악산의 눈잣나무, 눈측백, 눈주목, 지리산과 덕유산의 구상나무와 가문비나무, 계방산과 소백산의 주목 등을 찾아다녔다. 오대산의 전나무, 속리산의 개비자나무, 내장산의 비자나무, 성인봉의 솔송나무와 섬잣나무, 백두대간 자락의 소나무와 노간주나무, 남해안의 곰솔 그리고 서울 창덕궁의 향나무와 종로의 백송에 이르기까지 침엽수와의 인연은 이어졌다. 앞으로 아직 답사하지 못한 북한에 자생하는 잎갈나무, 풍산가문비나무, 곱향나무 등을 볼 수 있기를 고대한다.

시간과 공간에 따른 식물의 다양성과 분포, 환경과의 관련성을 현장에서 탐구했다. 식물지리학자로 끊임없는 물음은 "이 땅에 자라는 침엽수와 고산식물이 언제부터 왜 그곳에 자랄까?"였다. 이 땅에 자라는 나무와 숲의 역사와 생태 그리고 지리를 이야기하는 것은 대답하기 쉽지 않은 생각거리다.

산림청에 따르면 국토의 62.6%에 이르는 629만ha 면적의 숲에서 침엽수림이 차지하는 면적은 38.7%, 침엽수와 활엽수가 섞여 자라는 혼합림의 면적은 27.8%다. 나머지 33.5% 면적에 달하는 활엽수림에도 침엽수를 볼 수 있다. 그만큼 침엽수는 우리 숲의 기본을 이루고 자연을 이해하는 데 중요하다.

침엽수가 어우러진 숲은 땅을 기름지게 하고, 깨끗한 공기와 맑은 물을 제공하며, 생물들의 보금자리를 만들어줘 자연생태계를 조화롭고 균형을 이루게 한다. 동시에 기후를 안정적으로 조절해주며, 사람들에게 목재와 열매를 내어주는 삶의 터전이면서, 일상에 지친 사람들에게 위안을 주는 고마운 안식처다. 숲을 이루는 침엽수들의 다양성을 알고, 자연사(自然史, natural history)를 복원하면서 생태, 분포, 문화 등을 살펴보면 국토의 자연사뿐만 아니라 우리 민족의 정체성도 알 수 있다.

침엽수의 우리말 이름은 바늘잎나무이다. 침엽수와 활엽수란 말은 학술용어나 전문용어가 아니라 일상생활에서 쓰이는 상용어로 여기에서도 사용했다. 침엽수는 밑씨가 씨방에 싸여 있지 않고 밖으로 드러나 있는 나자식물(겉씨식물)의 하나로 흔히 솔방울이라 부르는 구과를 맺는다.

이 책에서는 한반도에 분포하는 침엽수가 지나온 발자취를 살폈다. 침엽수는 어떤 식물인지(특징), 어디에 살고 있는지(분포), 어떻게 자라고 있는지(생태), 지금까지 어떻게 살아왔는지(자연사), 어떤 종들이 살고 있는지(다양성), 기후변화에 어떻게 적응하였는지(고기후), 기후변화에 따라 어떠한 영향을 받고 있는지(기후변화), 우리의 삶에 어떤 의미를 주고 있는지(문화) 등을 식물지리학적 시선으로 담아냈다. 한반도에 자생하는 28종의 침엽수와 20종의 외래종을 모두 살폈다.

또한 지질시대 동안 한반도에서 번성하다 멸종한 나무 화석과 고문헌에 등장한 역사시대의 침엽수의 자연사를 복원해냈다. 이 땅에 자생하는 소나무과, 측백나무과, 개비자나무과, 주목과 나무들의 자연사, 다양성, 생태, 분포와 함께 외국에서 들여와 심은 외래 침엽수도 함께 다루었다. 이 책이 한반도에 자라는 침엽수들의 형태, 분포, 생태, 자연사, 기후변화, 자생종과 외래종의 다양성, 문화 등을 시간과 공간적 관점에서 풀어가는 안내서가 되길 바란다.

침엽수의 학명과 분류학적 기준, 수종별 자세한 수평적 분포지는 산림청 국립수목원 국가생물종지식정보시스템(www.nature.go.kr/main/Main.do)을 기본으로 삼았고, 수종별 수직적 분포역은 정태현·이우철(1965)을 비롯한 여러 내용을 참고했다. 독자들이 읽기 쉽도록 구절마다 인용한 참고문헌을 낱낱이 밝히지 않고 후반에 모아둔 것을 양해 바란다.

산림청 국립수목원의 지원은 침엽수를 연구해 논문들을 쓰고, 『침엽수 사이언스 I』을 출간하고, 이 책 『침엽수의 자연사』 원고를 준비하는 데 도움이 됐다. 널리 읽히지 않을지라도 세상에 있어야 하는 책을 선뜻 내주는 지오북에 고마운 마음이다.

높은 산을 답사할 때마다 침엽수들이 하얗게 말라 죽어가고 고산식물을 보기 힘들어져 마음이 아프다. 침엽수가 무더기로 스러지는 자연사(自然死, natural death)를 보기보다는 나무와 숲의 역사인 자연사(自然史)를 여유로운 눈으로 볼 수 있는 날이 이시 오기 바란다. 오늘 이 땅에서 일어나고 있는 자연생태계의 모든 변화는 내일의 자연사다.

차 례

I 부
침엽수의 세계

침엽수는
어떤 식물인가

1. 바늘잎과 구과를 가진 나자식물

태양에너지를 받아 유기물을 합성하는 식물, 동물, 미생물 등이 어느 지역에서 일정한 시간 동안 생산하는 생물체의 총량을 생물량(生物量) 또는 바이오매스(biomass)라고 한다. 이스라엘 바이츠만과학연구소(Weizmann Institute of Science)가 생물의 구성성분 중 탄소(C)의 양을 계산해 분석한 바에 따르면 지구상 생물량의 99%는 육상에 분포하고, 나머지 1%가 바다에 산다. 생물량의 82%는 식물이고, 단세포 박테리아가 13%를 차지한다. 인간이 생물체에서 차지하는 비율은 0.01%로 생물량이 가장 많은 식물체의 8,200분의 1 수준이다. 이렇듯 식물은 다양성, 분포하는 면적, 생물량 등으로 볼 때 지구시스템 내에서 가장 중요한 부분을 차지한다. 특히 식물 중에서 침엽수는 남극을 제외한 모든 대륙에 분포하며 러시아의 시베리아에 가장 많이 자란다.

침엽수는 바늘잎나무라고도 하며 계통분류학적으로 은행나무, 소철 등과 함께 나자식물에 속한다. 나자식물은 종자식물 가운데 밑씨가 씨방 안에 싸여 있지 않고 드러나 있으며, 그곳에 꽃가루가 달라붙어 수정하는 겉씨식물이다. 침엽수는 잎이 뾰족하거나 비늘 모양이고 구과(솔방울) 속에서 종자(씨앗)가 만들어져 번식하는 원시적인 나무다.

침엽수에 속한 나무들 가운데 소나무, 가문비나무 등 뾰족하고 긴 바늘잎을 가진 나무들이 많고, 주목이나 개비자나무처럼 바늘잎이면서 약간 편평한 모양을 한 잎도 있다. 향나무, 눈측백, 편백처럼 잎이 비늘 모양인 나무들도 침엽수에 속한다. 필로클라두스속(*Phyllocladus*)은 잎이 아닌 넓어진 가지에서 광합성을 하며, 잎은 생기자마자 곧 떨어진다. 나한송속 대부분 식물, 남양삼나무속 일부 식물, 개비자나무속, 넓은잎삼나무속(*Cunninghamia*) 일부 식물의 잎은 바늘잎과 비늘잎의 중간 형태를 띤다.

관속식물은 이끼류, 양치식물, 나자식물, 피자식물 순으로 지구에 정착했다. 침엽수가 속한 나자식물(겉씨식물)은 이끼류나 양치식물보다는 진화했으나 피자식물(속씨식물)보다는 덜 진화한 식물이다. 이끼류와 양치식물은 종자를 만들지 않고 무성생식하는 생식세포인 포자(胞子, spore)로 번식한다. 한편 나자식물과 피자식물은 종자를 만들어 후손을 남기는 종자식물이다. 침엽수를 이해하는 데 필요한 기본 용어는 표 1과 같다.

은행나무
Ginkgo biloba

소철
Cycas revoluta

웰위치아 미라빌리스
Welwitschia mirabilis

서양주목
Taxus baccata

암본소나무
Dammara orientalis

사이프러스
Cupressus semperviren

자이언트 세쿼이아
Sequoiadendron giganteum

아라우카리아
Araucaria heterophylla

다양한 나자식물들 ⓒ wikipedia

표 1. 침엽수 관련 용어

용어	해설
관속식물(管束植物, Tracheophyta, vascular plant)	식물 조직 속에 줄기로 통하는 통도조직(물관, 체관 등)인 관다발이 발달하며 유관속식물(維管束植物)이라고도 한다. 솔잎란식물, 석송식물, 속새식물, 양치식물, 나자식물, 피자식물 등이 있다.
종자식물(種子植物, Spermatophyta, seed plant)	밑씨가 씨방에 싸여 있지 않고 밖으로 드러나 있는 나자식물과 꽃피는 식물로 씨방 속에 종자가 들어있는 피자식물(被子植物, angiospermae, angiosperm)이 있다. 종자식물은 오랜 시간에 걸쳐 다양하게 진화하여 현재 세계적으로 약 25만 종이 알려졌다.
나자식물(裸子植物, Gymnospermae, gymnosperm)	꽃이 피지 않는 종자식물로 밑씨가 씨방에 싸여 있지 않고 밖으로 드러나 있으며, 피자식물보다 원시적이다. 겉씨식물이라고도 부르는 나자식물에는 구과식물문, 은행나무문, 소철문, 마황문이 있다.
구과(毬果, strobilus, cone)	나자식물의 밑씨 원추체로 솔방울(열매방울)이라고도 부른다. 어릴 때 구과는 서로 달라붙어 있으나 익으면 벌어져 열리면서 종자가 밖으로 빠져나온다. 일반적으로 봄에 수정하여 이듬해에 익으며, 포자수(胞子穗, strobilus)라고도 부른다.
구과식물(毬果植物, Pinophyta, coniferous plant)	구과를 가진 나무로 구과류(毬果類, conifer), 침엽수, 바늘잎나무라고도 부른다. 'conifer'는 원뿔 모양의 솔방울을 의미하는 라틴어 conus와 가진다(bear)는 뜻의 라틴어 fer에서 나온 말로 솔방울을 맺는다(bearing cones)를 뜻한다.
침엽수(針葉樹, conifer)	나자식물로 바늘 모양의 잎을 가져 바늘잎나무(coniferous, needle-leaved tree)라고도 부른다. 바늘 모양의 잎을 가진 종류(소나무, 전나무, 주목 등)와 비늘 모양의 잎(향나무, 편백 등)도 있다. 상록침엽수와 낙엽침엽수가 있다.
송백류(松柏類, conifers and taxads)	소나무처럼 구과를 가진 나무와 주목처럼 단단한 종자를 열매살(과육)이 둘러싼 굳은 씨 열매인 핵과를 맺는 나무를 모두 이른다. 나자식물의 구과목에서 소철류와 은행나무류를 제외한 무리다.
종(種, species)	생물의 종은 서로 결합하여 번식할 수 있으나 다른 집단의 개체와는 번식할 수 없는 개체다. 종보다 아래 계급에는 아종(亞種, subspecies), 변종(變種, variety), 품종(品種, form)이 있다. 잡종(雜種, hybrid)을 만들거나 재배종(栽培種, cultivar)으로 기르기도 한다.
삼림(森林, forest)	삼림은 나무가 많이 우거진 숲이고, 산림(山林)은 산에 있는 숲을 뜻한다. 우점하는 나무에 따라 침엽수림(針葉樹林, coniferous forest), 활엽수림(闊葉樹林, deciduous forest), 침엽수와 활엽수가 섞인 혼합림(混合林, mixed forest), 대나무숲인 죽림(竹林, bamboo grove)으로 나눈다.

2. 침엽수의 계통분류체계

침엽수는 계통분류학적으로 식물계 관속식물아계 종자식물상문 나자식물아문 구과식물문 구과식물강으로 분류되는 나자식물이다. 구과식물문(침엽문)에는 소철강, 구과식물강(침엽강), 주목강, 은행나무강이 있다. 한반도에 자생(自生, native)하는 구과식물강 구과목(침엽목)에는 소나무과, 측백나무과, 개비자나무과 등이, 주목강 주목목에는 주목과가 있다. 은행나무강은 은행나무목 은행나무과로 이루어진 재배식물이다. 침엽수는 여러 과의 속과 종으로 이루어진다(표 2).

침엽수는 꽃피는 다른 식물과는 달리 종자가 닫혀 있지 않고 드러나 있는 나자식물로 계통분류체계는 시대와 학자에 따라 달랐다. 영국 큐왕립식물원(Royal Botanic Gardens, Kew)과 국제자연보호연맹(IUCN)의 침엽수 전문가 그룹은 침엽수를 남양삼나무과(Araucariaceae), 개비자나무과, 측백나무과, 필로클라두스과(Phyllocladaceae), 소나무과, 나한송과, 금송과(Sciadopityaceae), 주목과 등 8개과로 나누었다. 필로클라두스과는 나한송과에 포함되기도 한다. 주목속의 나무들은 종자가 구과 속에 있지 않으므로 다른 목으로 분류하기도 한다. 주목과, 개비자나무과, 나한송과도 전형적인 솔방울을 만들지 않는다.

표 2. 침엽수의 분류체계

계급	침엽수의 계통
계(界, Kingdom)	식물계(植物界, Plantae, Plant)
아계(亞界)	관속식물아계(管束植物亞界, Tracheobionta, Vascular Plant)
상문(上門)	종자식물상문(種子植物上門, Spermatophyta, Seed Plant)
아문(亞門)	나자식물아문(裸子植物亞門, Gymnospermophyta, Gymnospermae)
문(門, Division)	구과식물문(毬果植物門, Pinophyta) 또는 침엽문(針葉門, Coniferophyta)
강(綱, Class)	구과식물강(毬果植物綱, Pinopsida) 또는 침엽강(針葉綱, Coniferopsida)
	주목강(朱木綱, Taxopsida)
	은행나무강(銀杏綱, Ginkgopsida),
목(目, Order)	구과목(毬果目, Pinales, Coniferophyta) 또는 침엽목(針葉目, Coniferales, Coniferae)
	주목목(朱木目, Taxalaes)
	은행나무목(銀杏目, Ginkgoales, Ginkgophyta)
과(科, Family)	소나무과, 측백나무과, 개비자나무과 등
	주목과
	은행나무과
속(屬, Genus)	전나무속, 잎갈나무속, 가문비나무속, 소나무속, 솔송나무속 등
	향나무속, 눈측백속, 측백나무속 등
	개비자나무속 등
	주목속 등
	은행나무속
종(種, Species)	전나무 등 여러 종
	주목 등 여러 종
	은행나무

3. 수분손실을 막는 가늘고 뾰족하며 단단한 잎

침엽수는 종자에서 떡잎이 나와 땅 위로 솟아올라 잎을 만든다. 잎은 모양이 다양하나 물의 손실을 최소화하기 위해 뾰족한 바늘잎인 침엽이 일반적이다. 특히 소나무속, 전나무속, 가문비나무속, 주목속 식물들의 바늘잎은 길고 딱딱하다. 반면 눈측백속과 향나무속 등 일부 침엽수의 잎은 비늘조각과 같은 인편(鱗片, scale)으로 덮여있다. 바늘잎이 아닌 부채 모양의 잎을 가져 활엽수로 착각하는 은행나무도 계통분류학적으로는 나자식물이다. 침엽수의 바늘잎은 가지를 둥글게 돌며 자라거나, 흩어지거나, 서로 교차하는 짝으로 나며, 하나의 다발 또는 속(束, fascicle)에 하나 또는 여러 개의 바늘잎이 난다.

바늘잎은 표면적이 작아 수분이 적게 필요하고, 잎이 숨 쉬는 구멍인 기공(氣孔, stoma)에서 기체 상태로 수분이 식물 밖으로 빠져나가는 증산에 쓰는 물의 양이 적다. 가늘고 뾰족한 바늘잎은 기온이 낮은 지역에서 수분을 빼앗기지 않고, 바람의 저항을 줄이는 데도 유리하다. 바늘잎에는 송진(松津, resin)을 옮기는 관이 있으며, 기공으로부터 수분 증발을 막기 위해 외부와 접촉하는 바깥층인 큐티클(cuticle)층이 발달하여 잎이 건조해지는 것을 막아줘 생존에 유리하다.

상록침엽수들의 잎이 겨울 추위에도 얼지 않는 것은 프롤린, 베타인과 같은 아미노산과 당분이 부동액으로 작용해 얼어 죽는 동해(凍害, frost damage)를 막아주기 때문이다. 이 아미노산과 당분은 세포의 농도를 높여서 잎이 어는 빙점(氷點, freezing point)을 낮춰 세포의 파괴를 막아준다. 상록침엽수는 잎에 수분을 저장하기 좋고, 늦가을부터 이른 봄에도 기온이 오르면 광합성을 할 수 있어 다른 식물과의 경쟁에서 유리하다.

잎이 달리는 기간은 나무에 따라 다른데, 자생종인 잎갈나무와 일본

전나무의 잎

편백의 잎과 구과

에서 도입한 일본잎갈나무(낙엽송) 등 낙엽침엽수는 해마다 잎을 바꾼다. 그러나 소나무, 전나무, 향나무 등 대부분의 상록침엽수는 3~5년 동안은 잎을 매달고 있다. 상록침엽수의 잎은 사시사철 항상 푸르게 보이지만 사실 상록수도 가을에 낙엽이 진다. 다만 낙엽수처럼 가지만 앙상하게 남을 정도로 잎을 모두 떨구지 않고 부분적으로 바늘잎을 떨어내므로 쉽게 눈에 띄지 않을 뿐이다. 겨울이 되면 침엽수조차도 광합성이나 증산 등의 대사작용을 멈추거나 크게 줄인다.

침엽수는 나뭇가지나 잎이 무성한 부분인 수관(樹冠, crown)에서 탄소를 받아들여 광합성을 한다. 침엽수 바늘잎은 몇 년 동안 가지에 매달리면서도, 뭉쳐 자라고 규칙적으로 배열되는 것은 나이 든 바늘잎도 햇빛을 충분히 받을 수 있도록 하기 위해서다. 따라서 침엽수림은 전체 광합성에서 식물이 살아가면서 소비한 호흡량을 제외하고 남은 양인 순일차생산(純一次生産, net primary production)이 같은 기후대에 있는 활엽수림보다 많아 경쟁력이 있다.

나무 한 그루는 성인 네 명이 숨 쉬는 데 필요한 양의 산소를 공급하며, 1ha의 숲은 일 년에 168kg의 미세먼지를 흡수한다. 침엽수의 잎은 공기 중 미세먼지를 줄이는 효과도 많아 일 년에 한 그루의 활엽수는 22g, 은행나무는 35.7g, 침엽수는 44g의 미세먼지를 빨아들인다. 미세먼지를 줄이는 효과는 잎의 전체면적이 넓고 단위 면적당 기공 수가 많은 소나무, 잣나무, 곰솔, 가문비나무, 전나무, 구상나무, 분비나무, 측백나무, 눈향나무, 주목, 눈주목, 편백, 비자나무 같은 상록침엽수가 뛰어나다. 상록침엽수는 비 내린 뒤에 미세먼지 흡착량이 많으며, 낙엽활엽수가 잎을 떨군 겨울과 이른 봄에 미세먼지를 줄이는 데 효과적이다.

4. 짧고 가는 헛물관으로 효율성 높인 줄기

러시아, 스칸디나비아, 북아메리카 북부 등 춥고 눈이 많이 오는 한랭한 타이가(taiga)에서 침엽수는 원뿔처럼 뾰족하게 자란다. 타이가의 침엽수 줄기 가장 위쪽 끝눈에서는 생장호르몬인 옥신(auxin)이 만들어져 나무가 자란다. 옥신은 줄기가 위로 잘 자라게 하는 대신 곁가지는 자라지 못하게 한다. 옥신이 줄기 맨 위쪽으로 집중되어 위쪽의 곁가지는 거의 자라지 못하고, 반대로 아래쪽 곁가지는 충분히 자라면서 침엽수는 원뿔 모양이 된다. 침엽수 줄기가 원뿔 모양이면 바람의 저항도 줄이고 눈 무게를 분산해주며, 위쪽 가지가 아래쪽 가지보다 짧아서 아래쪽 잎들도 광합성을 할 수 있다.

침엽수 줄기의 껍질은 뿌리와 나뭇가지 끝 사이에 물과 영양분을 운반하는 안쪽 껍질과 보호층 역할을 하는 바깥쪽 껍질로 이루어진다. 침엽수는 활엽수보다 진화가 덜 되어 나무를 이루는 세포의 종류와 형태도 훨씬 단순하다. 침엽수의 줄기는 곧게 자라고 목질이며, 뿌리로부터 물과 영양분을 옮겨주는 관이 있고, 겨울에도 광합성으로 만든 물질을 저장한다. 눈측백속, 편백속, 향나무속의 줄기는 여러 개이고, 튼튼하며 옆으로 퍼진다.

침엽수의 줄기에는 수분을 운반하고 나무를 지탱하는 역할을 하는 헛물관인 가도관(假導管, tracheid)이 90~98% 정도를 차지한다. 침엽수와 활엽수의 가장 큰 차이는 침엽수는 피자식물에는 있는 물을 옮겨주는 도관(導管, vessel)이 없고, 헛물관을 가진 무공재(無孔材, non-pored wood)다. 반면 활엽수는 도관이 있는 유공재(有孔材, pored wood)다.

침엽수는 뿌리에서 잎의 끝까지 물을 공급하는 줄기의 헛물관의 길이가 피자식물에 비해 10분의 1에도 미치지 못하므로 원래대로라면 수백만 년 전에 멸종했을 터였다. 그러나 침엽수가 키도 크고 장수하는 데

주목(덕유산)

가문비나무(덕유산)

침엽수의 자연사

에는 단세포로 구성된 헛물관이 교차하는 지점마다 있는 밸브가 피자식물에 비해 10배나 많은 덕분이다. 침엽수는 피자식물의 물관보다 10분의 1 정도로 작은 3mm 정도의 헛물관으로도 잘 자란다. 물관의 효율은 높으나 밸브의 효율은 떨어지는 피자식물 사이에서 침엽수는 지질시대부터 멸종하지 않고 지금까지 생존하고 있다.

나자식물은 절반 이상이 교목(喬木, tree) 또는 큰키나무이며, 나머지는 관목(灌木, shrub) 또는 떨기나무, 드물게 중간 키의 아관목(亞喬木, subtree)도 있다. 침엽수는 일반적으로 춥고 혹독한 환경에서 자라므로 목질이 매우 단단한 편이다.

침엽수 중에서 주목은 나무 재질이 붉은색이고 매우 단단하여 쉽게 썩지 않고, 줄기 속이 썩어 텅 비어 있는 상태로 오래 산다. 강원 정선의 두위봉(1,466m)에는 1,400년 된 주목이 살고 있다. 죽은 목질 조직은 줄기를 단단하게 유지하고 일부 조직은 수분 상승의 통로 역할도 하지만 생명 활동과는 관계가 없다. 그러나 나무의 살아 있는 부분은 겉껍질 가까이 위치하므로 껍질을 벗기거나 큰 상처를 내면 나무는 죽는다.

침엽수의 목재는 상대적으로 부드러우며 송진을 가지고 있으나 목재로도 이용되며, 종이를 만드는 펄프를 생산한다. 소나무와 편백 등의 목재가 품고 있는 피톤치드 성분이 건강에 좋은 것으로 알려지면서 목조건축이나 가구재로 목재의 수요가 크게 늘고 있다.

5. 땅속으로 넓고 얕게 뻗는 뿌리

침엽수 뿌리는 나무를 지탱하고 흙에서 물과 영양분을 빨아들여 나무에 공급한다. 나무의 뿌리털은 땅속 깊이 넓게 뻗어서 물과 양분을 흡수하고 식물체를 지탱해 준다. 뿌리는 호흡을 통해 산소를 받아들이고 이산화탄소를 내보내며 영양분을 저장한다. 어린나무들은 단단한 원뿌리를 땅속에 내려 나무가 살아 있는 동안 기능한다. 모든 침엽수는 잔뿌리에서 영양분을 흡수한다. 물에 잠긴 토양에서 자라는 나무는 잔뿌리가 나오면 원뿌리는 죽는다.

식물의 뿌리는 생장에 필요한 산소를 안정적으로 공급받을 수 있는 깊이까지 자란다. 활엽수는 땅속 깊이 뿌리를 뻗으나, 침엽수는 깊이 50~90cm 정도까지 그물망처럼 수평으로 넓게 퍼져 자란다. 따라서 태풍 등 센 바람에 뿌리를 드러내고 쉽게 넘어지며, 집중강우에 취약해 침엽수만 자라는 곳에서 산사태가 자주 발생한다. 잎이 크고 편평한 활엽수는 뿌리가 땅속 깊이 파고들어 흙을 붙드나 소나무 등 침엽수는 뿌리가 얕아 흙을 효과적으로 움켜쥐지 못하기 때문이다. 침엽수는 재선충병 등 각종 병해충에도 약하며, 산불에도 취약하므로 활엽수들과 섞여 자라면 생태적으로 건강한 숲이 된다.

침엽수의 뿌리가 사람들의 통행, 폭우, 침식 등으로 토사가 유출돼 나무의 뿌리가 드러나면 흙을 덮어 보호해줘야 한다. 사람이 많이 다니는 등산로에서 나무들이 뿌리를 드러내고 말라 죽는 경우가 흔하다. 그러나 오랜 기간을 거쳐 차츰 흙이 사라져 뿌리가 드러나 제 기능을 하지 않고 줄기로서 수목을 지탱하는 경우에는 흙을 덮어주면 오히려 숨을 쉬지 못해 죽을 수 있다.

쓰러진 지리산 가문비나무

쓰러진 한라산 구상나무

6. 꽃가루받이와 구과 맺기

침엽수를 포함해 소철과 은행나무로 구성된 나자식물은 종자가 겉으로 드러나며 꽃을 피우지 않는다. 침엽수는 흔히 꽃가루 또는 화분이라고 부르는 폴렌(pollen)을 바람에 날려 수정한다. 이에 비해 활엽수가 포함된 피자식물은 꽃을 피우고, 주로 곤충과 새들의 도움을 받아 번식하며, 종자가 씨방에 둘러싸여 있다.

나자식물은 암수한그루가 많지만 은행나무속, 주목속 등 일부 침엽수는 암수딴그루다. 수나무는 작은 주머니가 두 개 있어 바람에 쉽게 날아가는 아주 작은 폴렌을 많이 만든다. 웅성구화수에서 폴렌이 날리기 시작할 때 자성구화수가 개화하는데 이때 바람에 날아가서 자성구화수과 수정하여 구과로 성숙하게 된다. 암나무의 생식기관은 가장 활발하게 생장하며 잎을 만들지 않는 나뭇가지의 위쪽에 주로 열린다.

침엽수는 원추체(圓錐體, cone)라는 독특한 생식구조가 있다. 원추체는 폴렌이 생기는 소원추체(pollen cone) 또는 폴렌 원추체와 밑씨를 가져 솔방울이 시작되는 대원추체(ovule cone) 또는 밑씨 원추체로 나뉜다(표 3). 소나무 등 암수한그루의 침엽수들은 소원추체와 대원추체가 같은 나무에서 서로 떨어져 생긴다. 일반적으로 소원추체는 나무의 아래쪽 가지에 생기며, 대원추체는 위쪽 가지에 발달한다. 폴렌은 바람에 의해 위쪽으로 잘 날아가지 않기 때문에 침엽수의 생식구조는 다른 식물체 사이에 꽃가루받이가 되는 타가수분(他家受粉, cross pollination)이 되도록 발달했다. 그리하여 유전적으로 허약한 자손이 생산되는 같은 나무들 사이의 꽃가루받이인 자가수분(自家受粉, self-pollination)을 줄인다.

침엽수는 구과식물의 생식세포(生殖細胞, sex cell)인 구화수를 가지는데, 구화수는 배우자를 만들어 유성생식을 하는 배우체(配偶體, gametophyte)를 생산하는 생식세포이다. 침엽수의 생식은 정자세

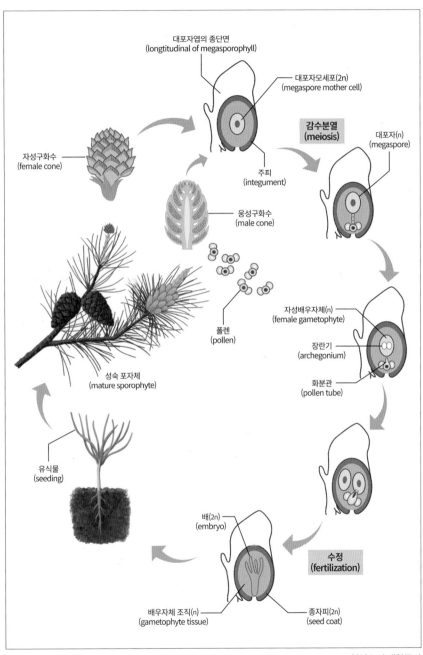

대포자엽의 종단면
(longtitudinal of megasporophyll)

대포자모세포(2n)
(megaspore mother cell)

감수분열
(meiosis)

대포자(n)
(megaspore)

자성구화수
(female cone)

주피
(integument)

웅성구화수
(male cone)

자성배우자체(n)
(female gametophyte)

장란기
(archegonium)

화분관
(pollen tube)

폴렌
(pollen)

성숙 포자체
(mature sporophyte)

유식물
(seeding)

배(2n)
(embryo)

수정
(fertilization)

배우자체 조직(n)
(gametophyte tissue)

종자피(2n)
(seed coat)

침엽수의 생활주기

포(精子細胞, spermatid)를 가진 폴렌이 바람에 옮겨져 난세포(卵細胞, egg cell)를 가진 배주(胚珠, ovule)의 표면에 자리 잡는 수분(受粉, pollination)과 함께 시작된다. 이어 난핵(卵核, egg nuclei)과 정자가 만나는 복잡한 발달과정을 거치면서 배아(胚芽, embryo)가 수정(授精, fertilization)되어 구과를 맺는 생활주기(生活週期, life cycle)를 갖는다

나자식물의 생식기관을 일컫는 학술용어는 다양하고 일반인이 사용하는 용어와도 달라 혼란스럽다(표 3). 보통은 구화수를 솔방울, 웅성구화수를 수꽃(수솔방울, 수구화수), 자성구화수를 암꽃(암솔방울, 암구화수)으로 부른다. 식물분류학과 식물형태학 전문가들이 어려운 전문용어를 대신할 우리말 이름을 만들어 주기 기대한다.

표 3. 침엽수 생식기관 용어

용어	풀이
구화수 (毬花穗, cone, stroblius)	구과식물 또는 침엽수의 배우체를 생산하는 생식구조다. 구화수에는 웅성구화수와 자성구화수가 있다. 소나무에서 솔방울이라고 부르는 것이 구화수이다.
웅성구화수 (雄性毬花穗, male cone)	나자식물에서 폴렌을 생산하는 수술로 작은 홀씨인 소포자(小胞子, microspore)가 들어있는 주머니인 소포자낭이 모여서 만든다. 소원추체 또는 폴렌 원추체라고도 하며, 웅성구화수는 보통 수꽃(수솔방울, 수구화수)이라 한다.
폴렌 (pollen)	종자식물이 만드는 작은 홀씨로 피자식물에서는 화분(花粉) 또는 꽃가루라 한다. 종자를 만드는 식물의 수꽃에 달리는 꽃밥에서 폴렌이 만들어진다. 바람, 물, 곤충 등 매개자들이 폴렌을 암꽃의 암술로 운반하면 수정하여 열매를 맺는다. 나자식물은 꽃을 피우지 않으므로 화분보다는 폴렌이 알맞은 표현이다.
자성구화수 (雌性毬花穗, female cone)	암술에 해당하며 대포자낭이 모여서 생긴다. 자성구화수의 자성 배우체는 영양적으로 독립하지 못하고 홀씨체인 포자체(胞子體, sporophyte)에 기생한다. 웅성배우체에서 생산된 폴렌이 바람에 의해 날려 솔방울에 붙으면 자성배우체와 만나 수정된다. 소나무에서 솔씨를 가지고 있는 솔방울인 구과가 자성구화수다. 대원추체 또는 밑씨 원추체라고도 하며, 보통 암꽃(암솔방울, 암구화수)이라 한다.

7. 종자가 달리는 다양한 모양의 구과

침엽수의 방울열매인 구과는 나자식물의 밑씨 원추체로 구화수, 포자수 라고 하지만 보통 솔방울이라고 부른다(표 1, 3 참조). 구과는 소나무과, 측백나무과 식물 등의 생식구조로 솔방울, 잣송이처럼 딱딱한 목질(木質, woody, ligneous)의 비늘조각이 여러 겹으로 포개어 있어 전체적인 모양은 둥근 모양이나 원뿔 모양이다.

구과는 어릴 때는 서로 가까이 달라붙어 있으나 성숙하면 벌어지면 서 열려 종자가 밖으로 나온다. 대부분 봄에 수정하여 가을이나 이듬해 가을에 익는다. 보통 수구과(수꽃)와 암구과(암꽃)가 같은 나무에서 거 리를 두고 만들어지나, 몇몇 식물들은 서로 다른 나무에 발달하기도 한 다. 구과는 축을 중심으로 하여 나선으로 꼬여 있거나 마디마디에 모여 서 달리며, 수많은 단단한 비늘 모양의 조각인 실편(實片, ovuliferous scale)으로 되어있다.

나자식물의 솔방울인 암구과는 종마다 크기가 다르다. 오스트레 일리아에서 자라는 소철류인 마크로자미아 데니소니(*Macrozamia denisonii*)의 구과는 길이가 거의 100cm에 이르고 무게가 38kg이나 된 다. 반면 노간주나무는 암구과가 아주 작아 지름이 0.5cm 정도다. 암구 과의 인편은 노간주나무의 장과(漿果, berry)처럼 육질이고 서로 붙어있 기도 하며, 소나무, 가문비나무처럼 종이질 또는 목질이고 따로따로 떨 어져 있는 종류도 있다.

나자식물의 종자는 서양자두처럼 돌멩이같이 단단한 구조 안에 들어 있거나, 은행나무, 주목, 나한송, 비자나무속, 개비자나무속 식물처럼 종 자의 바깥을 육질층이 둘러싸기도 한다. 대부분 침엽수의 구과는 종자가 성숙했을 때 인편을 펴서 종자가 바람에 실려 떨어지거나 동물에 의해 옮겨진다. 미국 동남부에 분포하는 에치나타소나무(*Pinus echinata*)처

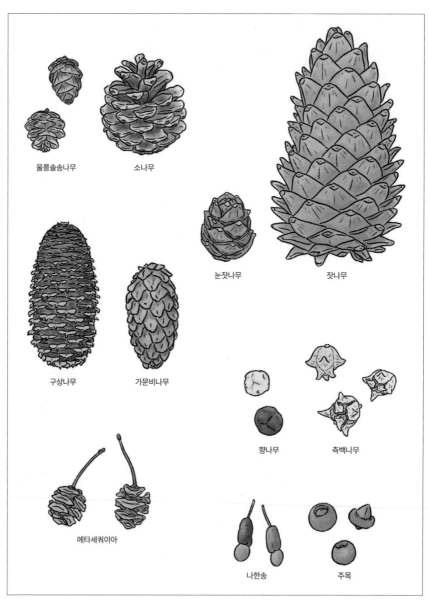

울릉솔송나무

소나무

눈잣나무

잣나무

구상나무

가문비나무

향나무

측백나무

메타세쿼이아

나한송

주목

다양한 크기와 형태를 가진 침엽수의 구과

침엽수의 자연사

럼 숲에 산불이 나면 땅속에 있던 종자가 발아하여 싹을 틔워 생장하기도 하지만 거의 모든 침엽수는 떡잎이 나온 종자가 땅 위로 솟아 나오면서 잎을 만든다.

침엽수의 구과는 나무의 크기와 항상 일치하지는 않는다. 우리나라에 자생하는 침엽수 가운데 소나무의 구과는 길이 4~5cm 내외, 잣나무는 12~15cm, 눈잣나무는 3cm 정도로 같은 속이지만 종마다 차이가 크다.

외래종으로 전남 담양, 전북 순창, 서울 양재천, 경기 가평 남이섬 등에 가로수로 흔히 심는 메타세쿼이아는 30m 내외로 자라지만 구과의 크기는 2~3cm 정도로 매우 작다. 미국 서부에 자라는 자이언트 세쿼이아(거삼나무)도 나무의 높이는 85m 가까이 자라지만 구과는 4~7cm 정도로 매우 작다. 반면에 미국 서부에 자라는 소나무류 중에는 구과의 길이가 40cm에 무게 5kg에 이르는 소나무(*Pinus coulteri*)도 있다.

8. 종자의 산포를 돕는 동물

침엽수는 종자에 큰 날개를 가져 바람에 의해 스스로 퍼지기도 하지만, 많은 종은 다른 동물의 도움을 받아 산포된다. 침엽수의 종자는 굴러가기 쉽게 달걀형이나 타원형을 이루며, 날개를 가진 것이 많다. 열악한 자연환경에 견디고 산포에 유리하게 적응한 결과다. 바람에 의한 침엽수 종자의 산포는 종자의 낙하속도, 대기 중으로 날리는 높이, 풍속과 돌풍, 형태적인 적응 등의 영향을 받는다. 소나무과 나무 가운데 종자에 날개가 없는 종류는 소나무속의 눈잣나무 등 일부 종이고 가문비나무속, 전나무속, 잎갈나무속, 솔송나무속 등 대부분은 종자에 날개가 있다. 잣나무와 같이 종자의 크기가 큰 나무들은 날개가 없는 경우가 많고, 날개가 있어도 종자의 무게가 무거워 바람에 의해 퍼져 나가지 못한다. 종자의 크기가 작은 소나무들은 날개를 가지고 있어 바람에 의해 퍼진다.

소나무과 나무들도 종자는 동물들의 도움을 받아 산포하기도 한다. 침엽수 종자의 산포를 돕는 동물로는 텃새(박새, 진박새, 갈까마귀, 어치, 까치, 까마귀, 잣까마귀, 멧비둘기 등)과 겨울철새(솔잣새, 검은머리방울새, 상모솔새 등), 설치류(등줄쥐, 흰넓적다리붉은쥐, 대륙밭쥐, 쇠갈밭쥐, 두더지, 쇠뒤쥐, 땃쥐, 얼룩다람쥐, 다람쥐, 하늘다람쥐, 붉은다람쥐, 청설모 등)가 있다. 이 밖에도 대형 포유동물(멧토끼, 고라니, 곰, 인간 등)도 침엽수의 종자를 퍼트린다. 날개가 있는 소나무 종자도 동물에 의해서도 2차적으로 퍼지는데, 특히 사람이 가장 멀리 종자를 퍼트린다.

새나 설치류는 침엽수의 종자를 나중에 식량으로 사용하기 위해 땅속에 묻는 저장소(貯藏所, cache) 또는 은닉처(隱匿處)를 만드는 습성이 있다. 그러나 동물들이 숨겨두었으나 찾아 먹지 못하면 저장소의 종자는 나중에 싹을 틔워 자라기도 한다. 새들이 적당한 서식처에 묻어둔 침엽수 종자는 바람에 의하여 우연히 정착하는 종자에 비해 살아남을 가능성이 높다. 동물이 한 나무 이상에서 수집한 종자를 땅속 저장소에 묻으면 이들이 나중에 싹이 틀 때 군락에도 영향을 미친다. 침엽수 가운데 주목처럼 열매살 또는 과육(果肉, flesh)으로 덮여 있고 종자가 하나인 수종이나 날개가 없는 큰 종자를 가진 일부 수종도 종자를 퍼트리는 데 새나 다른 동물들에 의존한다.

왼쪽 위부터 잣까마귀, 다람쥐, 청설모, 고라니

침엽수의
다양성과 생태

1. 침엽수의 종 다양성

침엽수의 다양성과 분포를 과(科, family) 단위에서 보면 소나무과는 북반구에 나타나고, 나한송과는 남반구에 자라며, 측백나무과는 남·북반구에 모두 분포한다. 침엽수의 종 다양성은 중위도 지역으로 산지가 있고, 생육 기간이 길고, 계절적으로 강수량이 풍부한 곳에서 높았다. 북반구의 침엽수 다양성은 오랜 진화의 산물이고, 남반구에서는 비교적 가까운 지질시대에 진화했다.

나자식물은 소철문(289여 종), 은행나무문(1종), 구과식물문(589~873여 종), 마황문(68여 종) 등 4문 6강 12목 14과 정도가 있다. 나자식물은 대부분은 북반구에 분포하며 남반구에는 200여 종은 남반구에 자란다. 침엽수 가운데 355여 종이 보전을 위한 대책이 필요하며, 200여 종은 멸종위기종이다.

영국 옥스퍼드대학 식물표본관(herbarium)에 따르면 지구상에 분포하는 침엽수는 8과 615종이며, 그 가운데 540종을 소나무과(231종), 나한송과(174종), 측백나무과(135종) 등 3개 과가 차지한다. 나머지 5과는 남양삼나무과, 개비자나무과, 필로클라두스과, 금송과, 주목과 등이다. 소나무과 11속(屬, genus) 나무는 북반구에 자라고, 나한송과 18속은 주로 열대에 자라며, 남반구의 산악지대에도 자란다. 측백나무과는 30과 135종이 있으며, 침엽수 가운데 가장 널리 자라는 광역분포종(廣域分布種, cosmopolitan)이다.

침엽수를 속 단위로 보면 북반구에 34속, 남반구에 24속이 자라며, 11속은 남반구와 북반구에 공통으로 자란다. 지역별 침엽수의 다양성은 중국, 히말라야, 인도차이나 등이 30속으로 가장 높고, 일본, 한국, 러시아 연해주 등이 16속, 뉴칼레도니아, 피지, 뉴질랜드, 태평양 서남부 등도 16속 등이다.

가장 키 큰 침엽수의 하나인 세쿼이아(미국 캘리포니아 뮤어우즈국립공원)

가장 키가 작은 침엽수인 눈향나무(한라산)

침엽수의 자연사

    침엽수를 종(種, species) 단위로 보면 북반구에 434여 종, 남반구에 195여 종이 분포한다. 한 지역에 50종 이상이 자생하는 곳은 북반구의 미국 캘리포니아, 멕시코, 중국 쓰촨, 윈난, 히말라야 동부, 일본, 타이완 등이며, 남반구에서는 뉴칼레도니아 1곳이다. 동아시아가 원산지로 지리적으로 좁은 지역에만 분포한 침엽수로는 중국의 메타세쿼이아(*Metasequoia*), 중국과 일본의 삼나무속(*Cryptomeria*), 대만의 타이와니아(*Taiwania*), 일본의 금송속(*Sciadopitys*), 우리나라를 포함한 아시아의 개비자나무속(*Cephalotaxus*) 등이 대표적이다.

    침엽수는 대부분 상록수로 곧추서서 자라는 교목이나 관목이지만, 잎갈나무, 은행나무 등은 해마다 잎을 떨구는 낙엽침엽수다. 지질시대부터 살아온 침엽수는 100m에 가까운 크기의 나무도 있고 키가 30cm 미만도 있다. 미국 서부 캘리포니아와 오리건에서 자라는 세쿼이아(*Sequoia sempervirens*)는 세계에서 90m 이상 자라 현존하는 나무 가운데 가장 큰 나무로 마지막 빙하기에 지금의 해안 가까운 곳으로 밀려났다. 우리나라에서 자라는 침엽수로는 소나무의 품종인 금강소나무가 가장 크게 자라 35m에 이른다.

    가장 키가 작은 침엽수로는 우리나라 고산대와 아고산대에는 지면을 기거나 낮게 자라는 눈향나무, 눈잣나무, 눈측백 등이 있다. 뉴질랜드에서 자라는 침엽수인 다크리디움 락시폴리움(*Dacrydium laxifolium*)으로 다 자란 키가 8cm 정도다.

2. 침엽수의 수명과 세계 10대 장수 나무

침엽수 가운데 가장 오래 사는 미국 서부의 브리슬콘소나무(bristlecone pine)는 대평원 강털소나무(*Pinus longaeva*)와 로키산맥 강털소나무(*Pinus aristata*)를 가리킨다. 대평원 강털소나무는 캘리포니아, 유타, 네바다에서 자란다. 로키산맥 강털소나무는 콜로라도, 뉴멕시코, 애리조나의 높이 3,000~3,400m 고산대에 살고, 수명은 약 5,000년 안팎이다. 2014년 스웨덴 중부 달라나에서 발견된 4m 크기의 가문비나무 뿌리를 방사선 동위원소법으로 분석한 결과 나이가 9,550살로 가문비나무 가운데 최고령이었다. 기후조건은 좋지 않지만 인간의 간섭 없이 뿌리에서 끊임없이 새로운 줄기가 만들면서 지금까지 살아남았다.

세계 10대 장수 나무 가운데 침엽수는 이란 아바쿠의 사브에 아바쿠(약 4,000살), 칠레 알러스(약 3,600살), 미국 플로리다 낙우송(3,400~3,500살), 미국 유타주 자딘 향나무(약 3,200살) 등이 있다. 미국 캘리포니아 세쿼이아 국립공원의 자이언트 세쿼이아 또는 빅트리라고 부르는 거삼나무(*Sequoiadendron giganteum*) 종류인 '제너럴 셔먼'은 2,300~2,700살이고, 높이 84m, 둘레 31m로 세계에서 가장 거대한 나무다. 일본 야쿠시마섬의 '조몬 일본삼나무'의 나이는 2,170~7,200살로 추정하지만 확실하지 않다.

우리나라 자생종 침엽수로 나이가 많은 천연기념물은 강원 정선 두위봉 주목(약 1,400살), 전남 순천 송광사 향나무(약 800살), 서울 창덕궁 향나무(약 750살), 충북 보은 정이품송 소나무(약 600살), 경북 예천 석송령 소나무(약 600살), 전남 진도 비자나무(약 600살), 제주 삼천단 곰솔(약 600살), 강진 비자나무(약 500살) 등이 있다. 외래 침엽수로는 경기 양평 용문사 은행나무(약 1,100살), 서울 종로 백송(약 600살) 등이

침엽수의 자연사

대표적이다. 오래전부터 전쟁과 벌목 등 인위적 간섭과 교란을 받아온 우리나라에서는 오래된 나무가 드물다.

서울 창덕궁 향나무

3. 남극을 제외한 전세계에 분포하는 침엽수

삼림의 분포는 기후, 지질, 생태, 인위적 요인에 영향을 받으며 그 중요성은 시대에 따라 다르다. 북반구의 식생은 북쪽으로부터 북극해, 빙원(氷原, ice field), 툰드라, 침엽수가 우점(優占, dominant)하는 타이가, 침엽수와 활엽수가 섞여 자라는 혼합림대, 낙엽활엽수림대, 상록활엽수림대, 열대우림 등의 식생대가 위도에 따라 나타난다. 대륙의 내부로 가면 건조해져 초지나 사막에서 침엽수는 드물게 볼 수 있다. 높은 산에서는 고도에 따라 기후대와 식생대가 달라지며, 쓸모있는 용재(用材, timber)가 자라는 울창한 숲이 발달하는 경계인 삼림한계선(森林限界線, forest limit, timberline)과 큰키나무인 교목이 자라는 경계인 교목한계선(喬木限界線, tree limit, tree line)에는 침엽수가 흔하다.

지질시대에는 남극에도 침엽수가 자랐으나 오늘날 침엽수는 남극을 제외한 모든 대륙에 다소 불규칙하게 분포한다. 북반구에서 침엽수는 넓은 띠를 이루며 자라지만, 남반구에서는 흩어져 분포한다. 침엽수는 북반구 고·중위도 지역에 우점하며, 분포의 북방한계선은 북극 툰드라와 타이가 사이다. 유라시아와 북아메리카대륙 북쪽에 발달하는 침엽수림인 타이가(taiga)에는 침엽수가 수백에서 수천km에 이르는 매우 넓은 지역에 걸쳐 자라지만 종 다양성은 높지 않다. 북아메리카의 내륙 건조지역에도 침엽수는 자라지 않는다.

북반구 북위 40도 남쪽 중·저위도 지역과 남반구에서는 침엽수만으로 이루어진 숲은 드물고 침엽수와 활엽수가 섞여 자라는 혼합림 또는 혼효림(混淆林)이 발달한다. 아프리카, 인도, 북아메리카의 건조한 지역에는 침엽수가 자라기 어려우나 지형성 강수가 내리는 산악지대에는 드물게 격리되어 자란다.

침엽수는 환경에 대한 적응범위가 매우 넓어 적도부터 고산대까지,

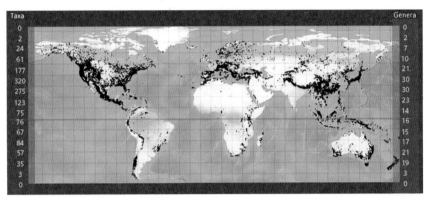

침엽수의 세계적 분포도
(자료: Kew Bulletin (2018) 73:8)

해안의 온대우림 기후대부터 내륙의 반사막 기후대까지 분포한다. 침엽수는 지리적으로 고위도와 산악 지역을 중심으로 우점하지만 낮은 산지에도 흔하다. 침엽수가 울창한 숲을 이루는 침엽수림대는 유라시아대륙 북부와 북아메리카 북부의 한대, 온대기후대를 중심으로 분포하며, 남쪽의 아고산기후대에서도 발달한다.

침엽수림은 육지 면적의 24%인 36×19^9ha를 차지한다. 온대의 상록침엽수림은 넓이가 2.4×10^8ha로 유럽, 중국, 한국, 일본, 북아메리카, 멕시코, 니카라과, 과테말라 등의 산악지대에 발달한다.

침엽수 가운데 가장 널리 퍼져 있는 종류는 북반구 전역에 분포하는 상록침엽수인 노간주나무속(*Juniperus*)이다. 상록침엽수인 가문비나무속(*Picea*)과 낙엽침엽수인 잎갈나무속(*Larix*)은 가장 북쪽까지 자라는 침엽수다. 나한송속(*Podocarpus*)은 남반구에 가장 널리 퍼져 있다.

4. 혹독한 추위와 건조에 강한 침엽수

침엽수가 가장 광범위하게 분포하는 타이가는 면적은 넓으나 침엽수의 종 다양성이 낮다. 그 이유는 식생이 발달한 자연사가 길지 않고 기후가 혹독하기 때문이다.

타이가지대의 겨울은 길고 건조하고 춥고 메마른 바람이 불며, 여름은 짧고 서늘하다. 일평균 기온이 10℃ 이상인 생육기간(生育期間, growing season)은 120일 미만이고 월평균 최저기온이 0℃를 넘지 않는 추운 달이 6개월이 넘는 곳이 많다. 강수량은 적지만 여름이 서늘하고 짧아 증발산으로 잃는 수분은 많지 않다. 이러한 타이가지대 기후에 적응한 침엽수는 낙엽활엽수를 밀어내면서 자라는 범위인 분포역(分布域, range)을 넓혔다.

타이가지대와 온대 고산대의 나무들도 겨울에 동면하게 된다. 나무들은 생리적으로 물이 어는 빙점(氷點) 아래의 온도에 잘 견디는 동시에 건조에도 적응해야 한다. 타이가의 침엽수는 −70℃ 이하의 추위까지도 견딘다. 침엽수 잎이나 싹이 동해를 견디는 최대온도는 −90℃(눈잣나무, 잣나무), −70℃(일본잎갈나무, 가문비나무, 분비나무), −60℃(소나무), −40℃(곰솔), −30℃(섬잣나무, 은행나무, 구상나무, 백송, 편백), −25℃(주목, 울릉솔송나무, 향나무, 전나무, 삼나무), −20℃(화백) 등이다.

침엽수는 타이가지대를 중심으로 넓은 기후대에 자라지만 온대에 가장 많은 종이 분포하여 종 다양성이 풍부하다. 소나무과, 측백나무과, 주목과 등은 넓은 기후대에 분포하지만 개비자나무과, 남양삼나무과, 나한송과 등은 추운 기후에는 자라지 않는다.

해가 짧아지고 기온이 낮아지면 일부 침엽수 종류는 잎자루에 코르크처럼 단단한 세포층인 떨켜를 만들어 월동준비를 한다. 떨켜가 만들어지면 잎으로 드나들던 영양분과 수분이 추가로 공급되지 않고, 그 결

침엽수의 자연사

캐나다 유콘의 타이가

핀란드 로바니에미의 타이가

과 엽록소의 합성도 멈춘다. 바늘잎 속에 남아있던 엽록소는 햇빛에 분해되어 점차 그 양이 줄어들고 녹색은 서서히 사라진다. 그에 반비례해서 분해 속도가 상대적으로 느린 카로틴(carotene)과 안토시아닌(anthocyanin)은 본디 색깔인 붉은색을 낸다. 노랗게 단풍이 들게 만든 카로티노이드(carotenoid)마저 분해되면 쉽게 분해되지 않는 타닌 색소로 인해 잎갈나무, 낙엽송, 메타세쿼이아 등 낙엽침엽수의 나뭇잎은 갈색으로 변한 뒤 낙엽이 진다. 낙엽은 식물이 온도와 수분 부족에 적응해서 물을 보존하기 위한 생리적 현상이다.

기온이 낮은 추운 겨울에도 푸른빛을 잃지 않는 상록침엽수는 겨울을 이기는 좀 더 정교한 기작이 있다. 광합성을 하려면 물이 있어야 하는데, 침엽수는 물을 나르는 헛물관의 지름이 활엽수보다 매우 작다. 헛물관의 지름이 작다 보니, 헛물관이 얼어도 공기 방울인 기포(氣泡, bubble)가 잘 생기지 않는다. 식물체 내에서 물이 얼면 공기 방울이 빠져나오면서 나무 조직에 손상을 줄 수 있는데, 침엽수에서는 기포가 생겨도 크기가 아주 작아 나무 조직으로 다시 흡수되면서 조직에 큰 피해를 주지 않는다. 침엽수는 저온에서도 얼지 않는 부동액을 만들어 추위를 버티기도 한다. 상록침엽수는 온도가 낮더라도 햇빛만 있으면 초겨울이나 초봄에도 광합성을 하기도 한다.

단위면적 당 나뭇잎의 표면적은 침엽수림이 활엽수림보다 넓다. 침엽수는 일 년 내내 잎이 매달려 있어 증산에 따른 수분 손실량이 많다. 수분 손실량은 침엽수림이 51%, 활엽수림이 38%이어서 물을 저장하는 녹색댐 기능은 침엽수림보다 활엽수림이 높다. 활엽수림이 침엽수림에 비교해 30% 이상 물 저장량이 많으므로 솎아내기와 가지치기를 잘하면 하층에 활엽수가 생겨나고 토양이 개선되어 빗물차단 손실량을 40% 정도 줄일 수 있다.

5. 지구의 식생 구조를 바꾼 침엽수 생존전략

오늘날에는 종자식물이 전체 식물군의 90%를 차지하지만 1억 년 전에 거대한 숲은 포자식물이 지배했고 종자식물은 볼품이 없었다. 종자식물은 침엽수, 소철, 은행나무에서 시작해 다양한 피자식물로 진화하면서 지구 식생의 모습을 서서히 바꾸었다.

숲의 천이(遷移, succession)는 숲이 일정한 상태에 머물지 않고 차츰 안정해지는 상태로 변화하는 현상이다. 어떤 생육지에서 자라는 식물이 시간의 흐름에 따라 일정한 방향성을 가지고 바뀌어 가는 과정이 천이다. 빈 땅에 처음 도달한 선구종(先驅種, pioneer) 또는 개척자(開拓者) 식물은 환경에 적응하면서 다른 식물과의 경쟁하면서 최종단계인 극상(極相, climax)에 이른다. 그러나 나무와 숲은 진화, 기후변화, 생리생태학적 적응과정 등을 거치면서 끊임없이 변화하므로 어떠한 극상 식생도 영원히 유지되지는 않는다.

소나무 등 침엽수는 바람을 이용하여 꽃가루받이하므로 많은 양의 폴렌을 생산해 널리 퍼뜨리는 전략을 쓴다. 봄이 되면 볼 수 있는 고인물 표면에 떠있는 노란 가루는 바람에 날려온 소나무의 폴렌으로 흔히 송홧가루라고 부른다. 바람에 의해 꽃가루받이하는 식물은 많은 양의 폴렌을 생산해 암구화수에 이르게 하는 전략을 쓴다. 같은 나무에서 서로 꽃가루받이하는 소나무 등은 자가수분을 막기 위해 여러 방법도 동원한다. 같은 나무에 있는 암구화수와 수구화수가 서로 다른 높이에 떨어져 달리거나 수구화수와 암구화수가 피는 시기를 다르게 조절하기도 한다.

소나무 등 일부 침엽수는 종자에 얇은 날개가 달려 있으므로 바람의 힘을 빌려 멀리 날리는 방식으로 퍼진다. 동물 가운데 쇠박새는 소나무의 솔방울에서 종자를 꺼내먹고, 오목눈이는 가느다란 소나무 가지에 잘 매달려서 뾰족한 솔잎 사이로도 먹이를 찾아내면서 종자의 산포를 돕는다. 새들은 침엽수에 둥지를 만들어 살면서 진딧물, 날파리 등 작은 날벌레를 잡아먹으면서 공생(共生, symbiosis)한다.

요즘 들어 소나무가 집단으로 말라 죽는 것은 뿌리 근처에서 자라는 수분을 공급하는 미생물인 균근(菌根, mycorrhiza)과 관련이 있다. 소나무가 가뭄에 강한 것은 소나무 뿌리가 닿지 않는 곳까지 균근이 자라면서 멀리 있는 소나무에 물을 전달하기 때문이다. 균근 덕분에 바위가 많아 수분 흡수가 어려운 지역에서도 소나무는 물을 효율적으로 흡수하면서 가뭄에 견딘다. 균근은 소나무에 물을 공급하고, 소나무는 균근에 탄수화물을 공급하면서 공생한다.

균근은 땅속 온도가 8℃ 정도를 넘어야 증식한다. 땅속은 바깥 공기와는 달리 계절이 바뀌어도 온도가 천천히 오르므로 중북부지방의 소나무는 4월이 돼야 온도가 8℃까지 오른다. 따라서 소나무는 4월 정도에 잠에서 깨야 균근과 공생하며 가뭄을 견딜 수 있다. 그러나 지구온난화에 따라 겨울과 이른 봄철에 이상고온 현상이 잦아지면서 소나무가 겨울잠에서 깨어날 시기를 착각하고 활동을 일찍 시작하게 된다. 물을 모아줄 균근이 활동하지 않는 시기에 소나무가 깨어나면서 수분부족으로 말라 죽는 고사(枯死, withering to death) 현상이 발생한다. 최근 이상고온 현상이 자주 나타나면서 소나무, 구상나무, 가문비나무 등 침엽수의 고사 피해가 늘었다.

침엽수인 소나무, 잣나무, 편백 등은 5개의 탄소와 8개의 수소 원자로 이루어진 탄화수소인 이소프렌(isoprene) 단위체가 모여서 만들어진 테르펜(terpene)과 같은 피톤치드(phytoncide)로 알려진 화학 물질을 배출해 자신을 방어하기도 한다. 피톤치드는 침엽수가 병원균, 해충, 곰팡이에 저항하려고 자기방어를 위해 내뿜거나 분비하는 천연 항균물질이다.

침엽수가 발산하는 피톤치드를 활용하여 건강을 지키려는 삼림욕(森林浴, green shower, forest shower)이 사람들 사이에서 인기다. 침엽

침엽수의 자연사

수가 내뿜는 피넨(pinene)이라는 정유 성분이 생산되는 잣나무숲, 소나무숲, 편백숲은 삼림욕에 알맞다. 침엽수의 피톤치드는 살균작용도 하고, 장과 심폐기능을 강화해주고, 스트레스를 풀어주는 효과가 있어 침엽수 아래에서 삼림욕을 하면서 치유하고 휴양하는 인구가 늘고 있다.

편백숲(축령산)

6. 쓸모가 많고 가공하기 좋은 침엽수

오늘날 세계의 펄프와 목재는 대부분 침엽수림 지역에서 생산된다. 침엽수는 줄기가 곧고 큰 가지의 발달이 적어 목재로 이용할 때 손실이 적다. 무늬와 색상이 단순하며 무게가 가볍고, 강도 또한 크게 높지 않아 가공하기 쉬운 재질이다.

일반적으로 소나무류, 가문비나무류 등 침엽수는 목재가 연한 편이고, 주목의 목재는 단단한 편이다. 이에 비해 참나무류, 자작나무류 등 피자식물은 단단한 목재다. 침엽수에서 만들어지는 연한 목재들은 건축뿐만 아니라 종이, 섬유, 합판, 포장재, 화학제품 생산 등에 널리 이용한다. 그러나 잣, 은행 등 일부 종자 등을 빼고는 침엽수에서 얻는 먹을거리는 드물다. 일제강점기에 군수용으로 소나무에서 송진을 채취하면서 만들어진 상처를 지금도 볼 수 있다.

침엽수는 체내에 기름기를 가진 리그닌(lignin) 성분이 많아 추위에도 잘 견딜 수 있고, 소화가 잘되지 않아 다른 생물들이 먹기를 꺼렸기 때문에 오랫동안 생존할 수 있었다. 오늘날의 침엽수나 활엽수는 탄수화물이 주성분인 셀룰로스가 리그닌보다 많다. 그러나 소나무, 잣나무, 가문비나무, 전나무, 향나무, 잎갈나무 등 침엽수는 활엽수들보다 리그닌이 많아 척박한 조건에서 경쟁력이 있다.

목재의 품질에 중요한 나무의 나이테는 사면의 방향, 바람, 햇볕 등 자연환경에 따라 생장이 달라진다. 경사지의 소나무, 잣나무, 낙엽송 등 침엽수는 나이테 중심이 산의 위쪽으로 생겨 나이테가 산 아래로 넓게 만들어진다. 침엽수는 바람 부는 반대쪽, 활엽수는 바람 부는 쪽의 나이테가 더 넓다. 침엽수와 활엽수에서 성장호르몬인 옥신의 분비가 정반대로 일어나기 때문이다. 옥신이 분비될수록 세포분열이 왕성해져 나이테의 폭이 반대쪽에 비해 넓어진다.

침엽수의 자연사

소나무 송진을 채취하기 위한 상흔

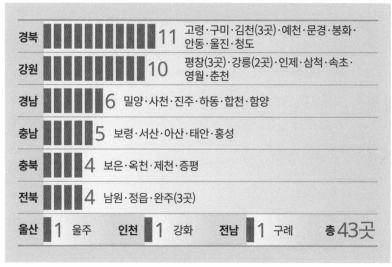

일제 송진 채취 피해 소나무 분포(자료: 산림청 국립산림과학연구원)

침엽수에서 뽑는 송진 또는 수지(樹脂, resin)는 테레빈(turpentine) 기름을 생산하는 중요한 재료이며, 그 밖에 공예품, 도료, 의약품, 향수 등을 만든다. 침엽수의 송진 등 기름 성분은 활엽수보다 불에 타기 쉬워 대형 산불의 원인이다. 우리나라의 대표적 침엽수인 소나무는 송진 등 기름 성분이 20%를 차지해 불에 잘 타고, 솔방울이 멀리 날아가 산불을 크게 키우기도 한다. 강원 동해 쪽에 많은 소나무는 테레빈 성분이 많아 불이 오래 잘 타고, 가벼운 솔방울에 불이 붙으면 바람을 타고 먼 거리까지 날아가 산불이 걷잡을 수 없이 번지게 된다.

노간주나무에 열리는 육질(肉質)의 구과에 들어있는 정유(精油, essential oil)는 알코올성 음료 가운데 특히 진(gin)의 맛을 내는 데 쓰인다. 가문비나무, 소나무, 향나무, 전나무, 솔송나무, 측백나무에서 얻는 정유로는 비누, 공기정화제, 소독제, 방부제, 약품, 화장품, 향수 등을 만든다. 솔송나무, 가문비나무에서는 가죽을 가공할 때 쓰는 타닌산을 얻는다. 솔송나무속, 가문비나무, 잣나무, 소나무 등에서는 제지용 펄프를 얻는다. 침엽수를 활용해 공예품이나 지역 특산물을 만들면 주민들의 소득을 늘릴 수 있다.

침엽수는 시간이 흘러감에 따라 숲이 모습을 바꾸어 갈 때 생물에 중요한 서식처를 제공하는 등 생태적으로 중요한 역할을 하며, 가장 중요한 목재 자원이다. 침엽수가 위기를 맞게 된 것은 지구온난화와 같은 기후변화, 병해충의 피해 등 자연적인 요인과 함께 대규모 벌목, 농경지와 목초지 개발, 도시 건설, 땔감용 나무 베기, 산불, 댐 건설, 광산 활동 등 사람 탓이 크다.

침엽수를 이용한 공예품(이탈라이 코르티나 담페초)

침엽수의 흥망성쇠로
보는 지구역사

1. 침엽수의 출현과 지구역사

지질시대의 구분은 기준과 학자에 따라 다르므로 여기에서는 국제적으로 널리 사용하는 기준을 바탕으로 지질시대 연대표를 만들었다. 지질시대는 시생대와 원생대를 포함하는 선캄브리아기, 고생대, 중생대, 신생대로 구분된다. 고생대는 약 5억 4,100~2억 5,200만 년 전까지로 전기 고생대(캄브리아기, 오르도비스기, 실루리아기)와 후기 고생대(데본기, 석탄기, 페름기)로 나뉜다. 중생대(삼첩기, 쥐라기, 백악기)는 약 2억 5,200~6,500만 년 전 사이다. 신생대는 6,500만 년 전부터 시작하는 제3기(第三紀)에 속하는 팔레오세, 에오세, 올리고세, 마이오세, 플라이오세와 258만 년 전부터인 제4기(第四紀) 플라이스토세와 1만 2,000년 전부터 현재까지의 홀로세로 구분된다(표 4).

지구의 역사는 약 46억 년으로 암석은 약 40억 년 전에 만들어졌으며 단세포 박테리아가 출현한 시기는 38억여 년 전 정도다. 암석이 풍화되고 침식과 미생물의 분해를 거쳐 흙이 만들어진 것은 5억여 년 전이다.

나자식물은 고생대 데본기에 양치류로부터 생겨났다. 고생대 석탄기 말의 빙하기에 고대 석송류인 인목(鱗木), 쇠뜨기(속새) 등은 사라지고 양치식물 중에는 나무고사리류만이 명맥을 유지했다. 이 당시에는 양치류와 유사한 나자식물로 높이가 8m 정도까지 자라는 양치종자식물인 글로소프테리스(*Glossopteris*)가 초대륙 판게아의 서쪽을 뒤덮었다. 그리고 본격적인 나자식물인 소철류(蘇鐵類, cycad)와 은행나무(杏木, *Ginkgo*) 외에 소나무, 삼나무 등 침엽수가 새로 등장했다.

습지를 중심으로 번성하던 양치식물이 쇠퇴하면서 나자식물이 등장했다. 단단한 줄기를 가진 나무가 생기면서 산소가 함유된 복합 유기물질로 셀룰로스와 함께 목재를 이루는 주성분인 리그닌이 축적됐다. 딱딱하고 맛없는 식물 유해가 등장하면서 미생물은 나무줄기를 분해하는 능

소철 화석(국립수목원)

력이 떨어졌다. 죽은 나무가 분해되는 속도를 뛰어넘을 정도로 퇴적량이 늘면서 석탄이 대량으로 쌓이는 석탄기가 시작됐다. 그 뒤 맛없는 리그닌을 먹고 사는 버섯이 진화하면서 석탄기는 마무리된다.

나자식물이 지구에 출현한 것은 3억 8,000만여 년 전 고생대 데본기였으며 중생대에 전성기를 맞아 육지를 뒤덮었다. 그러나 중생대 말 백악기에 등장한 꽃피는 식물이 강력한 경쟁자로 등장하면서 침엽수는 밀렸다. 침엽수는 고생대 석탄기부터 화석으로 발견되며 중생대 쥐라기부터 현재까지 계속 나타난다.

구과목 가운데 지질시대에는 살았으나 지금은 멸종한 화석식물로 고생대 석탄기 말기에 자랐던 레바키아과(Lebachiaceae)는 가장 오래된 화석으로 보는 침엽수다. 석탄기 말기~페름기 초기에도 레바키아과는 있었고, 페름기 말기~중생대 삼첩기~쥐라기 초기에는 볼트지

　　　　　　　　　　　　　　　　　　침엽수의 자연사

표 4. 지질연대표

대(代) Era	기(紀) Period	세(世) Epoch	절대연대(백만 년 전) Absolute Years (m. years B. P.)
신생대(Cenozoic)	제4기(Quaternary)	홀로세(Holocene)	~ 0.01
		플라이스토세 (Pleistocene)	~ 2.5
	제3기 신+고 (Neogene +Paleogene)	플라이오세(Pliocene)	~ 5.3
		마이오세(Miocene)	~ 23
		올리고세(Oligocene)	~ 34
		에오세(Eocene)	~ 56
		팔레오세(Paleocene)	~ 65
중생대(Mesozoic)	백악기(Cretaceous)		~ 145
	쥐라기(Jurassic)		~ 200
	트라이아스기 (Triassic)		~ 251
고생대(Palaeozoic)	페름기(Permian)		~ 299
	석탄기 (Carboniferous)		~ 359
	데본기(Devonian)		~ 416
	실루리아기(Silurian)		~ 444
	오르도비스기 (Ordovician)		~ 488
	캄브리아기 (Cambrian)		~ 542
원생대(Proterozoic)	선캄브리아기 (Precambrian)		~ 2,500
시생대(Archeozoic)	선캄브리아기 (Precambrian)		~

아과(Voltziaceae)가 살았다. 페름기 말기에는 레바키아과는 멸종하고 볼트지아과가 이를 대체했다. 중생대 초기에 나타난 팔리시야과(Palissyaceae)는 백악기 중반에 사라졌다.

현재 살아 있는 침엽수의 기원은 오래됐다. 소나무과(Pinaceae), 측백나무과(Cupressaceae), 나한송과(Podocapaceae), 남양삼나무과(Araucariaceae) 등은 중생대 쥐라기 초기, 주목과(Taxaceae)는 쥐라기 중기까지 거슬러 간다.

대부분의 나자식물은 바람을 통해 수정이 일어나지만, 일부는 곤충을 이용한다. 한편 피자식물은 빠르게 자라고, 꽃을 이용해 곤충과 새들과 공생하면서 효과적으로 수정하고, 기후 스트레스에도 잘 견뎌 침엽수를 밀어내고 우점하는 식물이 됐다. 침엽수의 종자는 대부분 바람과 동물이 퍼뜨리지만 낙우송속(Taxodium) 등 일부 식물들은 흐르는 물이 종자를 산포한다.

동남아시아 열대 지역에는 피자식물 가운데 원시적인 무리가 많이 자라므로 피자식물이 기원지로 보는 견해가 있다. 일부 학자들은 동남아시아를 피자식물의 기원지보다는 빙하기 동안 빙하로 덮이지 않아 식물이 살아남아 잔존(殘存, relict)했던 중심지로 보기도 한다. 피자식물의 기원이 되는 식물은 나자식물과 함께 높은 산에서 작은 개체군을 이루고 살다가 빠른 속도로 퍼지면서 진화했다.

피자식물은 백악기 초기인 1억 4,500만여 년 전 등장한 뒤 급속하게 종을 늘리며 각 대륙으로 퍼졌다. 이에 비해 침엽수는 따뜻하고 살기 좋은 열대 지역에서 활엽수에 밀려나면서 추운 고위도나 고산, 척박한 토양에 살아남았다. 피자식물이 확장하면서 나자식물은 감소한 것은 자연사에 있어서 가장 중요한 식물지리적 변천 과정의 하나다.

오늘날 우리나라에서도 구상나무, 분비나무, 가문비나무, 눈잣나무 등 북방계 침엽수는 고산대와 아고산대에 드물게 자란다. 햇볕이 잘 드는 척박한 땅에서 경쟁력이 있는 침엽수는 숲이 우거지고 땅이 비옥해지면 신갈나무, 졸참나무, 갈참나무 등 참나무류에 자리를 내준다.

2. 침엽수의 최대 번성기와 쇠퇴기

나자식물은 고생대 석탄기에 등장해 중생대 쥐라기에 번성했다. 고생대 트라이아스기는 페름기보다 건조했으나 숲에는 구과식물, 은행나무, 양치식물이 번성했다. 고생대가 마무리되고 중생대가 시작하는 약 2억 5,000만 년 전의 페름기~트라이아스기 대멸종기는 자연사에서 최대멸종기로 꼽힌다. 삼엽충을 비롯한 해양생물의 95%와 육상생물의 70%가 사라졌다. 육지에서는 번성하던 침엽수림이 사라지고 그 자리를 석송과 종자고사리가 차지했다.

고생대 페름기 말 지구적 재앙을 부른 유력한 원인의 하나는 현재의 시베리아를 만든 대규모 용암 분출 사태였다. 한반도의 10배 가까운 면적에 수천 년 동안 많은 양의 현무암 용암이 흘러내렸다. 용암과 함께 배출된 유독가스는 산성비와 오존층 파괴를 일으켰고, 당시 오늘날의 대륙이 하나로 합쳐진 초대륙 판게아의 반건조 적도의 침엽수림의 피해가 심했다.

약 2억 5,000만 년 전 대량멸종이 벌어지던 시기에 세계의 숲을 죽음으로 몰아넣은 것은 기후변화가 부추긴 나무를 죽이는 곰팡이의 습격이었다. 고생대 침엽수림을 끝장낸 곰팡이는 죽은 숲 덕분에 먹이가 늘어나 번성했다. 페름기 말 기후변화와 곰팡이 때문에 침엽수림이 쓰러졌다. 토양을 붙잡던 나무와 뿌리가 사라지자 심각한 토양 침식이 일어났고 나무들이 바다에 쌓여 화석이 됐다. 불안정한 육지생태계, 기후변화, 토양 병원성 곰팡이의 공격은 페름기 말 세계적으로 침엽수림이 쇠퇴한 요인이다.

약 2억 년 전부터 시작된 초대륙 판게아(Pangaea)가 분리되면서 잦은 화산 활동으로 대기 중 이산화탄소와 메탄의 양이 증가해 지구가 온난해지면서 풍성한 원시림이 발달했다. 1억 년 전에는 극지방의 연평균

기온이 12℃에 이르러 침엽수가 큰 숲을 이루었고, 분리되는 판게아 전체와 바다, 하늘을 공룡들이 지배했다. 2억 년 전 온난습윤한 환경 덕분에 아열대 침엽수림이 발달해서 초식공룡들은 침엽수를 먹이로 삼아 살아갈 수 있었다.

1억 2,500만여 년 전인 중생대 백악기 초기에는 소철이나 침엽수 같은 나자식물이 지구를 지배했고 몇 종류의 피자식물만이 있었다. 그러나 약 9,000만 년 전부터 활엽수인 피자식물이 열대와 온대 지역을 차지하면서 나자식물은 쇠퇴의 길을 걸었다. 나자식물의 줄기와 잎을 주된 먹을거리로 하는 습성을 바꾸지 못한 공룡은 번식과 성장에서 밀려났다.

1억 2,500만~6,500만 년 전 사이에 피자식물이 크게 늘었다. 1억 500만 년 전 무렵에 5~20%를 차지하던 피자식물이 6,500만 년 전에는 모든 식물의 80%까지 차지했다. 최근 연구에 따르면 피자식물이 등장한 시기는 기존보다 약 1억 년 정도 빨랐다. 침엽수와 은행나무, 소철, 종자고사리 등 종자를 맺지 않는 고대 식물로부터 피자식물이 진화한 시기가 백악기 초기인 약 1억 4천만 년 전으로 알려졌다. 스위스에서 여섯 종류의 화석화된 화분이 발견되면서 피자식물의 기원이 2억 5,200만~2억 4,700만 년 전으로도 앞당겨졌다. 중생대 트라이아스기 중기에 이미 피자식물이 다양했을 것으로 보는 것이다.

침엽수의 폴렌은 바람을 타고 운반되는데, 수구화수와 밑씨를 가진 암구화수가 같은 나무에 열려 침엽수는 수정이 어렵지 않다. 침엽수는 기후와 생리·생태적으로 성공적으로 진화한 덕분에 세계 삼림의 3분의 1을 차지하며 널리 분포한다.

침엽수의 자연사

3. 신생대 이전의 침엽수

고생대

나자식물은 가장 오래된 종자식물로 그 기원은 고생대 데본기의 양치류로 거슬러 올라간다. 고생대와 중생대에 나자식물은 종수가 많고 넓은 범위에 우점했으나, 차츰 감소하여 현재는 70여 속 730여 종으로 줄었다. 고생대 데본기 중기부터 나타나 지금까지 지구상에 살았던 나자식물의 종수를 모두 합쳐도 수천 종을 넘지 않았다.

고생대 실루리아기 말기에는 양치류에 가까우면서 수분의 증발을 막고 줄기나 잎에 수분을 공급하는 통로인 원시적인 관다발을 가진 유관속식물(維管束植物, vascular plant)이 등장했다. 땅 위에 성공적으로 상륙한 식물은 빠르게 발전하여 데본기 후기에는 습지대에서 큰 삼림을 이루었다. 육상에 식물이 정착하면서 유관속식물은 건조한 환경에 안전하게 번식하기 위해 포자나 종자를 만들었다. 유관속식물에는 솔잎란아문, 석송아문, 설엽아문, 양치아문, 종자식물아문의 식물이 있다.

고생대 석탄기 말기는 신생대 제4기의 빙하기와 함께 가장 추웠던 빙하기의 하나로 대륙빙하(大陸氷河, continental ice sheet)가 발달했고 툰드라에는 극지식물과 같은 한대성 식물이 자랐다. 당시 열대였던 북아메리카나 유럽에는 넓은 삼림이 발달하여 오늘날의 석탄을 만들었다. 양치식물은 종자로 번식하는 종자양치류로 진화하였고, 이어 종자식물이 생겼다.

종자 없는 유관속식물은 고생대 실루리아기에 나타나 데본기를 거쳐 고생대 동안 육상에 번성했다. 원시적인 일부 종자식물은 석탄기와 페름기에 흔했다. 종자식물 가운데 종자고사리(Pteriodospermophyta), 소철류(蘇鐵類, Cycadophyta), 은행나무류(銀杏類, Ginkgophyta), 구과류 등은 고생대 후기와 중생대 전기에 번성했다. 침엽수는 고생대 석탄

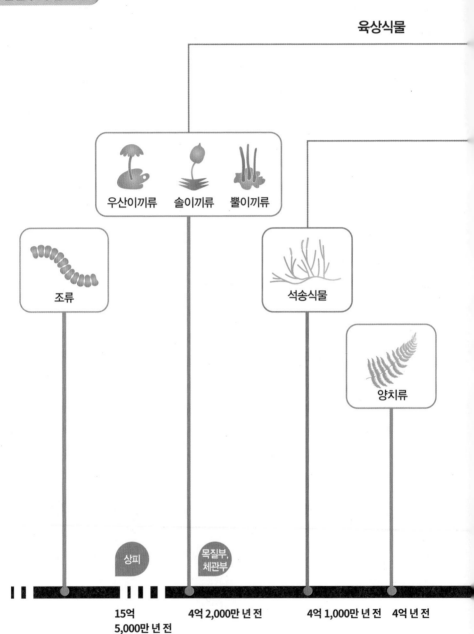

침엽수의 진화도

육상식물

우산이끼류 솔이끼류 뿔이끼류

조류

석송식물

양치류

상피

목질부,
체관부

15억
5,000만 년 전

4억 2,000만 년 전

4억 1,000만 년 전   4억 년 전

* 자료: www2.humboldt.edu/natmus/plants/cladogram.html을
  기초로 재작업

침엽수의 자연사

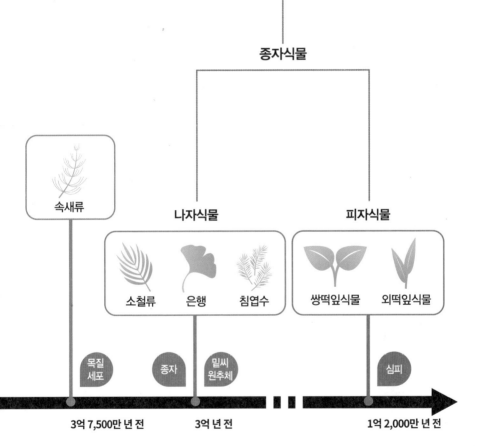

유관속식물

종자식물

속새류

나자식물

피자식물

소철류   은행   침엽수

쌍떡잎식물   외떡잎식물

목질
세포

종자

밑씨
원추체

심피

3억 7,500만 년 전   3억 년 전   1억 2,000만 년 전

기 말기에 처음 나타난 것으로 본다. 현존하는 침엽수의 과들은 중생대부터 나타나기 시작해 백악기에 피자식물이 나타나기 전까지 번성했다.

지구상 최초 침엽수 속은 고생대 석탄기 후기부터 페름기 초기에 자랐던 왈치아(*Walchia*)다. 페름기 후기는 울마니아(*Ullmannia*), 볼트지아(*Voltzia*) 등 지금은 지구상에서 멸종한 침엽수의 세상이었다.

중생대

중생대 백악기 말기의 기후는 이전과 크게 바뀌지 않아 중위도와 고위도는 현재보다 10~20℃ 정도 따뜻했다. 백악기에는 위도에 따른 기온의 차이가 크지 않았고, 북위 45도 남쪽에서는 계절적 차이도 적었다. 오늘날의 북위 10도 일대에 있었던 중생대 적도에는 습한 기후가 나타났고, 저위도와 중위도에는 건조지대, 북위 45도 부근은 강수량이 많은 기후대였다.

중생대가 되면서 페름기를 주름잡던 은행나무와 소철 등 초기 나자식물은 세력을 잃으면서 그 자리를 측백나무, 소나무, 메타세쿼이아 등 다른 후기 나자식물이 차지했다. 중생대는 침엽수들이 우점했던 나자식물의 전성기였다. 그러나 백악기 후기부터는 피자식물의 시대로 그 화석은 중생대 초중기인 삼첩기와 쥐라기부터 나타났다. 중생대 백악기에 피자식물들이 크게 번성한 사건은 진화에 관한 최대의 수수께끼다.

처음에 침엽수는 척박한 토양에서 번성하면서 대지에서 더 많은 양분을 빨아들였다. 이들의 바늘잎은 두껍고 수명이 길지만 나자식물에서 떨어져 나오는 잎 등은 빨리 썩지 않는다. 따라서 나자식물은 척박한 토양에서 양분을 흡수하나 토질 개선에는 큰 도움이 되지 않는다.

피자식물이 우점하면서 토양의 비옥도는 달라졌다. 초기 피자식물이 죽으면서 토양에 유기물을 남겼고 피자식물이 번성했다. 토양이 비옥해지면서 다시 피자식물의 번성을 이끄는 양(陽)의 피드백 고리가 만들어졌다. 중생대 말기에 나자식물에 의해 고산으로 밀렸던 피자식물의 조상

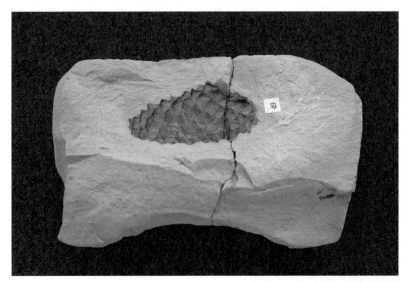

소나무 화석(경희대학교 자연사박물관)

은 변신 끝에 나자식물을 밀어낼 수 있게 됐다.

중생대 때 번성하던 나자식물이 신생대에 들어 피자식물에게 크게 밀려난 것은 피자식물과의 직접적인 경쟁에서 밀렸기 때문이라는 주장을 프랑스 몽펠리에대 등 국제 진화생물학 연구진은 과학저널 미국 국립 학술원 회보(PNAS)에 발표했다. 화석과 계통 유전학 증거에 따르면 기후변화나 대멸종이 아닌 주요 생물 집단 사이의 장기간에 걸친 경쟁 끝에 흥망이 결정했다.

나자식물이 지구에 출현한 시기는 약 3억 8,000만 년 전 고생대 데본기였으며, 중생대에 전성기를 맞아 육지를 뒤덮었다. 그러나 중생대 백악기 초인 1억 4,500만 년 전에 피자식물이 등장한 뒤 나자식물의 강력한 경쟁자로 빠르게 종수를 늘리며 각 대륙으로 퍼졌다. 한정된 자원을 둘러싸고 경쟁한 끝에 피자식물이 번성하자 기존의 나자식물이 쇠퇴하였고, 피자식물의 확산 추세는 지금도 이어지고 있다.

현존하는 침엽수 가운데 소나무속(*Pinus*)은 중생대 삼첩기와 쥐라기에 등장하였고, 백악기에는 더욱 자주 나타났다. 백악기 전기에 소나무속은 5개의 바늘잎을 가진 연한 소나무(*haploxylon*) 또는 5잎소나무아속과 2개의 바늘잎을 가진 강한 소나무(*diploxylon*) 또는 2잎소나무아속으로 나뉜다. 소나무속은 신생대 제3기에 가장 우점했다. 오늘날 침엽수가 적도를 중심으로 북반구와 남반구에 서로 멀리 떨어져 자라는 것은 지질시대에 동서 방향으로 이어졌던 테티스해(Tathys Sea)에 의해 거대한 두 개의 육지로 갈라졌던 탓이다.

중생대 백악기 초기에 자연환경이 크게 바뀌면서 중위도에서도 피자식물이 출현하여 새로운 종이 탄생하는 종의 분화(分化, speciation)와 공간적 확산이 일어났다. 그 결과 육상생태계에도 큰 변화가 나타나 오늘날 25~30만여 종의 피자식물이 자라게 됐다. 중생대 말기에 피자식물이 확장하면서 나자식물이 감소한 것은 자연사적으로 중요한 사건이다. 피자식물이 우점하면서 나자식물은 극지와 중위도의 고산대의 좁고, 서늘하고 건조한 피난처(避難處, refugia)로 밀려났다.

중생대 때 지구에 우점했던 침엽수는 중생대 말기부터 활엽수에 밀려났고 오늘날에는 전체 침엽수종의 3분의 1이 멸종위기에 있다. 나자식물이 피자식물에 육상생태계 주인의 자리를 내주면서 밀리는 등 침엽수가 쇠퇴한 것은 피자식물과의 직접적인 경쟁에서 밀렸기 때문이다.

나자식물들은 왕성하게 퍼지는 피자식물에 밀리면서 여러 절(節, section)과 아절(亞節, subsection)로 나뉘었다. 절은 아속(亞屬, subgenus)과 종(種, species) 사이를 추가로 나눌 때 사용한다(140쪽 표 9 참조). 동북아시아는 활발한 조산운동으로 산이 만들어지고 기후가 바뀌면서 새로운 환경이 만들어지고 종의 분화가 일어나 침엽수 다양성의 중심이 됐다.

침엽수의 자연사

4. 신생대 이후의 침엽수

신생대 제3기

신생대는 전기인 제3기와 후기인 제4기로 나뉜다. 제3기는 팔레오세, 에오세, 올리고세, 마이오세, 플라이오세로 세분된다(표 4). 신생대 제3기 팔레오세부터 온난다습해진 기후는 에오세 초기까지 이어져 평균기온은 백악기 말기보다 5~7℃ 높았다. 중위도의 열대와 아열대기후가 북위 70~80도까지 확대되었지만, 고온다습한 기후는 에오세에 끝났다. 팔레오세 후기와 에오세 전기는 가장 고온다습하였고, 이후에는 온난기와 한랭기가 이어졌다.

제3기 초기인 팔레오세에는 현재의 열대우림과 비슷한 온난다습한 환경에 맞게 식생이 적응했다. 침엽수인 글립토스트로부스(*Glyptostrobus*), 낙우송속(*Taxodium*), 세쿼이아(*Sequoia*) 등이 자랐다.

에오세 온난기와 한랭기의 기온 차이는 7~10℃ 정도였다. 에오세 말기에서 올리고세 초기는 제3기 동안 기후변화가 가장 심해서 에오세 연평균기온은 3~5℃ 정도 오르내렸으나, 올리고세 초기에는 오늘날보다도 기온 변동의 폭이 2배 정도 컸다. 올리고세에는 세계 여러 곳에 대륙성기후와 대륙빙하가 나타났다.

에오세에는 온난기와 한랭기가 교차하면서 침엽수의 분포역이 늘거나 줄었다. 에오세와 올리고세 사이 한랭기에는 침엽수들이 추위를 피해 살던 피난처에서 벗어나 이동하면서 중위도에서 새로운 종이 생기고 분포역도 넓어졌다. 침엽수들이 새로운 환경에 노출되어 고립되면서 몇 개체로부터 유전적 변이가 나타나는 창시자 효과(創始者 效果, founder effect)로 유전적 표류가 생겨나 예전에 고립되었던 곳에서는 잡종이 나타났다.

신생대 제3기 에오세 초기에는 북아메리카의 북위 65~80도 고위도

뿐만 아니라 아시아의 북위 2도까지 저위도에도 소나무속이 나타났다. 에오세 중기부터 소나무속 화석은 고위도와 저위도에 꾸준히 나타나고, 제3기에는 북아메리카와 유라시아에도 출현했다. 에오세 후기에는 시베리아 서부, 일본, 중국, 보르네오, 북아메리카 등에도 소나무속이 자랐다. 에오세에 유라시아 소나무속은 여러 종류로 나뉘어 북부와 남부의 피난처에 따로 자랐다. 올리고세 초기에는 한랭했으나 올리고세 후기와 마이오세에는 온난해졌다.

신생대 제4기 플라이스토세

신생대 제4기는 약 258만 년 전부터 오늘날까지로 플라이스토세와 홀로세로 세분된다(표 4). 플라이스토세(Pleistocene)는 홍적세(洪積世) 또는 갱신세(更新世)라고도 한다. 플라이스토세는 그리스어 pleistos(가장)와 kainos(새로운)에서 비롯됐다. 홀로세(Holocene)는 1만 2,000년 전부터 현재까지로 현세(現世) 또는 충적세(沖積世)라고 부른다.

지구가 형성된 이래 한랭한 빙하기(氷河期, glacial period) 또는 빙기(氷期, glacial period)와 빙하기 사이의 온난한 간빙기(間氷期, interglacial period)가 교차했다. 플라이스토세에는 북반구에 빙하가 널리 분포했기 때문에 대빙하시대라고도 부르며, 기후변화에 따라 빙하기와 간빙기가 번갈아 나타났다.

플라이스토세 최후빙기(最後氷期)는 지금으로부터 약 11만 년 전에 시작되어 약 2만 6,000~1만 8,000년 전에 추위가 절정에 이른 최성기(最盛期, last glacial maximum, LGM)가 나타난 뒤 약 1만 2,000년 전에 끝났다. 최후빙기 동안에는 육지의 약 33%가 빙하로 덮였는데 그 두께는 3,000m 내외였다. 오늘날에는 남극과 북극 그리고 고산대 등 육지 면적의 약 10%가 빙하로 덮여 있어 당시와의 기후 차이가 크다.

최후빙기 동안 대기 중 이산화탄소 농도는 과거 40만 년 사이에 가장 낮은 180ppm, 메탄의 농도는 약 350ppb였다. 최후빙기 동안 한반도 주변 바닷물의 온도는 오늘날보다 5~7℃ 정도 낮았으며, 동해는 북쪽에서 차가운 해류가 유입되어 차가웠다.

식물의 꽃가루분석(pollen analysis) 또는 화분분석(花粉分析)에 따르면 최후빙기에 한반도 중부 내륙은 온도는 오늘날보다 5~6℃ 더 낮았으며, 연평균강수량도 40% 정도 적었으며, 남서부의 기후는 습윤한 냉온대로 오늘날보다 추웠다.

현재 한반도 내 고산대와 아고산대 산꼭대기에는 빙하기의 유물인 고산식물들이 격리되어 분포한다. 고산의 고산식물뿐만 아니라 여름에

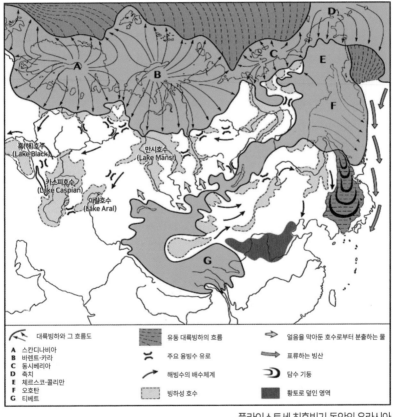

대륙빙하와 그 흐름도	

A 스칸디나비아
B 바렌트-카라
C 동시베리아
D 축치
E 체르스코-콜리만
F 오호탄
G 티베트

유동 대륙빙하의 흐름

주요 융빙수 유로

해빙수의 배수체계

빙하성 호수

얼음을 막아둔 호수로부터 분출하는 물

표류하는 빙산

담수 기둥

황토로 덮인 영역

플라이스토세 최후빙기 동안의 유라시아
(자료: http://www.donsmaps.com/images26/icesheetsnorthernhemisphere.jpg)

는 찬 바람이 불고 겨울에는 온풍이 나오는 풍혈(風穴, wind hole) 등에 격리되어 분포하는 고산식물도 최후빙기 최성기의 기온이 지금보다 6℃ 정도 낮았음을 뜻한다.

플라이스토세에는 기온이 5~10℃ 오르내리는 경향은 약 200만 년 동안 이어졌다. 빙하 면적이 변하면서 일 년 내내 눈이 쌓이는 설선(雪線, snow-line) 높이는 750m 정도 오르내렸고, 해수면이 지금보다 약 100~130m까지 낮았다. 따라서 당시에 베링해협, 대한해협 등은 육지로 연결되어 생물이 이동하는 통로인 연륙교(連陸橋, land bridge)로 기능했다. 플라이스토세는 문화적으로 구석기시대로 인류는 식물을 채집하고 동물을 수렵하여 먹고 살았다.

한반도와 일본열도는 530만 년 전, 120만 년 전, 63만 년 전, 43만 년 전 등 적어도 4차례 육지로 연결되어 있었음을 화석이 말해준다. 이에 더해 일본 도쿄대 연구진은 한반도 남서부에서 일본 규슈를 거쳐 혼슈까지 플라이스토세에 존재했던 과거 하천을 따라 참마자, 갈겨니 등 민물고기가 건너갔다는 유전적 증거를 발표했다. 민물고기가 대한해협을 가로지르던 연륙교를 통과한 시기는 각각 152만 년, 131만 년, 112만 년 전으로 추정했다.

한반도 주변 바다 가운데 서해는 평균수심 45m이고 가장 깊은 곳이 103m여서 빙하기 때마다 육지로 바뀌었고 황하를 비롯해 압록강, 한강, 금강의 물이 지금의 서해를 흐르던 대한강(大韓江) 또는 고황하(古黃河)로 불리는 지류를 이뤄 제주도 북쪽 근처에서 바다로 흘러들었다. 오늘날 한반도와 일본열도 사이의 대한해협은 가장 깊은 곳이 130m 정도여서 2만 년 전 마지막 빙하기 때 해수면이 오늘날보다 120m 정도 낮았을 때도 한반도와 좁은 물길을 두고 떨어져 있었다.

현재로는 시기를 특정할 수는 없으나 한반도에 자라던 침엽수도 제주도까지, 멀리는 일본열도까지 지금은 바다인 남해와 대한해협에 형성되었던 연륙교를 거쳐 이동한 것으로 본다. 특히 한반도 남부와 제주도에 공통으로 분포하는 구상나무, 주목, 눈향나무 등 침엽수는 과거 두 지역에 서로 연륙교로 연결되었음을 말해준다. 이밖에도 한라산 정상에 자라는 돌매화나무, 시로미, 들쭉나무 등 고산식물도 한반도와 제주도 사이에 연륙교가 있었음을 입증하는 살아 있는 식물지리적 증거다.

플라이스토세 동안 동북아시아는 북아메리카, 유럽처럼 대륙빙하로 덮이지는 않았으나 빙하기와 간빙기가 교차하면서 기후변화가 심했고, 침엽수도 그 영향을 받았다. 소나무속은 수평적으로 남북으로 자리를 옮겨 다녔고, 수직적으로 높은 산과 산자락으로 이동하면서 군락도 늘거나

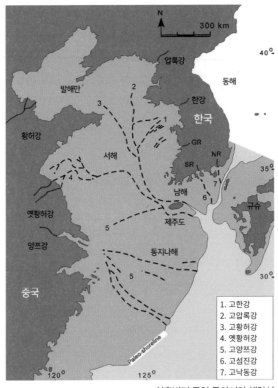

최후빙기 동안 동아시아 해안선
(자료: 유동근 외(2016) '해양 및 석유 지질학'을 기초로 한겨레신문 그림)

줄었다. 이 과정에 유전자의 변이가 나타나고 새로운 종과 잡종을 이루는 등 유전적 구조도 바뀌면서 소나무의 유전적 다양성도 영향을 받았다.

동북아시아에서 기후변화가 거듭되면서 빙하기 동안 눈잣나무(*Pinus pumila*)와 시베리아소나무(*Pinus sibirica*) 등 근연종들이 서로 분리됐다. 그러나 소나무의 진화에는 에오세가 플라이스토세보다 중요했다. 현재 동북아시아에만 자라는 침엽수 중에는 과거에는 훨씬 넓은 분포역을 가진 종류들이 있다. 이들은 플라이스토세 빙하기에 남쪽으로 밀려간 이래 아직도 원래의 분포역을 되찾지 못했다.

플라이스토세 후기에 기온이 낮은 고위도 지역에는 초원이 더욱 넓어졌는데 여기에는 풀뿐만 아니라 지의류, 이끼, 사초(莎草, sedge) 그리고 작은 버드나무와 자작나무들이 같이 자랐다. 그리고 북쪽의 초원지대와 남쪽의 온대 낙엽수림 사이를 새로운 침엽수림인 타이가 식생이 점령해 갔다. 북유럽의 이 광활한 삼림의 많은 부분을 가문비나무가 차지했다.

빙하기 동안 유럽은 빙하로 덮여 침엽수를 비롯한 나무들이 멸종에 이를 정도로 큰 피해를 받았다. 그러나 최근의 연구에 따르면 스칸디나비아의 소나무와 가문비나무 등 일부 유럽의 침엽수는 마지막 빙하기에도 살아남은 것으로 밝혀졌다. 빙하기 동안에도 스칸디나비아의 대부분 지역이 얼음으로 덮였으나, 일부 섬과 해안지대는 얼음이 없는 피난처가 있어서 침엽수가 살아남을 수 있었다. 눈이 없는 고립된 산봉우리인 '누나탁(nunatak)'과 기후가 비교적 온난한 해안 부근에 있던 침엽수들도 살아남아 자손을 남긴 것으로 보인다.

홀로세

신생대 후기인 제4기를 구성하는 세(世, cene) 가운데 현재에 가까운 지질시대로 지금으로부터 1만 2,000년 전부터 현재에 이르는 제4기의 마지막 시대로 홀로세라고 하며, 충적세(沖積世), 현세(現世, recent) 또는 완신세(完新世)라고도 부른다. 빙하기가 끝나서 기후는 오늘날과 비슷해졌고 문화적으로는 구석기시대와 중석기시대가 끝나고 신석기시대가 시작됐다.

홀로세는 후빙기(後氷期, post glacial period)로 플라이스토세보다 기후가 온난해졌다. 홀로세가 시작된 약 1만 2,000년 전은 빙하기에서 간빙기로 바뀌는 시기로 이산화탄소 농도는 250~260ppm, 메탄의 농도는 약 450~550ppb였다. 홀로세에 기후가 온난해지면서 사람들은 작물을 재배하고 가축을 사육하면서 정착 생활을 하는 신석기시대를 맞이했다. 홀로세 초기에는 동식물의 종별 구성이 지금과 크게 다르지 않았다. 홀로세에 중위도까지 분포해 있던 대륙빙하와 빙하가 녹으면서 해수면이 높아졌다. 약 6,000년 전은 홀로세 중 가장 따뜻했던 최온난기(最溫暖期, hypsi-thermal, climatic optimum)로 현재보다 기온이 2~3℃까지 높았다.

홀로세부터 온난해지면서 침엽수의 분포역이 바뀌고 식생 구조도 달라져 오늘날 우리가 보는 숲의 원형이 만들어졌다. 플라이스토세 번성했던 북방계 한대성 침엽수는 북쪽이나 높은 산지로 밀려가는 대신 소나무와 같은 온대성 침엽수와 비자나무 등 남방계 난대성 침엽수는 분포역을 넓혔다.

현재 피자식물의 다양성은 30만여 종에 이르러 전체 식물종의 90%를 차지하는 비해 침엽수가 주를 이루는 나자식물은 1,000종을 넘지 못하며 세계 침엽수의 3분의 1이 멸종위기에 있다. 침엽수는 활엽수가 살기 힘든 추운 고위도나 고산대, 척박한 토양에서 살고 있다.

우리 침엽수의
자연사와 분포

1. 화석과 고문헌으로 본 우리 침엽수의 자연사

산림청의 2020년 기준 산림기본통계에 따르면 우리나라 전체 산림은 국토의 62.6%에 이르는 629만ha다. 침엽수림(232만ha, 38.7%)은 활엽수림(200만 2,000ha, 33.5%), 침엽수와 활엽수가 섞여 자라는 혼합림(166만 3,000ha, 27.8%)에 비해 넓다.

2020년 기준 ha 당 살아 있는 나무 부피를 모두 합친 임목축적량(林木蓄積量, forest tree accumulation)은 165.2㎥로 2015년보다 13.14% 증가했다. 임목축적량은 1946년 560만㎥, 1973년의 740만㎥이었으나 2021년에는 10억㎥를 넘었다. 이처럼 짧은 기간에 임목축적량이 증가한 이유는 1973년부터 정부가 주도한 치산녹화사업과 함께 가정용 땔감 대신 석탄, 석유, 천연가스 등 화석연료가 보급되면서 나무를 연료로 사용하지 않게 됐기 때문이다.

우리나라 어느 산에 가더라도 흔하게 볼 수 있는 나무가 침엽수다. 재래 침엽수인 소나무, 잣나무, 전나무 등과 외래 침엽수인 일본잎갈나무, 리기다소나무 등을 포함하면 침엽수림은 종류도 다양하고 분포하는 면적도 넓다. 따라서 침엽수가 어떤 과정을 거쳐 숲을 이루었고 오늘은 어떤 의미가 있는지 밝히는 것은 자연사적으로 의미 있는 일이다.

우리나라 침엽수의 자연사를 화석, 역사시대 고문헌 등을 바탕으로 복원했다. 침엽수 화석은 눈에 보이는 크기의 잎, 구과, 가지 등 거대화석(巨大化石, macro fossil)과 현미경으로만 볼 수 있는 폴렌 또는 꽃가루 등 미세화석(微細化石, micro fossil) 자료에 기초했다. 침엽수 화석은 시기별, 속별로 시·공간적(時·空間的, time-spatial)인 측면에서 출현, 소멸, 분포 등을 분석했다. 역사시대의 침엽수 분포는 조선시대의 고문헌을 위주로 일제강점기의 문헌도 참조했다.

한반도에서 발견된 가장 오래된 고등식물 화석은 지구상에서 이미 멸종한 종자양치류인 고생대 후기의 네우롭테리스(*Neuropteris*)다. 고생대 페름기부터 신생대 제4기 홀로세까지 여러 침엽수의 화석이 출현하고 사라졌다(표 5). 신생대 제3기 팔레오세, 에오세, 올리고세, 플라이오세 지층에서 침엽수 화석이 보고되지 않아 당시에 어떤 나무가 살았는지 알 수 없다.

2009년에 경북 포항 금광리에서 발견된 신생대 나무화석은 측백나무과로 알려졌다. 우리나라에서 발견된 나무화석 가운데 가장 큰 규모인 길이 10.2m, 폭 0.9~1.3m로, 약 2,000만 년 전 한반도의 식생과 퇴적환경 등을 보여주는 중요한 자료이며, 2023년에 천연기념물로 지정되었다.

표 5. 한반도에서 화석으로 발견된 침엽수

속명	고생대: 페름기	중생대: 삼첩기	중생대: 쥐라기	중생대: 백악기	제3기: 팔레오세	제3기: 에오세	제3기: 올리고세	제3기: 마이오세	제3기: 플라이오세	제4기: 플라이스토세	제4기: 홀로세	현재	속명
Walchia	○												왈치아
Ullmannia	○												울마니아
Elatocladus	○	○											엘라토클라듀스
Araucarites			○										아라우카리츠
Palissya			○										팔리시아
Pityophyllum			○										피치오필럼
Stenorachis			○										스테노라치스
Schizolepis			○										시졸렙피스
Swedenborgia			○										스웨덴보르기아
Brachyphyllum			○										브라치필럼
Cyparissidium			○										시파리시디움
Czekanowskia			○										체카노브스키아
Sequoia				○			○						세쿼이아
Xenoxylon				○									크세녹실론
Frenolepsis				○									프레놀렙시스
Glyptostrobus				○				○					글립토스트로부스
Araucaria				○				○					아라우카리아
Pinus(Diplo)*				○				○		○	○	○	소나무(2잎)
Abies*								○		○	○	○	전나무
Pseudotsuga								○	○				미송
Metasequoia								○	○			○-	메타세쿼이아
Sciadopitys								○	○			○-	금송
Calocedrus								○					칼로세케루스
cf. Thujopsis								○				○-	나한백
Cryptomeria								○	○			○-	삼나무
Cupressus								○	○				쿠프레수스
Libocedrus								○					리보케드루스
Pseudolarix								○					금전송
Cedrus								○				○-	개잎갈나무
Juniperus*								○	○			○	향나무
Larix*								○		○	○	○	잎갈나무
Cephalotaxus*								○				○	개비자나무
Taxus*								○	○			○	주목
Thuja*									○			○	눈측백
Pinus(Haplo)*									○			○	소나무(5잎)

(자료: 공우석, 1995를 바탕으로 다시 작성)

○ 한반도에서 화석으로 보고된 종류   * 한반도에서 현재 자생하는 종류   ○- 외국에서 도입한 종류

고생대

지질시대 동안 우리나라에 출현했으나 도중에 멸종한 침엽수와 사라진 시기는 표 6과 같다. 한반도에서 가장 오래된 침엽수는 고생대 페름기의 왈치아, 울마니아와 페름기-중생대 삼첩기 사이의 엘라토클라듀스다. 고생대 침엽수 가운데 왈치아, 울마니아는 고생대를 넘기지 못하였고, 엘라토클라듀스는 중생대 삼첩기에 모두 멸종했다. 우리나라에서 침엽수가 활엽수보다 우점한 시기는 고생대 페름기에서 중생대 쥐라기 사이였으며, 그런 추세는 중생대 백악기까지 이어졌다.

표 6. 지질시대에 한반도에서 멸종한 침엽수

시대	멸종한 침엽수종
고생대 페름기	왈치아, 울마니아 등
고생대 페름기~중생대 삼첩기	엘라토클라듀스
중생대 쥐라기	아라우카리츠, 팔리시아, 피치오필럼, 스테노라치스, 시졸레피스, 스웨덴보르기아, 브라치필럼, 시파리시디움, 체카노브스키아 등
중생대 백악기	크세녹실론, 프레놀렙시스 등
중생대 백악기~신생대 제3기 마이오세	세쿼이아, 글립토스트로부스, 아라우카리아 등
신생대 제3기 마이오세	케텔레에리아, 칼로케드루스, 나한백속, 리보보케드루스, 금전송속, 개잎갈나무속, 나한송속, 다크리디움 등
신생대 제3기 마이오세~제4기 플라이스토세	미송속, 메타세쿼이아, 금송속, 낙우송속, 삼나무속, 쿠프레수스 등

(자료: 공우석(1995)을 바탕으로 다시 작성)

침엽수의 자연사

중생대

중생대 쥐라기에 우리나라에 살다가 멸종한 침엽수는 아라우카리츠, 팔리시아, 피치오필럼, 스테노라치스, 시졸레피스, 스웨덴보르기아, 브라치필럼, 시파리시디움, 체카노브스키아 등이다. 백악기에 나타났다가 사라진 침엽수는 크세녹실론, 프레놀렙시스 등이다. 백악기와 신생대 제3기 마이오세에도 살았으나 멸종한 침엽수는 세쿼이아, 글립토스트로부스, 아라우카리아 등이다. 한편 중생대 백악기에 등장해서 신생대 제3기 마이오세, 제4기 플라이스토세, 홀로세를 거쳐 지금까지 번성하는 침엽수는 소나무속(*Pinus*) 뿐이다.

신생대

우리나라에서 신생대 제3기 마이오세에 살았으나 사라진 침엽수는 케텔레에리아, 칼로케드루스, 나한백속, 리보케드루스, 금전송속, 개잎갈나무속, 나한송속, 다크리디움 등이다. 제3기 마이오세에 나타나 제4기 플

낙우송 화석(경희대학교 자연사박물관)

라이스토세에 멸종한 침엽수는 미송속, 메타세쿼이아, 금송속, 낙우송속, 삼나무속, 쿠프레수스 등이다. 제3기에 번성했던 침엽수로 온난한 기후를 좋아하는 메타세쿼이아, 금송속, 낙우송속, 나한백속, 삼나무속, 개잎갈나무속, 나한송속 등 침엽수들은 제4기 플라이스토세 빙하기에 추위를 견디지 못하고 사라진 것으로 본다. 오늘날 외래종으로 취급하는 침엽수 가운데 메타세쿼이아, 금송속, 낙우송속, 나한백속, 삼나무속, 개잎갈나무속, 나한송속 등은 지질시대에 우리나라에 살다가 멸종한 나무다. 이들 침엽수는 외국에서 다시 도입하여 온난한 남부지방에 심는 외래종이 됐다.

마이오세만 출현한 침엽수는 개비자나무속이다. 마이오세부터 우리나라에서 자란 개비자나무속, 솔송나무속 등도 플라이스토세에 기후가 한랭해지면서 추위와 다른 식물과의 경쟁에 밀려 쇠퇴했다. 이들은 이제 난온대와 온대의 일부 지방에만 드물게 자란다.

제3기 마이오세와 제4기 플라이스토세에는 나타났으나 이후 멸종한 침엽수는 미송속, 메타세쿼이아, 금송속, 낙우송속, 삼나무속, 쿠프레수스 등이다. 이들은 온난한 기후를 좋아하는 침엽수로 제4기 플라이스토세 후반의 한랭해진 기후에 적응하지 못하고 사라진 것으로 본다.

제3기 마이오세에 출현하여 제4기 플라이스토세와 홀로세를 거쳐 현재까지 계속 살아 있는 침엽수는 중생대 백악기부터 출현한 소나무속과 함께 전나무속, 솔송나무속, 잎갈나무속 등이다. 제3기 마이오세와 제4기 플라이스토세에는 등장했으나 홀로세에는 나타나지 않은 가문비나무속, 향나무속, 주목속 등도 지금은 전국적으로 자란다.

신생대 제4기 플라이스토세에서만 알려진 침엽수는 눈측백속과 5개의 바늘잎을 가진 소나무속이다. 소나무속, 전나무속, 가문비나무속, 잎갈나무속 등 한랭한 기후를 견디는 침엽수들은 플라이스토세 빙하기에 기온이 낮았을 때 분포역을 넓혔다.

홀로세에 자랐던 침엽수는 소나무속, 전나무속, 솔송나무속, 잎갈나

　　　　　　　　　　　　　　　　　　침엽수의 자연사

무속 등이다. 오늘날 소나무속은 전국적으로 널리 자라고, 잎갈나무속은 북한의 높은 산악지에, 전나무속은 전국 산지에, 솔송나무속은 울릉도에 자생한다.

지질시대별 침엽수

지질시대에 이 땅에 출현했던 주요 침엽수들의 과거 분포역을 현재 분포지를 비교하면 분포역과 다양성의 변화를 알 수 있다. 오늘날 자생하는 침엽수 가운데 이 땅에 가장 먼저 나타난 종류는 중생대 백악기에 등장한 소나무속이다. 소나무속은 오늘날 다양한 종으로 진화했으며, 함경도 높은 산자락부터 제주도 해안까지 매우 널리 자란다. 전나무속은 제3기 마이오세와 제4기 플라이스토세를 거쳐 홀로세까지 살아남았고, 오늘날 전국의 산지에서 볼 수 있다. 향나무속은 신생대 제3기 마이오세 이래 종이 다양해지고 분포역도 넓어졌으나 지금은 산지에 드물게 흩어져 자라지만 순군락을 이루지는 않는다.

　신생대 제3기부터 등장한 가문비나무속, 잎갈나무속, 주목속 등은 한랭한 플라이스토세 기후에 성공적으로 적응한 침엽수로 지금은 높은 산지를 중심으로 자란다. 한랭한 기후에도 견디는 눈측백속도 플라이스토세부터 출현하여 지금은 아고산대에 자란다.

　제3기 마이오세부터 제4기 플라이스토세에 자랐으나 홀로세에는 나타나지 않는 침엽수는 주목속, 솔송나무속, 잎갈나무속 등으로 지금은 높은 산지에 흔하다. 마이오세부터 플라이스토세를 거쳐 홀로세를 지나 오늘날까지 연속적으로 출현하는 침엽수는 소나무속, 향나무속, 전나무속, 가문비나무속, 측백나무과 등으로 지금도 전국에 널리 분포한다. 한편 오늘날 남부지방에 분포하는 비자나무속의 화석은 알려지지 않았다.

　제4기 플라이스토세 후기에 자란 가문비나무속, 5개의 바늘잎을 가진 소나무속, 전나무속, 잎갈나무속, 향나무속, 눈측백속, 주목속 등은 한랭한 기후에서 경쟁력이 있다. 이들 6개 속은 플라이스토세 빙하기 한랭한 기후에 적응하여 분포역을 넓혔다.

플라이스토세 후기인 1만 7,000~1만 5,000년 전에 강원 속초 영랑호 일대에는 지금은 높은 산에 자라는 5개의 바늘잎을 가진 소나무속, 가문비나무속, 전나무속 등 한대성 침엽수가 우점하여 당시의 기후가 한랭했음을 알 수 있다. 제4기 홀로세 초기와 중기에는 소나무와 같이 2개의 바늘잎을 가진 소나무속은 추위를 잘 견디는 전나무속과 잣나무처럼 바늘잎이 5개인 소나무속 등과 섞여 자랐다. 그러나 기온이 오르면서 2개의 바늘잎을 가진 소나무속 나무 등 일부 침엽수를 제외한 나무들은 낙엽활엽수와의 경쟁에 밀려 분포역이 줄었다. 홀로세 후기에 들어 온난하고 인위적인 간섭이 심해지면서 척박한 조건에서 경쟁력이 있는 소나무와 같은 2개의 바늘잎을 가진 소나무속이 번성했다.

홀로세 동안 영랑호 일대에서는 약 1만~6,700년 전에 2개의 바늘잎을 가진 소나무속과 전나무속이 같이 나타났다. 6,700~4,500년 전에는 2개의 바늘잎을 가진 소나무속이 우점하였고, 전나무속도 발견됐다. 1,400년 전 이후부터 2개의 바늘잎을 가진 소나무속이 크게 줄었는데, 숯이 함께 나타나 인위적인 식생의 간섭도 영향을 미친 것으로 본다. 한편 홀로세 동안의 북한에서 어떤 화석 꽃가루가 출토되었는지는 알려지지 않았다. 홀로세 중후기로 가면서 동해안에서는 건조하고 척박한 환경에서 경쟁력이 있는 2개의 바늘잎을 가진 소나무속이 많아졌다. 그러나 서해안에서는 물가와 같이 수분이 많은 곳에서 잘 자라는 오리나무속(*Alnus*)이 많아져 지역 내 지형과 기후에 따라 동해안과 서해안에서 우점하는 식생이 달랐음을 알 수 있다.

침엽수의 자연사

2. 우리 침엽수의 다양성

우리나라 유관속식물의 숫자는 양치식물(249종), 나자식물(64종), 피자식물(3,464종) 등 모두 3,777종 정도다. 나무 또는 목본류(木本類, arbor)는 재배종 84종을 포함해 575종, 18아종, 53변종, 10품종, 4잡종 등 660여 종에 이른다.

한반도에 자생하는 침엽수는 4과 11속 28종으로 소나무과에는 전나무속(전나무, 구상나무, 분비나무 등 3종), 잎갈나무속(잎갈나무, 만주잎갈나무 등 2종), 가문비나무속(가문비나무, 종비나무, 풍산가문비나무 등 3종), 소나무속(소나무, 곰솔, 잣나무, 섬잣나무, 눈잣나무 등 5종), 솔송나무속(울릉솔송나무 1종)이 있다. 측백나무과에는 향나무속(향나무, 섬향나무, 눈향나무, 곱향나무, 단천향나무, 노간주나무, 해변노간주 등 7종), 눈측백속(눈측백 1종), 측백나무속(측백나무 1종)이 있다. 개비자나무과에는 개비자나무속(개비자나무, 눈개비자나무 등 2종)이 있다. 주목과에는 주목속(설악눈주목, 주목 등 2종), 비자나무속(비자나무 1종)이 있다.

이 땅에만 자라는 침엽수 특산종(特産種, endemic species) 또는 고유종(固有種)은 구상나무, 풍산가문비나무, 울릉솔송나무 등이 있다. 이밖에 중국, 일본, 북아메리카 등 외국에서 여러 목적으로 도입해 심은 외래 침엽수도 20여 종 이상이다.

여기에 사용한 침엽수에 대한 분류, 형태, 생태, 분포 등은 산림청 국립수목원의 국가표준식물목록 정보와 참고문헌에 제시된 정보 그리고 필자가 현장에서 조사한 내용에 기초했다. 우리나라에 자생하는 침엽수의 종류는 표 7과 같다.

침엽수의 분류체계

강	아강	목	과
소나무강 Pinopsida	소나무아강 Pinidae	개비자나무목 Cephalotaxales	개비자나무과 Cephalotaxaceae
		나한송목 Podocarpales	나한송과 Podocarpaceae
		소나무목(구과목) Pinales	금송과 Sciadopityaceae
			소나무과 Pinaceae
		남양삼나무목	남양삼나무과 Araucariaceae
		주목목 Taxales	주목과 Taxaceae
		측백나무목 Cupressales	측백나무과 Cupressaceae

* 자료: 국가생물종정보지식시스템(2023)을 참조하여 다시 그림.
  소나무강, 소나무목은 이 책에서 각각 구과식물강, 구과목으로
  표시하였다.

| 소철강 Cycadopsida | 소철아강 Cycadidae | 소철목 Cycadales | 소철과 Cycadaceae |
| 은행나무강 Ginkgoopsida | | 은행나무목 Ginkgoales | 은행나무과 Ginkgoaceae |

침엽수의 자연사

속	자생 침엽수	외래 침엽수
개비자나무속 Cephalotaxus	개비자나무, 눈개비자나무	
나한송속 Podocarpus		나한송
금송속 Sciadopitys		금송
가문비나무속 Picea	가문비나무, 종비나무, 풍산가문비나무	독일가문비
개잎갈나무속 Cedrus		개잎갈나무
소나무속 Pinus	소나무, 곰솔, 잣나무, 섬잣나무, 눈잣나무	구주소나무, 리기다소나무, 만주곰솔, 방크스소나무, 백송, 버지니아소나무, 스트로브잣나무, 테에다소나무, 풍겐소나무
솔송나무속 Tsuga	울릉솔송나무	
잎갈나무속 Larix	잎갈나무	일본잎갈나무(낙엽송), 만주잎갈나무
전나무속 Abies	구상나무, 분비나무, 전나무	일본전나무
울레미속 Wollemia		울레미소나무
비자나무속 Torreya	비자나무	
주목속 Taxus	설악눈주목, 주목	
나한백속 Thujopsis		나한백
낙우송속 Taxodium		낙우송
넓은잎삼나무속 Cunninghamia		넓은잎삼나무
눈측백속 Thuja	눈측백	서양측백
메타세쿼이아속 Metasequoia		메타세쿼이아
삼나무속 Cryptomeria		삼나무
측백나무속 Platycladus	측백나무	
편백속 Chamaecyparis		편백, 화백
향나무속 Juniperus	곱향나무, 노간주나무, 눈향나무, 단천향나무, 뚝향나무, 섬향나무, 해변노간주, 향나무	
소철속 Cycas	소철	
은행나무속 Ginkgo		은행나무

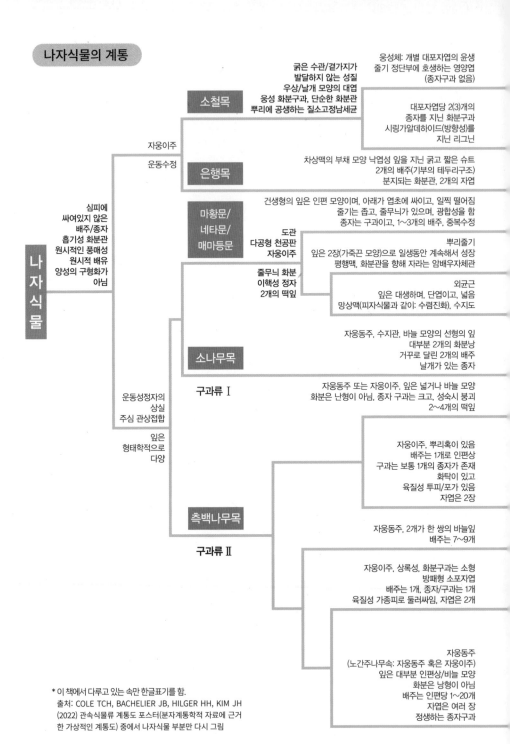

나자식물의 계통

나자식물

심피에
싸여있지 않은
배주/종자
흡기성 화분관
원시적인 풍매성
원시적 배유
양성의 구형화가
아님

자웅이주
운동수정

소철목

굵은 수관/곁가지가
발달하지 않는 성질
우상/날개 모양의 대엽
웅성 화분구과, 단순한 화분관
뿌리에 공생하는 질소고정남세균

웅성체: 개별 대포자엽의 윤생
줄기 정단부에 호생하는 영양엽
(종자구과 없음)

대포자엽당 2(3)개의
종자를 지닌 화분구과
시링가알데하이드(방향성)를
지닌 리그닌

은행목

차상맥의 부채 모양 낙엽성 잎을 지닌 굵고 짧은 슈트
2개의 배주(기부의 테두리구조)
분지되는 화분관, 2개의 자엽

**마황문/
네타문/
매마등문**

건생형의 잎은 인편 모양이며, 아래가 엽초에 싸이고, 일찍 떨어짐
줄기는 좁고, 줄무늬가 있으며, 광합성을 함
종자는 구과이고, 1~3개의 배주, 중복수정

도관
다공형 천공판
자웅이주

뿌리줄기
잎은 2장(가죽끈 모양)으로 일생동안 계속해서 성장
평행맥, 화분관을 향해 자라는 암배우자체관

줄무늬 화분
이핵성 정자
2개의 떡잎

외균근
잎은 대생하며, 단엽이고, 넓음
망상맥(피자식물과 같이: 수렴진화), 수지도

소나무목

자웅동주, 수지관, 바늘 모양의 선형의 잎
대부분 2개의 화분낭
거꾸로 달린 2개의 배주
날개가 있는 종자

구과류 I

운동성정자의
상실
주심 관상접합

잎은
형태학적으로
다양

자웅동주 또는 자웅이주, 잎은 넓거나 바늘 모양
화분은 난형이 아님, 종자 구과는 크고, 성숙시 붕괴
2~4개의 떡잎

측백나무목

구과류 II

자웅이주, 뿌리혹이 있음
배주는 1개로 인편상
구과는 보통 1개의 종자가 존재
화탁이 있고
육질성 투피/포가 있음
자엽은 2장

자웅동주, 2개가 한 쌍의 바늘잎
배주는 7~9개

자웅이주, 상록성, 화분구과는 소형
방패형 소포자엽
배주는 1개, 종자/구과는 1개
육질성 가종피로 둘러싸임, 자엽은 2개

자웅동주
(노간주나무속: 자웅동주 혹은 자웅이주)
잎은 대부분 인편상/비늘 모양
화분은 낭형이 아님
배주는 인편당 1~20개
자엽은 여러 장
정생하는 종자구과

* 이 책에서 다루고 있는 속만 한글표기를 함.
  출처: COLE TCH, BACHELIER JB, HILGER HH, KIM JH
  (2022) 관속식물류 계통도 포스터(분자계통학적 자료에 근거
  한 가상적인 계통도) 중에서 나자식물 부분만 다시 그림

침엽수의 자연사

소철목	소철목
멕시코소철과	Bowenia속, Ceratozamia속, Chigua속, Dioon속, Encephalartos속, Lepidozamia속, Macrozamia속, Microcycas속, Stangeria속, Zamia속
은행나무과	은행나무속
마황과	마황속
벨비취아과	벨비취아속
네타과 / 매마등과	Gnetum속
소나무과	전나무속, 카타야속, 개잎갈나무속, Hesperopeuce속, Keteleeria속, 잎갈나무속, Nothotsuga속, 가문비나무속, 소나무속, 황금낙엽송속, 수도쓰가속, 솔송나무속
남양삼나무과	아가디스속, 남양삼나무속, 울레미속
나한송과	Acmopyle속, Afrocarpus속, Dacrycarpus속, 다크리디움속, Falcatifolium속, Halocarpus속, Lagarostrobus속, Lepidothamnus속, Manoao속, Microcachrys속, Nageia속, Parasitaxus속, Pherosphaera속, Phyllocladus속, 나한송속, Prumnopitys속, Retrophyllum속, Saxegothaea속
금송과	금송속
주목과	Amentotaxus속, Austrotaxus속, 개비자나무속, Pseudotaxus속, 주목속, 비자나무속
측백나무과	Actinostrobus속, 아스로탁시스속, 칠레삼나무속, 칼리트리스, Calocedrus속, 편백속, 삼나무속, 넓은잎삼나무속, 쿠프레수스, Diselma속, 글립토스트로부스, 피츠로야, Fokienia속, 향나무속, Libocedrus속, 메타세쿼이아속, Neocallitropsis속, Papuacedrus속, Pilgerodendron속, 측백나무속, 사비나, 세쿼이아속, 세쿼이아덴드론, 타이와니아, 낙우송속, Tetraclinis속, 눈측백속, 나한백속, Widdringtonia속, Xanthocyparis속

표 7. 한반도에 자생하는 침엽수

과명(4과)	속명(11속)	종명(28종)
소나무과 (Pinaceae)	전나무속(*Abies*)	전나무(*Abies holophylla*)
		구상나무(*Abies koreana*)
		분비나무(*Abies nephrolepis*)
	잎갈나무속(*Larix*)	잎갈나무(*Larix gmelinii* var. *olgensis*)
		만주잎갈나무 (*Larix gmelinii* var. *amurensis*)
	가문비나무속(*Picea*)	가문비나무(*Picea jezoensis*)
		종비나무(*Picea koraiensis*)
		풍산가문비나무(*Picea pungsanensis*)
	소나무속(*Pinus*)	소나무(*Pinus densiflora*)
		잣나무(*Pinus koraiensis*)
		섬잣나무(*Pinus parviflora*)
		눈잣나무(*Pinus pumila*)
		곰솔(*Pinus thunbergii*)
	솔송나무속(*Tsuga*)	울릉솔송나무(*Tsuga ulleungensis*)
측백나무과 (Cupressaceae)	향나무속(*Juniperus*)	향나무(*Juniperus chinensis*)
		섬향나무 (*Juniperus chinensis* var. *procumbens*)
		눈향나무 (*Juniperus chinensis* var. *sargentii*)
		곱향나무 (*Juniperus communis* var. *saxatilis*)
		단천향나무(*Juniperus davuricus*)
		노간주나무(*Juniperus rigida*)
		해변노간주 (*Juniperus rigida* subsp. *conferta*)
	눈측백속(*Thuja*)	눈측백(*Thuja koraiensis*)
	측백나무속 (*Platycladus*)	측백나무(*Platycladus orientalis*)
개비자나무과 (Cephalotaxaceae)	개비자나무속 (*Cephalotaxus*)	개비자나무(*Cephalotaxus koreana*)
		눈개비자나무(*Cephalotaxus nana*)
주목과 (Taxaceae)	주목속(*Taxus*)	설악눈주목(*Taxus caespitosa*)
		주목(*Taxus cuspidata*)
	비자나무속(*Torreya*)	비자나무(*Torreya nucifera*)

(자료: Farjon(1998), 국립수목원 국가표준식물목록(2007), 공우석(2016)에 기초해 작성)

침엽수의 자연사

3. 침엽수림의 환경과 생태

햇볕

숲에서는 침엽수와 활엽수가 기후, 지형, 토양, 수문 등 미세한 환경의 차이에 적응하여 어울려 함께 산다. 침엽수 등 나자식물은 피자식물과 경쟁이 심한 곳은 피하며, 환경이 나빠 식물이 빠르게 자라기 곤란한 곳, 생육기일이 짧은 지역 등 피자식물이 선호하지 않는 곳에서 경쟁력이 있다. 침엽수는 기후가 좋지 않거나 토양조건이 좋지 않은 곳에서도 잘 살며 산불, 개간과 같이 광범위한 간섭을 받은 뒤에는 자리다툼에서 유리하다.

침엽수는 어릴 때 풀, 활엽수보다 성장이 느리므로 생장 초기에 영양분과 수분이 충분하고 일사량이 충분한 곳에서는 피자식물과의 경쟁에 져서 자리를 내준다. 침엽수들의 자라지 않는 것은 생리적으로 살 수 없기보다는 그 조건에서 경쟁력이 있는 피자식물에 밀리기 때문이다. 대부분의 침엽수는 햇볕을 많은 곳에서 경쟁력이 있으나, 숲이 우거지면 신갈나무, 서어나무, 물푸레나무 등 그늘에서도 잘 자라는 낙엽활엽수에 밀려난다.

수분

침엽수가 분포하는 곳의 공통점은 수분이 어느 정도는 있어 생리적으로 스트레스가 견딜 수 있는 곳이다. 침엽수의 수분 스트레스는 강수량이 적은 곳, 여름 기온이 높아 증발산량이 많은 곳, 춥고 건조한 겨울이 있는 곳 등에서 주로 나타난다. 바늘잎은 −4°C 정도에서도 얼지 않지만, 기온이 0°C 아래로 내려가면 토양에서 물을 흡수하고 목질부가 수분을 운반하는 것이 어려워져 생리적으로 스트레스를 받는다.

침엽수는 강수량이 많고 물 빠짐이 좋은 곳, 비옥하고 토양이 깊은 충적토, 수분이 약간 있는 곳을 좋아하지만, 강수량이 적은 곳, 여름 기온이 높아 증발산량이 많은 곳, 춥고 건조한 겨울이 있는 곳도 견딘다. 온대의 침엽수는 건조하고 척박한 토양으로 수분과 토양의 양분이 충분하지 않아 활엽수가 자라지 못하는 곳에서도 자란다. 침엽수가 숲에 정착하면 토양 속에 목질이 많아지고, 낙엽의 분해 속도가 느려져 토양 속 영양분은 줄어든다. 침엽수는 모래, 바위, 토탄, 건조한 곳과 습한 곳, 중금속에 오염된 곳에서도 자란다.

숲에 있는 나무와 흙은 비와 눈을 깨끗이 걸러주고 저장한다. 숲은 물을 가두는 녹색댐으로 우리나라의 숲은 일 년 동안 소양강댐의 10개와 맞먹는 양인 180억 톤의 물을 저장한다. 나무가 많은 산에서는 빗물의 35%가 지하수로 저장되지만, 민둥산에서는 10% 정도만이 지하수가 된다. 황폐지에 숲을 복원해 30년쯤 지나면 복원 전보다 지하수 양은 20% 증가하고, 홍수는 45%나 줄일 수 있다. 숲에 있는 나무뿌리와 크고 작은 풀, 낙엽, 부러진 가지들은 흙을 끌어안아 흘러내리는 것을 막아주는 능력이 황폐지의 227배에 이른다. 숲은 산사태, 낙석, 홍수 같은 자연재해 피해를 줄이는 동시에 온도를 조절하고, 강한 바람을 막아 기후를 알맞게 조절해준다. 아울러 숲은 야생동물의 보금자리다.

산도

대부분의 침엽수는 산도(pH) 5.7~6.7에서 잘 자라지만, 소나무의 일부 종은 강한 산성과 알칼리 토양도 견딘다. 토양의 특성에 따라 자라는 종도 달라 강한 산성토양(화백, 곰솔 등), 알칼리 토양(일본삼나무, 은행나무, 향나무, 만주흑송 등), 토양이 얕은 알칼리 토양(개비자나무, 비자나무 등), 약간 습하거나 물기가 많은 곳(전나무, 가문비나무), 아주 습한 곳(메타세쿼이아, 낙우송 등), 건조한 곳(섬잣나무, 곰솔 등) 등 차이가 크다.

침엽수의 자연사

생육과 번식

침엽수의 솔방울은 대부분 첫 계절에 익으나 일부는 2년이 지나야 익으며, 향나무속이 아닌 대부분의 구과는 익으면 딱딱해진다. 침엽수에 매달려 있는 솔방울은 암나무의 구과다. 열매는 둥근 모양의 솔방울인 구과, 작은 딸기 모양의 장과, 열매살이 많은 핵과(核果, drupe) 등이 있다. 구과는 소나무속, 전나무속, 잎갈나무속, 가문비나무속 등에서, 장과는 향나무속, 핵과는 주목속, 개비자나무속, 은행나무속 등에서 볼 수 있다.

침엽수는 암솔방울에 열린 종자로 번식한다. 종자는 모양이 다양하여 딱딱한 껍질로 둘러싸여 있고 크기와 모양은 종류에 따라 다르다. 종자는 대부분 바람에 의해서 잘 퍼질 수 있도록 얇은 막으로 된 날개를 가지고 있다.

대부분의 침엽수는 바람에 의해 널리 퍼져 나갈 수 있도록 큰 날개를 가지고 있다. 그러나 주목처럼 열매살로 덮여 있고 종자가 하나인 나무와 날개가 없는 큰 종자를 가진 일부 나무는 종자를 퍼트리는 데 조류, 설치류 등 다른 동물들의 도움을 받는다. 일반적으로 침엽수림은 활엽수림보다 토지와 생물 생산성이 낮아서 함께 사는 곤충, 새, 포유류 등 동물이 빈약하다.

가문비나무속, 소나무속, 전나무속 등은 날개가 한 개이고, 향나무속, 눈측백속의 종자는 날개가 두 개다. 가을에 땅에 떨어진 종자는 겨울에 휴면하다가 이듬해 봄에 가을에 떨어진 종자의 20% 정도에서 싹이 난다. 싹을 낸 첫해 여름까지 일부만 어린 식물로 자라고 나머지는 물 부족, 무더위, 곤충, 곰팡이, 동물의 공격으로 죽는다.

조림

우리 숲을 이루는 자생 수종은 소나무, 잣나무, 전나무 등의 상록침엽수와 신갈나무, 상수리나무, 굴참나무, 졸참나무 등 참나무류와 단풍나무, 고로쇠나무, 물푸레나무, 피나무 등의 낙엽활엽수가 있다. 여기에 숲이

주목

황폐했던 시기에 산림녹화를 위해 조림한 나무들이 섞여 자란다. 우리나라 조림면적의 대부분을 차지하는 나무는 외국에서 도입한 일본잎갈나무(낙엽송), 리기다소나무, 아까시나무 등이다. 자생 수종으로는 소나무, 잣나무, 오리나무 등을 심었다.

　잘 가꾼 숲 1ha는 연간 이산화탄소 16톤을 흡수하고, 12톤의 산소를 방출한다. 한 사람이 하루에 0.75kg의 산소가 필요하므로 1ha의 숲은 하루에 44명이 숨 쉴 수 있는 산소를 공급한다. 또한 숲은 산업화, 도시화로 인해 배출되는 분진과 매연을 걸러준다. 1ha의 침엽수는 일 년 동안 약 30~40톤의 먼지를, 활엽수는 68톤의 먼지를 걸러낸다.

침엽수의 자연사

4. 우리 침엽수림의 분포

산림면적

2020년 우리나라 숲의 면적은 약 629만ha, 임목축적은 10만 3,800만㎥로 국토면적 대비 산의 숲이 차지하는 비율은 62.6%다. 침엽수림 232만ha(38.7%), 활엽수림 200만ha(33.5%), 혼합림 166만ha(28%), 무림목지 28만ha, 죽림 2만ha 등이다. 침엽수림, 침엽수와 활엽수가 섞인 숲이 전체 숲의 63%를 차지하고, 활엽수림에도 침엽수는 흔하다. 침엽수가 자연생태계와 국민의 삶 모두에 중요하지만, 전체 숲 가운데 침엽수림의 면적은 1985년(50%), 2000년(42%), 2010년(41%), 2015년(39%), 2020년(39%) 등 감소하는 추세다. 특히 국토에서 소나무숲이 차지하는 면적은 1970년대 323만ha(50%)에서 2007년 150만ha(23%)로 반 이상 줄었다.

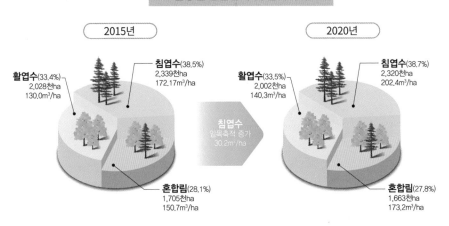

우리나라 임상별 산림면적(산림청 산림임업통계플랫폼의 자료를 다시 그림)

수평 및 수직 식생대

한반도에서는 남쪽에서 북쪽으로 가면서 난대기후의 상록활엽수림대, 온대기후의 상록침엽수와 낙엽활엽수가 섞여 자라는 혼합림대, 낙엽활엽수가 우세한 산림, 한대기후의 상록침엽수림대가 우세한 산림이 띠를 이루거나 서로 섞여 있다.

산에서는 해발고도에 따라 지형, 기후, 토양, 수문, 생태계 등 자연환경이 달라지면서 산의 높이에 따른 수직적 식생대가 나타난다. 낮은 산에서 고도가 높아지면서 상록활엽수림, 상록침엽수와 낙엽활엽수가 어우러진 숲, 침엽수가 우점하는 숲과 같은 울창한 산지림(montane forest)이 발달한다. 해발고도가 높아지면 침엽수가 많아지는 아고산대가 나타나고, 고도가 더 높아지면 교목은 드물고 관목과 초본이 우점하는 고산대로 바뀐다.

산지의 해발고도가 높은 곳에서는 나무가 울창하고 경제성 있는 목재인 용재(用材, timber)를 생산하는 나무들이 숲을 이루지 못하는 수직

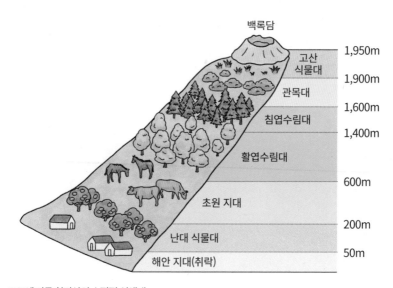

고도에 따른 한라산의 수직적 식생대

적인 경계인 삼림한계선(森林限界線, forest limit, timberline)이 나타난다. 산 정상 가까이에서는 큰키나무인 교목이 자라지 않는 교목한계선(喬木限界線, tree limit, tree line)을 볼 수 있다.

아고산대(亞高山帶, subalpine belt)는 삼림한계선과 교목한계선 사이에 나타나는 생태적인 전이대(轉移帶, ecotone) 또는 이행대(移行帶)다. 우리나라 아고산대는 일반적으로 해발고도 1,500m 일대부터 나타나는데 구상나무, 분비나무, 가문비나무, 주목 등과 같은 한대성 상록침엽수가 신갈나무, 사스래나무, 마가목과 같은 낙엽활엽수와 섞여 자란다.

아고산대에서 눈보라와 강풍이 불거나 토심이 얕아 환경이 척박한 곳에는 눈잣나무, 눈측백, 눈향나무와 같은 한랭한 기후를 좋아하는 키 작은 상록침엽수를 볼 수 있다. 북한의 아고산대에서는 남한에서는 자라지 않는 잎갈나무, 만주잎갈나무 등 낙엽침엽수와 종비나무, 무산가문비나무 등 상록침엽수가 분포한다.

설악산, 한라산의 아고산대에는 강한 바람과 거친 환경에 적응해 분비나무, 구상나무, 가문비나무와 같은 상록침엽수와 신갈나무 등 낙엽활엽관목이 한쪽으로 심하게 기울어 자란다. 나무의 줄기와 가지가 심하게 기울어지면서 나무의 줄기와 가지가 깃발 모습을 보이거나, 키 작고 뒤틀려 자라는 왜성변형수(矮性變形樹, krummholz)가 나타난다.

고산대(高山帶, alpine belt)는 교목한계선부터 만년설이 나타나는 설선(雪線, snow line)의 아래 한계선까지로 교목이 드문드문 자라는 수목섬(tree island), 키 작은 나무들이 자라는 관목대(灌木帶, shrubland), 풀밭이 나타나는 고산초원(高山草原, alpine meadow), 고등식물이 자라지 못하고 바위나 땅 위를 덮고 있는 하등식물인 지의류(地衣類, lichen)가 우점하는 고산툰드라(alpine tundra)가 고도가 높아지면서 나타난다.

한라산 구상나무 왜성변형수

분포 유형

우리나라 침엽수들이 공간적으로 어떻게 분포하는지를 남·북한에 자라
는 침엽수에 대한 종별 여러 정보 자료와 참고문헌과 직접 현장 답사하
여 확인했다. 이 땅에 자생하는 침엽수는 종별 수평적 분포에 따라 백두
산에서 금강산에 이르는 북한 지역과 설악산에서 한라산 그리고 주요 섬
에 이르는 남한에 자라는 침엽수의 종별 수평 분포역을 구분했다.

한반도 자생 침엽수를 수직적 분포역에 따라 고산형, 아고산형, 산지
형, 해안형, 도서형, 격리형 등의 6대 유형으로 나누었다. 이어 종별 수평
적 분포역을 고려하여 전국, 북부고산, 북부, 중북부, 중부, 중남부, 남부,
서해, 울릉도 등으로 세분했다(표 8).

표 8. 자생 침엽수의 분포 유형

대 유형	소 유형	대상 나무	수평 분포역	수직 분포역	종수
고산형	북부 고산	곰향나무	백두산~남설령~만덕산	1,400~2,300m	1종
아고산형	전국	눈향나무 가문비나무 주목	숭적산~한라산 차유산~지리산 숭적산~한라산	700~2,300m 500~2,300m 300~1,950m	3종
	중북부	눈잣나무 눈측백 분비나무 잎갈나무 종비나무	로봉~설악산 로봉~태백산 차유산~덕유산 차유산~금강산 백두산~금패령	900~2,540m 700~2,300m 500~2,200m 200~2,300m 450~1,600m	5종
	중부	설악눈주목	설악산	1,700m~	1종
	남부	구상나무	속리산~한라산	1,300~1,950m	1종
산지형	전국	잣나무 전나무 소나무 노간주나무 향나무	차유산~지리산 송진산~한라산 증산~한라산 증산~대둔산 낭림산~흑산도	~1,900m 100~1,500m 100~1,300m 50~1,200m ~800m	5종
	중남부	개비자나무 측백나무 눈개비자나무	화산~속리산~대둔산 설악산~울릉도~가지산 속리산~백양산	100~1,350m 150~600m ~100m	3종
	남부	비자나무	내장산~한라산	150~700m	1종
해안형	중남부	곰솔	계룡산~울릉도~한라산	50~700m	1종
도서형	서해	해변노간주 섬향나무	장산곶~백령도~어청도 흑산도~진도~제주도	~300m ~200m	2종
	울릉도	섬잣나무 울릉솔송나무	울릉도 울릉도	500~800m 300~800m	2종
격리형	북부	만주잎갈나무 풍산가문비나무 단천향나무	백두산 풍산~중강진 단천~포대산~삼지연~장지	1,600m 부근 1,300~1,400m 400~1,600m	3종

(자료: 공우석(2004) 등을 바탕으로 다시 작성)

고산형 침엽수

우리나라에서 전형적인 고산대는 백두산 등 북한의 높은 산에서 볼 수 있다. 한라산에서 구상나무가 자라지 않는 정상 일대의 바위지대 등 기후가 혹독하고 토양이 척박한 곳에는 눈향나무, 돌매화나무(암매), 시로미, 들쭉나무 등 관목이나 초본류 고산식물이 자라는 고산대가 국지적으로 나타난다.

한반도 침엽수는 자라는 위도와 고도에 따라 서로 다른 생김새로 환경에 적응해 산다(표 8). 한반도의 아주 높은 산에 자라는 고산형 침엽수는 북부 고산에 자라는 곱향나무(백두산~남설령~만덕산 사이, 1,400~2,300m)가 있다. 북부 고산에 자라는 곱향나무는 땅 위를 기는 상록침엽소관목으로 북부 고산에 적응하여 키가 작고 땅 위를 기며, 열매가 익는 데 기간이 오래 걸린다.

아고산형 침엽수

한반도의 높은 산에 자라는 아고산형 침엽수는 전국형, 중북부형, 중부형, 남부형으로 나뉜다. 전국 아고산형 침엽수는 눈향나무(숭적산~한라산, 700~2,300m), 가문비나무(차유산~지리산, 500~2,300m 사이), 주목(숭적산~한라산, 300~1,950m) 등이다. 중북부 아고산형 침엽수는 눈잣나무(로봉~설악산, 900~2,540m), 눈측백(로봉~태백산, 700~2,300m), 분비나무(차유산~덕유산, 500~2,200m), 잎갈나무(차유산~금강산, 200~2,300m), 종비나무(백두산~금패령, 450~1,600m) 등이다. 중부 아고산형 침엽수는 설악눈주목(설악산 1,700m 일대)이다. 남부 아고산형 침엽수는 구상나무(속리산~한라산, 1,300~1,950m)가 대표적이다.

전국 아고산대에 자라는 눈향나무는 땅 위에 줄기를 뻗고 끝이 쳐들린 상록침엽관목으로 지면 가까이에 기울어 자라며 종자는 달걀형이다. 가문비나무는 상록침엽교목이며 종자는 달걀형으로 종자보다 길이가 2배 긴 날개가 있다. 주목은 상록침엽교목으로 굳은 종자가 붉은 겉껍질

침엽수의 자연사

눈향나무(한라산)

에 쌓여있다. 중북부 아고산대의 지면 가까이에 붙어 자라는 눈잣나무는 상록침엽소교목이며 종자는 삼각형의 달걀형으로 날개는 없다. 눈측백은 키가 1m를 넘지 않는 상록침엽소교목으로 구과에 날개가 있는 타원형의 종자가 있다. 분비나무는 상록침엽교목이며 종자는 삼각형이며 날개가 있다. 잎갈나무는 낙엽침엽교목으로 종자는 달걀 모양의 삼각형 날개가 있다. 종비나무는 상록침엽교목이며 종자는 달걀형 날개가 있다. 남부 아고산대에 자라는 구상나무는 상록침엽교목으로 종자는 날개가 있다.

산지형 침엽수

한반도의 산에 널리 자라는 산지형 침엽수는 전국형, 중남부형, 남부형으로 구분된다. 전국 산지형 침엽수는 잣나무(차유산~지리산, ~1,900m), 전나무(송진산~한라산, 100~1,500m), 소나무(증산~한라산, 100~1,300m), 노간주나무(증산~대둔산, 50~1,200m), 향나무(낭림산~흑산도, ~800m) 등이다. 중남부 산지형 침엽수는 개비자나무(경기 화산~속리산~전남 대둔산, 100~1,350m), 측백나무(설악산~울릉도~가지산, 150~600m), 눈개비자나무(속리산~백양산, ~100m) 등이다. 남부 산지형의 침엽수는 비자나무(내장산~한라산, 150~700m)다.

　전국 산지에 자라는 잣나무는 상록침엽교목으로 종자는 일그러진 삼각 모양의 긴 달걀형으로 날개는 없다. 전나무는 상록침엽교목이며 종자는 달걀 모양의 삼각형의 날개가 있다. 소나무는 상록침엽교목으로 종자는 타원형으로 종자 길이 약 3배 정도의 날개가 있다. 노간주나무는 상록침엽교목이며 구과는 달걀형으로 둥글다. 향나무는 상록침엽교목으로 종자는 타원형이다. 중남부 산지에 자라는 개비자나무는 상록침엽소교목이며 종자는 타원형이다. 측백나무는 상록침엽교목이지만 상록침엽아교목도 있고, 종자는 타원형이나 달걀형으로 날개는 없다. 눈개비자나무는 상록침엽아교목으로 개비자나무에 비교해 땅속뿌리가 길게 뻗으면서 줄기가 난다. 남부 산지에 자라는 비자나무는 상록침엽교목이며 종자는 타원형이다.

해안형 침엽수
한반도의 바닷가를 중심으로 자라는 해안형 침엽수는 중남부 해안형 곰솔(계룡산~울릉도~한라산, 50~700m)이 대표적이다. 중남부 해안형의 곰솔은 상록침엽교목으로 종자는 마름모 또는 타원형으로 종자의 길이보다 약 3배 더 긴 날개가 있다.

소나무(울진 소광리)

도서형 침엽수

한반도의 섬을 중심으로 자라는 도서형 침엽수는 서해, 울릉도형 등이 있다. 서해 도서형 침엽수는 해변노간주(장산곶~백령도~어청도, ~300m)와 섬향나무(흑산도~진도~제주도, ~300m)가 있다. 서해 도서에 자라는 해변노간주는 상록침엽소교목으로 키가 작고 옆으로 퍼지며, 구과는 달걀형으로 길다. 섬향나무는 전남과 제주도에 자라는 상록침엽소교목이다.

내륙에는 자라지 않고 동해 울릉도에만 자라는 울릉도형 침엽수에는 섬잣나무(울릉도, 500~800m), 울릉솔송나무(울릉도, 300~800m)가 있다. 울릉도에 자라는 섬잣나무는 상록침엽교목이며 종자는 누운 달걀형으로 짧은 날개가 있다. 울릉솔송나무는 상록침엽교목으로 종자는 길고 둥글며 종자의 날개는 2배로 길다.

격리형 침엽수

한반도 내 일부 지역에만 자라는 격리형 침엽수로 남한에는 없고 북한 북부지방에만 자라는 북부 격리형 침엽수는 만주잎갈나무(백두산, 1,600m 부근), 풍산가문비나무(풍산~중강진, 1,300~1,400m), 단천향나무(단천~포대산~삼지연, 장지, 400~1,600m) 등이 있다.

남한에는 자생하지 않고 북부지방에 격리되어 자라는 만주잎갈나무는 낙엽침엽교목으로 날개가 있다. 풍산가문비나무는 북한에 자라는 고산성 상록침엽교목으로 종자는 달걀형으로 종자 2배 길이 정도의 날개가 있다. 단천향나무는 땅 위를 기는 상록침엽소교목이며 북한 일부 지역에만 자란다.

한반도 북부지방 고산대와 아고산대, 백두대간과 한라산의 높은 산 꼭대기에서만 자라는 눈잣나무, 눈향나무, 눈측백, 한랭한 기후가 나타나는 높은 산지에 흔한 잎갈나무, 잣나무, 분비나무, 주목, 전국 어디에서나 자라는 소나무, 향나무, 남부지방에만 자라는 개비자나무, 비자나무, 중남부 바닷가에 자라는 곰솔, 해변노간주, 외딴 울릉도에서만 자라는 섬잣나무, 울릉솔송나무, 남부 아고산대에만 격리 분포하는 구상나무 등 침엽수들이 서로 다른 곳에 자리 잡고 사는 것은 결코 우연이 아닌 끊임없이 지질시대부터 이어온 환경변화에 따른 식물 진화 등 자연사의 산물이다.

주목(계방산)

기후변화와
침엽수

1. 백두대간과 한라산의 고산대와 아고산대 침엽수

백두대간은 북한의 백두산 병사봉(2,744m)에서 시작해 남한의 지리산 천왕봉(1,915m)까지 이어지며, 주된 능선으로 마루금의 길이만 1,400km에 이르는 한반도 등줄기다. 701km에 이르는 남한 내 백두대간은 남·북한의 생태계를 이어주며 생물이 분포하는 생물다양성의 핵심지(核心地, hotspot)다. 동시에 생물 서식의 생태축(生態軸, ecological axis)이고, 기후변화에 따라 동식물이 움직이는 이동통로(移動通路, corridor)다.

백두대간과 한라산 정상 일대는 플라이스토세 빙하기에 북쪽의 혹독한 추위를 피해 남쪽의 피난처를 찾아 한반도로 이동해 정착한 가문비나무, 분비나무, 눈잣나무, 눈향나무, 주목 등 북방계 한대성 아고산 침엽수의 서식지다. 이밖에도 북한의 아고산대에는 특산종인 풍산가문비나무가, 남부지방 아고산대에는 특산종인 구상나무가 자란다. 산림청 국립수목원이 지정한 기후변화 취약종에는 한대성 침엽교목인 구상나무, 분비나무, 가문비나무, 주목 외에도 눈측백, 눈잣나무, 설악눈주목 등 침엽관목도 있다.

우리나라 특산종인 풍산가문비나무와 구상나무는 세계에서 한반도의 아고산대에만 고립 격리되어 분포하는 아고산 침엽수다. 눈잣나무는 설악산을 유라시아대륙에서 분포의 남방한계선으로 삼고 자라는 아고산 침엽수다. 울릉도에 자라는 특산종인 울릉솔송나무도 관심이 필요하다. 이들은 식물지리와 유전적으로 가치가 높아 보전해야 할 나무다.

한라산 정상에 자라는 상록활엽관목인 돌매화나무, 시로미 등과 설악산의 만병초, 노랑만병초, 월귤, 홍월귤 등 북극권에도 자라는 키 작은 꼬마나무는 아고산 침엽수와 함께 기후변화에 취약한 종이다. 빙하기 이래 한랭한 기후에 적응해 백두대간과 한라산 정상부를 중심으로 분포하는 아고산 침엽수와 산꼭대기의 북방계 고산식물들은 변화하는 기후에 적응하지 못하고 쇠퇴하거나 후손을 잇지 못하고 산 아래에서 밀려오는 종과의 경쟁에 밀려나 줄어들거나 사라질 위험에 있다.

기온이 상승하면 식물은 처음에는 스스로 생리적으로 견디며 적응하면서 다른 식물들과 경쟁하고 생존하며 서식지를 옮긴다. 평균기온이 1℃ 오르면 중위도 지역의 식물은 북쪽으로 약 150km, 고도는 위쪽으로 150m 정도 이동해야 원래 살던 환경과 비슷한 조건을 찾을 수 있다. 그러나 쉽게 전파되는 초본류와 달리 이동 속도가 빠르지 않은 목본류는 산포하는 속도가 기후변화의 추세를 따라잡기 어렵다. 지구온난화가 가파르게 지속되면서 침엽수의 분포역이 줄어들고, 다양성이 감소하며, 취약종이 사라지게 되면 국가적 손실로 이어질 수 있다.

국립기상과학원의 「한반도 100년의 기후변화」에 따르면 지난 100여 년 동안 한반도의 연평균기온은 12.6℃에서 14.0℃로 1.4℃ 높아졌다. 최고기온은 17.1℃에서 18.2℃로 1.1℃ 올랐고, 최저기온도 8.0℃에서 9.9℃로 1.9℃ 높아졌다. 계절별로는 겨울철 최저기온 상승폭이 가장 커서 겨울 최저기온은 10년마다 0.25℃ 정도 올랐다. 사계절의 길이도 달라져 겨울은 109일에서 91일로 줄었고, 여름은 98일에서 117일로 크게 늘었다. 봄은 85일에서 88일로 늘었고, 가을은 73일에서 69일로 줄었다.

침엽수는 겨울에 매우 춥고 건조한 곳, 여름 기온이 높아 증발산량이 많은 곳, 강수량이 적은 곳 등에서 수분 부족 스트레스를 많이 받는다. 백두대간과 한라산에서 아고산 침엽수가 말라 죽는 피해는 경사가 급한 곳, 토양이 척박한 곳, 남사면이나 햇빛 노출이 많은 숲 가장자리, 나무의 밀도가 높은 곳 등에서 주로 발생한다. 특히 지구온난화로 겨울에 눈이 적게 내려 흡수할 수 있는 수분이 줄면 봄에 일찍 광합성을 시작하는 상록침엽수는 수분과 영양분을 얻기 어렵다. 이런 상황이 되풀이되면 상록침엽수는 수분과 영양분이 부족해 말라 죽는다.

우리나라 침엽수들은 고온, 폭우, 가뭄 등 기후와 함께 해충, 산불 등의 피해에도 노출되어 있다. 환경부의 『한국기후변화평가보고서 2020』에서는 지구온난화로 한반도의 아고산 침엽수는 현재 분포하는 자리에서 밀려나 쇠퇴하고 있으며, 이러한 추세는 앞으로 더 빠르게 진행될 것으로 보았다.

러시아 연해주의 잣나무 고사

2. 아고산 침엽수림과 고사

나무가 특정한 지역에만 격리되어 분포하는 것은 기후, 토양, 지형, 수문 등 여러 자연적인 요인과 인간에 의한 인위적 요인에 따른 것이다. 특히 기후변화는 식물의 생리와 생태, 식물 계절, 분포역 변화에도 영향을 미친다. 기후변화를 가져오는 자연적 요인은 태양 활동의 변화, 지구 공전 주기와 자전축의 변화, 화산 활동, 바닷물의 순환 변화 등이 있다. 기후변화의 인위적 요인은 화석연료 사용 증가, 숲의 파괴, 토지이용 변화 등에 따른 온실기체 증가 등이다.

분포

산림청 국립산림과학원은 2019년에 구상나무, 분비나무, 가문비나무, 눈측백, 눈향나무, 눈잣나무, 주목 등 7종의 아고산 침엽수종 실태를 발표했다. 아고산대는 침엽수와 낙엽활엽수의 용재가 자라는 경계인 삼림한계선에서 교목한계선 사이에 나타나는 수직적 식생대다. 우리나라 아고산대의 대표적 침엽수는 교목인 분비나무, 구상나무, 가문비나무, 잣나무, 주목 등과 관목인 눈잣나무, 눈향나무, 눈측백, 설악눈주목 등이다. 이들 침엽수 아교목은 돌매화나무, 시로미, 월귤 등 상록활엽성이나 들쭉나무, 홍월귤, 털진달래 등 낙엽활엽성 고산 아교목과 함께 고산대에도 자란다.

전국 31개 산지 739개 표본 조사지점에서 아고산 침엽수의 밀도와 건강 상태 등 생육 현황 등을 확인한 결과 아고산 침엽수림의 면적은 1만 2,094ha로 우리나라 삼림의 0.19%를 차지한다. 지역별 침엽수림 면적은 지리산이 5,198ha(43.0%)로 가장 넓고, 한라산 1,956ha(16.2%), 설악산 1,632ha(13.5%), 오대산 969ha(8.0%) 순이다. 전국에 자라는 아고산 침엽수는 약 370만 그루로 추정한다. 수종별로 구상나무 약 265

● 7대 고산 침엽수종의 분포 지역

- 7대 고산 침엽수종: 구상나무, 분비나무, 가문비나무, 눈측백, 눈향나무, 눈잣나무, 주목
  구상나무는 세계자연보전연맹 적색목록에 멸종위기종 지정

- 분포지역: 31개 산지
- 분포면적: 12,094ha
  ※ 표본점수: 실태조사 745개소
  모니터링 500개소

● 고산 침엽수종 분포 면적

- 지역별 분포면적: 지리산(5,198ha) > 한라산(1,956ha) > 설악산(1,632ha)
- 수종별 분포면적: 구상나무(6,939ha) > 분비나무(3,690ha) > 주목(2,145ha)
- 수종별 본수: 구상나무(약 265만본) > 분비나무(약 98만본) > 가문비나무(약 5만본)

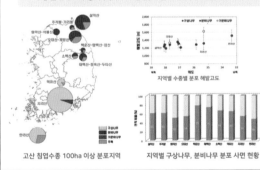

고산 침엽수종 100ha 이상 분포지역

지역별 수종별 분포 해발고도

지역별 구상나무, 분비나무 분포 사면 현황

- 분포범위
  해발고도 1,200~1,600m

- 평균고도
  구상나무 1,367m,
  분비나무 1,267m
  가문비나무 1,557m

- 수분조건이 양호한 북사면에
  상대적으로 넓게 분포

- 구상나무 53.3%, 분비나무 60.5%,
  가문비나무는 70.8% 북사면 위치

멸종위기 아고산 침엽수종 분포현황(자료: 산림청 국립산림과학원)

만 그루(6,939ha), 분비나무 약 98만 그루(3,690ha), 가문비나무 약 5만
그루(418ha) 순이다. 일부 아고산대와 고산대에는 눈측백, 눈향나무, 눈
잣나무 등 멸종위기 나무들이 소규모로 분포한다.

아고산 침엽수들은 수직적으로 해발고도 1,200~1,600m에 주로 분
포하며, 수종별로 분포하는 평균고도는 분비나무(1,267m), 구상나무
(1,367m), 가문비나무(1,559m) 순이다. 멸종위기 침엽수가 자라는 아고
산대의 평균기온이 약 6.3℃로 전국 평균기온 12.3℃보다 6℃ 낮다. 연
평균 강수량은 1,697mm로 전국 평균 1,310mm에 비해 400mm 가까
이 많다. 아고산 침엽수는 겨우내 쌓인 눈이 오래 남아있고 일사량이 적
어 온도가 낮고 수분이 오래 유지되는 북사면에 주로 분포한다.

한편 환경부 국립공원공단이 고해상도 영상 분석으로 분석한 바에
따르면 국립공원 내 아고산 상록침엽수의 분포면적은 지리산 45.5km²,
설악산 40.2km², 태백산 3.7km², 덕유산 3.4km², 오대산 2.3km², 소백
산 0.8km² 순이었고, 총면적은 95.9km²다.

쇠퇴

우리나라 아고산 침엽수림 면적은 1990년대 중반에 비교해 약 2,000ha(약
25%) 이상 줄었다. 침엽수림 면적이 200ha 이상 감소한 곳은 설악산, 백
운산, 지리산, 한라산 등이다. 제주도 한라산(1,950m) 아고산 침엽수림은
1990년대 중반 915ha에서 2010년대 중반 610ha로 20년 사이 33%가 사
라져 피해가 가장 심각했다. 설악산, 전남 광양 백운산(1,222m) 등의 침엽
수림 면적이 약 25% 감소하였고, 지리산은 14.6%가 줄었다.

아고산 침엽수의 고사목(枯死木, dead trunk) 발생 현황과 나무의
건강도 조사에 따르면 전국 구상나무숲의 약 33%, 분비나무숲의 28%,
가문비나무숲의 25% 정도가 쇠퇴하고 있다. 침엽수의 지역별 쇠퇴 정도
는 구상나무는 한라산에서 39%, 분비나무는 소백산에서 38%, 가문비
나무는 지리산에서 25%로 두드러졌다. 아고산 침엽수의 쇠퇴 정도는 기

침엽수의 자연사

후변화에 따른 겨울철 기온상승률이 높고 위도가 낮은 곳일수록 높다.

고사

아고산 침엽수의 고사는 지구온난화에 따른 기온상승과 겨울 강수량 부족, 봄 가뭄, 여름 고온 등에 따른 생리적 스트레스와 다른 식물들과의 경쟁에 따른 피해로 발생한다. 설악산, 지리산, 백운산, 한라산 등에서 침엽수가 말라 죽어 생긴 고사목 비율은 해발고도 1,200~1,300m(22.1%)에서 가장 높고, 1,100~1,200m(19%), 1,400~1,500m(16.9%), 1,300~1,400m(16.6%), 1,000~1,100m(6.6%)가 뒤를 이었다.

구상나무의 63%, 분비나무의 64%, 가문비나무의 94%가 서 있는 상태로 말라 죽은 고사목이다. 수종별로는 한라산의 구상나무와 지리산 반야봉(1,732m)의 구상나무 군락지의 고사 피해가 심각하다.

한라산은 기후변화에 따른 겨울 기온상승률이 가장 높고, 잦은 태풍과 폭우, 얕은 화산 토양 등의 열악한 조건 때문에 고사목(48%)이 매우 많다. 고사목으로 죽는 쇠퇴 정도는 39%로 우리나라에서 가장 높다. 설악산과 오대산 등에 자생하는 분비나무도 약 11%가 말라 죽었다.

분비나무 고사목(발왕산)

3. 기후변화에 취약한 눈잣나무와 주목

눈잣나무(*Pinus pumila*)는 신생대 제4기 플라이스토세 최후빙기 동안 기후 등 조건이 알맞은 장소를 찾아 한반도로 들어온 뒤 홀로세에 들어 기후가 온화해지면서 기후가 한랭한 높은 산에 정착해 오늘에 이르렀다. 눈잣나무는 러시아 북쪽에서는 낮은 해안에도 자라지만, 중국, 한국, 일본에서는 높은 산에 자리 잡은 최후빙기의 유존종(遺存種, relict species) 또는 잔존종(殘存種)이다.

눈잣나무는 오늘날 북한의 높은 산꼭대기를 중심으로 분포하며, 남한에서는 설악산 정상 일대에만 격리되어 분포하는 상록침엽관목이다. 눈잣나무는 유라시아대륙 내 분포의 남방한계선인 설악산 정상 일대 대청봉에서 소청봉 사이 능선에 격리 분포한다. 눈잣나무는 분비나무, 설악눈주목, 눈측백 등 상록침엽수와 함께 신갈나무, 털진달래 등 낙엽활엽수와 섞여 고산대의 저온과 강풍이 심한 혹독한 환경에도 적응했다.

고산대 교목한계선 하한계선 일대에 자라는 눈잣나무는 매우 추운 겨울을 견디도록 적응 진화한 나무다. 눈잣나무는 매우 춥고 바람에 노출된 곳에도 자라지만 여름에 더운 곳에서는 견디지 못하고 고사하거나 다른 식물에 밀린다. 높은 산에서 자라는 눈잣나무는 햇볕이 잘 들고 공중 습도가 높고 물 빠짐이 좋은 곳을 좋아하며 대기오염에는 약하다.

눈잣나무는 설악산 정상 대청봉과 중청봉 사이 햇볕이 강하고 기온이 낮고 바람이 세고 토양이 척박한 능선에서는 땅 위를 기면서 자란다. 눈이 오래 쌓여있는 바람의지에서는 과도한 습기를 피하려고 눈 밖으로 가지를 내밀고 겨울을 나기도 한다. 그러나 기온이 상승하여 온대성 식생이 영역을 넓히면 땅 위를 기면서 자라는 눈잣나무는 햇볕, 기온, 수분 등 여러 조건에서 다른 식물과의 경쟁에 밀려 쇠퇴하게 된다. 남한 내 유일한 눈잣나무 자생지인 설악산 대청봉에서 소청봉에 이르는 구간은 등

산객의 발길에 훼손되었으나 군락지에 사람들의 출입을 제한하면서 점차 원상을 회복하고 있다.

주목(*Taxus cuspidata*)은 강원 평창 오대산(1,565m), 홍천 계방산(1,579), 태백 태백산(1,567m), 충북 단양 소백산(1,439m), 전북 무주 덕유산(1,614) 등 백두대간을 따라 높은 산악지대나 추운 지방에서 주로 자란다. 그러나 기후변화와 난개발의 부작용으로 고사 현상이 나타나고 있다.

소백산은 주목 2,000여 그루가 자생하고 있는 국내 최대 군락지로 천연기념물 제244호로 지정돼 보호받고 있는데, 고사목이 증가하고 있다. 비슷한 주목의 고사 현상은 계방산, 덕유산 등지에서도 볼 수 있다.

주목(소백산)

4. 기후변화 지표식물 분비나무와 가문비나무

우리나라에는 분비나무(*Abies nephrolepis*) 약 98만 그루(3,690ha), 가문비나무(*Picea jeziensis*) 약 5만 그루(418ha)가 자란다. 환경부 국립공원공단에 따르면 분비나무는 오대산에서 34.1%, 설악산에서 19.9% 등의 고사율을 보였다. 분비나무의 고사는 큰 돌무더기가 두껍고 넓게 쌓여있는 암괴류(岩塊流, block stream)와 작은 돌무더기가 경사면을 따라 흘러내리는 애추(崖錐, talus)가 발달하여 토양 수분이 충분하지 않은 산꼭대기와 능선을 중심으로 나타났다.

기후변화 지표식물인 분비나무는 설악산에서 집단적으로 말라 죽고 있다. 설악산의 귀때기청봉(1,576m)과 황철봉(1,380m) 주변에서부터 분비나무 고사가 시작됐다. 그 뒤 일 년 내내 강한 바람이 불어 증발산량이 많아 토양이 건조해지기 쉬운 대청봉(1,708m), 중청봉(1,665m), 소청봉(1,581m) 일대로 분비나무의 고사 범위가 넓어졌다. 특히 소청대피소 주변 분비나무에서 대부분 말라 죽고 대청봉에서 서북주능으로 이어지는 서식지가 축소되거나 사라질 위기에 있으며, 설악폭포 주변의 분비나무도 고사하고 있다. 경북 봉화 춘양면 구룡산(1,344m) 정상에서도 분비나무의 고사목들을 볼 수 있다. 전나무속(*Abies*) 나무들의 고사 현상은 우리나라만의 문제는 아니며, 유럽과 북아메리카에서도 사회적으로 큰 관심을 받고 있다.

가문비나무는 강원 홍천 계방산(1,577m), 전북 무주 덕유산(1,614m), 전남·북과 경남 사이에 위치하는 지리산(1,915m)의 높은 산지에 일부 남아있는 아고산 침엽수이다. 구상나무와 함께 기후변화로 인해 개체수가 빠르게 감소하고 있으며, 특히 덕유산에서는 가문비나무를 보기 어렵다.

가문비나무는 잦은 겨울철 고온과 가뭄에 의해 쇠퇴하거나 고사하기

침엽수의 자연사

쉽다. 성장한 가문비나무가 죽으면서 후계림을 이룰 어린나무인 치수(稚樹, seedling)도 드물어지고 있다. 아울러 저지대에서 옮겨오는 활엽수 종들과의 경쟁에서 밀려 어린 개체인 치수의 발생이 줄어들면서 서식지에서 쇠퇴 중이다. 가문비나무는 작은 크기의 나무뿐만 아니라 중간크기 나무도 부족해 숲의 구조가 매우 불안정하다. 가문비나무 등 아고산 침엽수 숲이 안정적으로 유지되려면 어린나무의 개체수가 늘고 나무들의 연령대가 다양해져야 한다.

분비나무와 고사목(설악산 귀때기청봉)

5. 기후변화와 구상나무의 집단 고사

구상나무(*Abies koreana*)는 분비나무와 근연 관계에 있는 전나무속 (*Abies*) 아고산 침엽교목이다. 북한에서 남한에 이르는 백두대간 아고 산대에 분포하는 분비나무가 신생대 제4기 플라이스토세에 북방의 추위 를 피해 한반도 남부로 유입되어 남부 산악지대의 환경과 기후변화에 적 응하면서 종으로 분화한 것으로 추정한다. 플라이스토세 빙하기에 북방 에서 이동해 온 분비나무는 백두대간 일대에 있던 1차 피난처에서 추위 를 견디며 생존했다. 그 뒤 홀로세에 기후가 온난해지면서 한랭한 기후 가 유지되는 남부지방 아고산대를 2차 피난처로 삼아 격리된 국지적인 환경에 적응 진화하여 남부 아고산대 특산종으로 진화했다.

구상나무는 오늘날 충북 속리산, 전북 덕유산, 광주 무등산, 경남 가 야산, 지리산, 금원산, 영축산, 제주 한라산 아고산대에 고립되어 분포한 다. 제주도 한라산과 함께 전·남북, 경남에 거친 지리산의 반야봉, 천왕 봉~중봉~하봉 등은 3대 구상나무 군락지다. 구상나무는 약 265만 그루 (6,939ha)가 남부지방 아고산대를 중심으로 분포한다.

산림청 국립산림과학원이 2017~2018년 한라산에 있는 침엽수종에 대한 실태조사를 벌인 결과 한라산에는 총 100만 그루 가까이 구상나무 가 자라지만 빠르게 쇠퇴 중이다. 한라산 구상나무의 쇠퇴 정도는 39% 로 덕유산(31%)과 지리산(25%) 등에 비교해 높다. 한라산 구상나무의 46% 정도가 이미 고사했다는 보고도 있다.

환경부 국립공원공단에 따르면 구상나무는 지리산에서 37%, 한라산 에서 43.5%, 덕유산에서 18.2% 말라 죽었다. 구상나무는 1998년 이후 15년 동안 한라산에서 34%, 1981년 이래 27년간 지리산에서 18% 정도 분포면적이 감소했다.

구상나무는 과거에는 한라산에 가장 널리 분포했으나 최근에는 온대성 침엽수를 대표하는 소나무에도 밀리고 있다. 과거에는 해발 1,400m 일대를 중심으로 1,400m보다 높은 곳에는 구상나무가 우점하고, 1,400m보다 낮은 곳에는 소나무가 흔했다. 하지만 최근 지구온난화 탓에 소나무는 해발 1,500m 이상까지 자생지가 확대되고 구상나무는 고사하면서 개체수와 분포역이 줄어들며 한라산 정상 쪽으로 밀려나고 있다.

한라산과 지리산에서 늘푸른바늘잎을 자랑하던 구상나무가 앙상한 가지만 남은 채 죽어가는 것은 기후변화로 장기간 고온과 가뭄에 해충 피해까지 더해진 결과다. 한라산에서는 백록담 북동사면 관음사탐방로, 동사면 진달래밭에서 정상에 이르는 동사면을 중심으로 남사면 영실탐방로, 서쪽 윗새오름 일대 등 거의 모든 지역에서 구상나무가 대규모로 말라 죽었다.

구상나무의 집단적인 고사(한라산)

환경부 국립공원공단 국립공원연구원에 따르면 지리산국립공원에서는 돼지령(1,390m), 반야봉(1,732m), 토끼봉(1,535m), 연하봉(1,723m) 등에서 구상나무가 넓은 면적에서 말라 죽고 있다. 지리산 노고단(1,507m)부터 천왕봉(1,915m)까지 주능선에서 구상나무 고사가 진행되고 있으며, 특히 해발 1,400~1,900m 지역의 돼지령과 반야봉 등에서 집단적인 고사 피해가 심하다. 지리산 반야봉 일대 1km²에 1만 5,000여 그루의 구상나무가 있는데, 이 가운데 45%인 6,700여 그루가 고사한 것으로 추정된다. 2000년 이후 반야봉 일대에서 고사한 구상나무 84그루의 평균 수명은 69년이며, 최장 118년까지 살았다. 그 가운데 70~80년생이 가장 높은 비율(48.8%, 41그루)을 차지했다. 구상나무는 50여 년에 걸친 생육 스트레스가 장기간 누적되어 고사한 것이다.

지리산국립공원 아고산대 능선부에서 구상나무와 전나무 등 침엽수의 쇠퇴는 해발고도 1,600m 이상으로 바람이 많으며 토양층이 얇고 건조한 봉우리 지역에서 두드러지다. 구상나무가 대규모로 말라 죽는 것은 겨울 적설량 감소와 상대적으로 높은 기온, 빨라지는 봄, 높은 기온 등 구상나무가 생장을 시작하는 시기인 봄철 고온과 건조한 기후가 주된 원인이다. 이에 더해 태풍 등 강풍으로 구상나무 뿌리가 흔들리고 뽑히면서 말라 죽은 것으로 본다. 태풍과 같은 강풍은 생육이 부진한 교목인 상록침엽수의 줄기뿐만 아니라 뿌리까지 흔들고 넘어뜨린다.

구경아 등(2001)은 20여 년 전에 구상나무의 생장에는 기온과 강수량이 중요하다는 논문을 발표했다. 구상나무는 겨울 눈이 적게 내리면 봄에 토양 수분 부족에 따른 스트레스를 받게 된다. 봄에 기온이 빠르게 상승하면 늘푸른바늘잎을 가진 구상나무는 광합성을 위해 물이 필요하다. 그러나 땅이 얼어있어 뿌리로부터 수분이 공급되지 않아 생리적으로 수분 부족으로 인한 스트레스를 받아 나이테 생장이 더뎌지고 심하면 말라 죽게 된다. 구상나무의 생장은 4월과 이전 해 11월과 12월의 기온, 그해 1월의 강수량이 중요했다. 4월은 구상나무가 생장을 시작하는 시기

침엽수의 자연사

로 기온이 낮으면 생장 개시시기가 늦어지거나 새로 만들어진 세포들이 동해를 받아 수분 부족에 따른 스트레스를 받을 수 있다.

기후변화에 따라 봄이 예전보다 빨라지고 기온은 높아지고 건조해지면서 침엽수는 고온건조에 따라 수분 부족에 따른 생리적 스트레스에 노출됐다. 이에 더해 여름 집중호우로 인해 부드럽고 유기물이 많은 겉흙이 사라지면서 토질이 나빠져 종자가 싹을 틔워 어린나무로 성장하는 것이 어려워졌다. 지구온난화 추세가 더욱 뚜렷해진 2000년대부터 기후변화로 겨울이 덜 춥고, 눈이 적게 내리고, 차갑고 건조한 바람인 한건풍(寒乾風)이 잦아지면서 침엽수의 생육환경이 나빠졌다.

산림청 국립산림과학원과 환경부 국립공원공단의 연구도 봄철의 수분 공급과 태풍이 구상나무의 생존에 결정적 영향을 미친다고 보았다. 겨울에 내린 눈은 구상나무 뿌리가 얼지 않도록 보온 역할을 하며, 봄철에 천천히 녹으면 수분 공급도 한다. 생육을 시작하는 봄철의 강수량은 나무뿌리의 활성화 정도를 결정한다. 한편 제주도 세계유산본부는 한라산 구상나무 고사의 원인을 기후변화로 인한 강수량 증가, 증발량 감소 등에 따른 토양의 수분 과다로 추정했다.

한라산의 구상나무는 기후변화, 구상나무의 노령화, 다른 수종과의 종간 경쟁, 식생의 천이 등 생태적인 요인으로 말라 죽거나 다른 나무에 밀리고 있다. 지구온난화로 예전에는 낮은 산자락과 등성이에 자라던 온대성 낙엽활엽수와 초본류들이 아고산대까지 침범하면서 침엽수들이 경쟁에 밀려나는 일도 발생한다. 특히 한라산에서는 제주조릿대가 넓은 지역의 하층식생을 점령하면서 우점하면서 구상나무와 같은 침엽수의 어린나무들이 정착하지 못하고 있다. 어린나무 개체가 적어 후계목으로 성장하는 천연갱신(天然更新, natural regeneration) 갈수록 어려워지고 있다.

나무의 성장을 방해하는 해충, 태풍 피해, 침엽수의 생장을 방해하는 하층 식물 등도 고사의 원인이다.

제주조릿대가 우점하는 숲의 구상나무(한라산)

침엽수의 자연사

6. 소나무숲의 쇠퇴와 고사

소나무, 잣나무 등 상록침엽수는 활엽수나 겨울에 잎이 떨어지는 잎갈나무와 같은 낙엽침엽수와는 달리 겨울철에도 늘푸른바늘잎을 가져 햇볕이 들고 기온이 상승하면 생리적 활동을 할 수 있다. 그러나 가뭄으로 인해 수분이 공급되지 않으면 생리적 대사장애를 일으켜 고사하거나 기공을 닫아 탄수화물을 만들지 못하고 소비만 하게 되어 쇠약해지거나 고사하게 된다.

건전한 나무에는 병원성을 나타내지 않는 피목가지마름병균이 고온이나 가뭄 스트레스를 받은 나무에서는 병원성이 높아져 고사율이 높아진다. 고온은 그 자체만으로도 수분 스트레스를 일으킨다. 일부 소나무류 조사에 따르면 기온이 4℃ 오르면 가뭄에 의한 나무의 고사 시기는 3분의 1 정도 앞당겨지고 수목의 고사 빈도가 5배 증가한다.

우리나라를 중심으로 동북아시아 일부 지역에 자라는 소나무(*Pinus densiflora*)는 천이의 선구종 나무의 하나로 숲이 우거지거나 산불이 난 뒤에는 참나무류에 밀려난다. 지구온난화 추세가 이어지면서 소나무숲

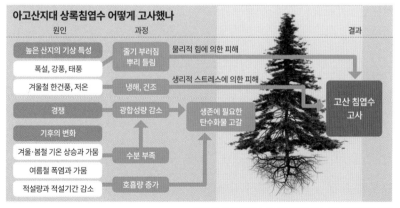

아고산 상록침엽수 고사 기작(자료: 국립산림과학원)

의 쇠퇴는 더욱 빨라질 것으로 본다. 우리나라의 겨울 기온의 지구온난화는 다른 계절보다 뚜렷하고, 봄의 시작도 앞당겨지면서 침엽수의 고사하는 일이 이어지고 있다.

강원 일대에서는 이른 봄철에 소나무 잎이 말라 죽은 현상이 자주 발생한다. 강원 삼척, 경북 울진, 영양, 봉화 등지의 경사가 급하고 토양이 척박한 곳, 남사면이나 햇빛 노출이 많은 숲 가장자리, 나무의 밀도가 높은 곳에서 소나무가 집단 또는 홀로 고사하는 피해가 잦다. 전남과 경남 등 남부 지역은 기온이 더 높아 가뭄 스트레스로 인한 생리적 장애가 더 심해 소나무 고사 피해가 크다. 겨울철 기온상승과 함께 가을과 겨울철 가뭄에 따른 수분 부족 스트레스는 소나무류의 고사를 부추기는 원인이다.

국립산림과학원은 소나무 잎이 마르는 것은 겨울철 북동쪽에서 불어온 차갑고 건조한 바람인 한건풍 때문으로 보았다. 겨울 추위가 오랫동안 이어지고 바람도 강하게 불어 토양은 물론 소나무 뿌리까지 얼면서 수분을 제대로 빨아들이지 못해 탈수 현상으로 소나무 잎이 말라 죽게 된다. 2000년대 이후에 이상고온과 가뭄 현상이 자주 나타나면서 경북 울진 소광리에서 금강소나무(*Pinus densiflora* for. *erecta*)의 고사 피해가 급증했다.

소나무의 집단 고사 원인은 소나무 뿌리와 곰팡이의 공생 관계인 균근과도 관련된다. 균근의 곰팡이는 가는 뿌리처럼 나무뿌리에 수분을 제공하고, 토양의 미네랄도 녹여내서 식물에 공급한다. 대신 나무는 균근 곰팡이에게 유기물을 제공한다. 균근은 땅속 온도가 8℃를 넘는 조건에서 자란다. 그러나 기후변화에 따른 겨울과 봄 이상 고온 현상으로 소나무들이 균근이 만들어지기 이전에 활동을 시작하면서 금강소나무가 말라 죽게 되는 것이다. 이른 봄철 공생균류 활동기 이전에 이상고온, 가뭄 등에 따른 수목의 생리작용으로 공생균류로부터 수분과 영양물질을 제대로 받지 못해 소나무 고사 피해가 생긴다.

우리나라에서 소나무숲이 감소하는 또 다른 원인은 시간의 흐름에 따라 진행되는 생태학적 천이를 꼽는다. 소나무는 햇볕을 좋아하는 양수(陽樹, sun tree)로 숲이 울창해지면 그늘에서 잘 자라는 침엽수 음수(陰樹, shade tree)인 주목, 잣나무, 울릉솔송나무, 비자나무, 개비자나무 등과 참나무류, 단풍나무류 등 낙엽활엽수 음수들이 크게 자라나 햇볕을 많이 필요로 하는 어린 소나무의 생장을 막기 때문이다.

기후변화에 따라 일부 지역에서는 소나무가 분포역을 이동하기도 한다. 지난 19세기에서 20세기 말까지 기온이 0.8℃ 상승하면서 소나무류의 수직적 분포한계선은 100m 이상 상승했다. 기온이 높아지면서 활엽수가 식생대를 넓혀가면서 소나무는 이들과의 경쟁을 피해 바위 주변이나 정상 쪽으로 터전을 옮겨가고 있다. 한편 소나무의 새순이 일 년에 두 번이나 나오는 비정상적인 생장 현상도 나타난다.

아고산대로 진출한 소나무(한라산)

7. 침엽수의 쇠퇴와 대응

물과 침엽수

숲은 비가 올 때 물을 저장해 홍수를 막아주고, 삼림 내에서 물을 걸러 깨끗한 물을 천천히 방류한다. 건조할 때 나무는 스스로 생존을 위해 물을 소비해 가뭄에 따른 물 부족 피해를 부추기기도 한다. 침엽수는 하천으로 방출되는 수량을 줄이고 증발산을 늘리므로 인공적으로 조성된 침엽수림에서는 물 부족이 나타난다. 산림녹화 사업으로 숲이 우거지면서 숲에 저장되어 방류되는 수량이 줄어드는 것은 침엽수 잎이나 가지가 빗물을 차단하고 증발산 등으로 대기 중으로 날려 보내기 때문이다.

인공조림한 침엽수림을 솎아베기와 가지치기로 가꾸면 지표수가 증발하고 잎을 통해 발산되는 수분 손실량을 20% 이상 줄여 산에서 물을 늘릴 수 있다. 침엽수와 활엽수가 함께 자라는 여러 층으로 된 숲을 만들면 빗물이 땅속으로 잘 스며들어 물을 더 저장할 수 있다. 여러 나무가 섞여 자라는 좋은 숲은 시간당 200mm까지 빗물을 흡수한다. 이런 숲의 토양은 작은 동물과 미생물이 낙엽과 나뭇가지 등을 분해하여 푹신푹신하고 틈이 많아 물을 머금는 능력이 뛰어나 홍수도 예방한다.

땅속 깊숙이 뿌리를 뻗는 활엽수와는 달리 침엽수는 뿌리를 얕고 넓게 퍼지기 때문에 태풍에 쉽게 넘어지고, 집중강우 때 산사태가 나기 쉽다. 집중호우 때 나무뿌리가 땅을 잡아 주어 산사태를 방지하는 그물망 효과를 높이려면 참나무류, 소나무 등 뿌리가 깊은 나무들을 섞어 심어야 한다. 땅이 깊은 곳에는 활엽수를 심고 얕은 곳에는 침엽수를 심어 뿌리 깊이가 다른 나무가 잘 자라도록 해야 산사태를 막을 수 있다.

산불과 침엽수

기후변화로 인한 고온과 가뭄 스트레스, 산사태, 병해충 피해 등을 숲이 제대로 기능하지 못하면 숲이 우리에게 제공하는 다양한 생태계서비스에도 지장이 생긴다. 더욱이 산불과 산사태 등과 같은 산림 재해는 자연생태계와 우리의 삶에 직접적인 피해를 준다.

소나무는 산지, 물기가 있는 하천, 범람하는 습지, 바닷물이 영향을 미치는 해안가, 건조한 곳 등 여러 환경에서 경쟁력이 있다. 산불이 난 뒤 불탄 자리에서도 가장 먼저 싹을 틔우는 천이 초기에 정착하는 나무도 소나무를 비롯한 침엽수가 많다. 산불의 뜨거운 불기운이 솔방울을 열어젖혀 종자를 퍼뜨리기 때문으로 소나무는 강인한 생명력으로 거친 땅에서 번성했다.

소나무 등 침엽수의 잎, 솔방울 등은 휘발성이 높아 작은 불씨에도 불쏘시개가 된다. 소나무류의 줄기와 잎에 많은 송진은 쉽게 불에 타는 물질로 불기둥을 만들고 산불을 키운다. 불이 붙은 솔잎은 바람을 타고 멀리 이동하면서 산불을 확산시킨다. 우리나라 동해안과 미국 서부 캘리포니아에서 매년 큰 산불이 끊이지 않는 것도 고온건조한 기후에 적응하고 불에 잘 타는 침엽수가 우점하기 때문이다.

산불재난 위기관리 표준매뉴얼에 따르면 산불은 재난성 산불과 대형 산불, 중·소형 산불로 구분된다. 재난성 산불은 인명과 재산 피해가 크고 산림생태계에 심각한 영향을 주는 산불을 말한다. 정부는 사태 조기 수습을 위해 가용한 자원을 신속하게 투입해 피해를 최소화할 필요가 있다고 판단해 재난사태를 선포한다. 대형 산불은 산림 피해면적이 100ha 이상이거나 24시간 이상 지속한 산불이다.

근래 국내 재난성 산불은 모두 7차례가 있었다. 1996년 강원 고성 산불, 2000년 동해안 산불, 2002년 충남 청양·예산 산불, 2005년 강원 양양 산불, 2013년 경북 포항·울주 산불, 2017년 강원 삼척·강릉 산불, 2022년 동해안 경북 울진, 강원 강릉 삼척 산불 등이다. 국민의 생명과 재산에 미치는 영향을 줄이기 위한 재난사태 선포는 2005년 4월 강원 양양 산불, 2007년 12월 충남 태안 허베이스피릿호 기름 유출 사고, 2019년 4

월 강원 산불 등이었고, 2022년 3월 경북 울진이 4번째다.

2000년 동해안 산불은 4월 7일부터 15일까지 초속 23.7m의 강풍이 불면서 9일 동안 강원 고성·강릉·동해·삼척과 경북 울진 등 5개 지역에서 서울시 면적(6만 520ha)의 40%에 이르는 산림 2만 3,794ha가 잿더미로 사라졌다. 산불로 2명이 숨지고 15명이 다쳐 병원에서 치료를 받았다. 주택 390동 등 모두 808동의 건축물이 불에 타면서 850명의 이재민이 발생하는 등 피해액만 1,072억 원이 넘었다.

2022년 3월 경북 울진에서 발생한 산불은 최초 발화 후 가장 오래 타면서 213시간 43분 만에 큰불이 진화됐다. 열흘간 주택 319채, 농·축산 시설 139곳, 공장과 창고 154곳, 종교시설 등 31곳 등 총 643곳 시설이 화재 피해를 입었다. 2022년 동해안 산불은 1986년 통계를 작성한 이후 산림 피해 면적이 가장 넓어 총 2만 4,923ha에 이르렀다. 지역별로는 울진 1만 8,463ha, 삼척 2,369ha, 강릉 1,900ha, 동해 2,100ha 등이다. 산불 피해 면적은 서울시 면적의 41.2% 정도이고, 축구장 면적(0.714ha)보다 3만 4,930배 정도 넓다.

최근 산불의 빈도와 규모가 점점 심각해지는 이유는 겨울에 비가 적게 내리고 봄에 가뭄이 길어져 건조해졌기 때문이다. 산불이 났을 때 연료가 될 수 있는 낙엽과 가지 등이 많이 쌓여있는 것도 피해를 부추긴다. 특히 송진이 많은 소나무 등 침엽수림이 우점하는 단순한 식생도 피해를 키웠다. 이밖에도 너무 우거진 숲, 산불 진압을 위해 접근할 수 있는 임도의 부족 등도 피해를 키우는 원인이다. 산불을 일으키는 원인은 입산자의 부주의에 따른 실화, 담뱃불, 쓰레기 소각과 논·밭두렁 소각, 건축물에서의 실화, 성묘객의 실화 등이다.

2022년 산불이 역대 최대 피해를 가져온 이유는 기상과 관련이 깊다. 기상청은 2021~2022년 겨울을 1973년 이후 역대 가장 건조했던 겨울이라고 발표했다. 이때는 1973년 이후 모든 겨울 가운데 일조시간이 가장 긴, 가장 맑은 겨울로 강수량은 13.3mm로 가장 건조했고, 강수 일수도 가장 적어 건조한 날씨가 이어지는 산불이 발생하기 좋은 조건이다.

강원 동해안 양양과 간성 사이에는 봄철에 태풍에 버금가는 순간 초속 20m 정도의 강한 바람인 양간지풍(襄杆之風)이 건조한 겨울과 봄에 불기 때문에 작은 불씨가 대형 화재로 쉽게 번진다. 여기에 강원과 경북 영동 지역에는 솔잎과 솔방울 등 불쏘시개 역할을 하는 침엽수가 우거진 침엽수림이 많은 것도 산불 피해가 커진 원인 중 하나다.

강원도 산림의 70%는 소나무 등으로 이루어진 침엽수림이다. 영동 지역은 소나무 등 침엽수가 울창하고, 마른 낙엽이 많고, 푄 현상에 의한 이상 고온과 편서풍으로 강한 바람이 불어 봄에 대형 산불이 잦다. 침엽수는 낙엽활엽수보다 불이 붙는 온도가 낮아 산불에 취약하며, 소나무숲의 면적이 넓고 서로 가까울수록 산불을 끄기 어렵고, 산불 확산 속도도 빨라 피해가 크다. 지구 전체적으로 탄소 배출이 늘어나고 지구온난화 추세가 두드러지면서 산불의 발생이 늘고 건조로 인한 산불 피해 규모도 커지고 있다. 잦은 산불은 다시 많은 양의 이산화탄소를 배출해 지구가 더워지는 악순환이 이어지고 있다.

우리 숲에 소나무와 같은 자생하는 침엽수와 함께 인공림에도 침엽수 면적이 넓다. 인공림에 침엽수가 많은 이유는 1970년부터 사람들이 나무를 심어 기르는 산림녹화 사업을 벌이면서 소나무, 낙엽송(일본잎갈나무), 리기다소나무 등 침엽수 위주로 단순 조림을 했기 때문이다. 침엽수는 척박한 땅에도 잘 정착하고 성장 속도가 빨라서 숲을 만드는 데는 좋았지만, 산불 위험을 키웠다. 근래에도 산불이 발생했던 피해 지역에 소나무를 다시 심는 이유는 경제적인 이유가 크다. 식용버섯 가운데 으뜸으로 치는 송이버섯이 소나무 뿌리에서 자라기 때문에 당장 소나무가 사라지면 송이를 채취하는 농가의 생계가 어려운 이유도 있다. 지형, 기후, 토양, 수문과 지역의 현황을 고려하여 침엽수뿐만 아니라 여러 활엽수를 심어 식생형과 구조를 다양하게 관리해야 한다.

산불의 피해를 줄이려면 넓은잎나무 등 다양한 종류의 나무를 섞어 심어야 한다. 혼합림일수록 산불로 타는 시간이 더디고 짧으므로 소나무로만 이루어진 숲보다 산불 피해가 적다. 남부지방의 사찰 주변에 동백나무 등 상록활엽수를 심어 불길이 번지는 것을 막는 방화대(防火帶)를 만든 것이 조상들의 지혜다.

산불의 피해를 줄이고 생물다양성을 높이기 위해서는 은행나무와 같은 침엽수와 상수리나무, 자작나무, 아왜나무, 동백나무, 가막살나무, 가시나무 등 불에 잘 견디는 나무인 내화수림(耐火樹林, fire resistance forest)과 같은 활엽수를 섞어 심는 것이 바람직하다.

산불이 난 곳은 과학적인 근거를 가지고 입지에 맞추어 자연 복원과 인공 복원을 선택하거나 침엽수와 활엽수를 섞어 심어야 한다. 산불 지역에서 토양을 회복시키려면 초기에는 환경에 맞는 식물들이 자연적으로 뿌리를 내리게 한 뒤 인공적으로 조림을 한다. 인공 조림 전에는 보통 토양이 안정화되도록 7년 정도 기다린다.

사찰 주변의 동백나무 방화대(전남 강진 백련사)

침엽수의 자연사

병해충과 침엽수

기후변화로 인해 수목이 고온과 건조 스트레스를 받으면 나무는 병해충에 대한 감수성이 높아진다. 지구온난화로 아열대성 병해충이 국내로 들어와 월동하면서 천적의 활동이 활발하지 않아 외래 병해충의 피해가 늘고 있다.

1950년대까지는 우리 숲의 60%를 차지하던 소나무가 송충이와 외래 유입 곤충에 의한 피해로 절반 이상 사라졌다. 송충이는 솔나방(*Dendrolimus corelimus*) 애벌레로 소나무 잎을 갉아 먹어 피해를 주는데, 주로 7~8월에 나타나며 1960년대에도 큰 피해가 발생했다. 송충이가 솔잎을 먹어 치워 광합성 활동이 막히면 소나무와 잣나무는 말라 죽는다. 최근에는 일 년에 한 번 알을 낳던 솔나방이 지구온난화에 따라 두 번 이상 산란해 개체수가 급증하는 일이 20여 년 만에 나타났다.

1963년에 전남 고흥에서 최초로 발생한 솔껍질깍지벌레(*Matsucoccus thunbergianae*)는 가지에서 수액을 빨아먹는다. 전북 군산 옥도면 어청도까지 세력을 넓혀가면서 소나무숲에 큰 피해를 주었다. 1970년 ~1980년대에 소나무에 큰 피해를 주었던 솔잎혹파리(*Thecodiplosis japonensis*)는 1930년 서울 창덕궁과 전남 무안에서 시작됐다. 솔잎혹파리는 솔잎 밑 부분의 연약하고 점액이 풍부한 조직의 수액을 빨아 먹어 소나무에 피해를 준다.

소나무재선충병(소나무材線蟲病, Pine wilt disease)은 북아메리카에서 들어온 나무병으로 1905년에 일본, 1982년 중국, 1985년 타이완, 1988년 한국, 1999년 포르투갈, 2008년 스페인에 발병하여 전 세계로 피지고 있다. 1988년 일본에서 부산 금정산을 거쳐 국내로 유입된 소나무재선충병은 소나무류에 치명적인 피해를 주고 있다.

소나무재선충병은 솔수염하늘소(*Monochamus alternatus*), 북방수염하늘소(*Monochamus saltuarius*)라는 곤충이 크기 0.6~1mm인 아주 작은 재선충(*Bursaphelenchus xylophilus*)을 옮겨 발생한다. 하

늘소류는 소나무의 바늘잎 등을 갉아 먹는데, 이때 몸속에 있던 재선충을 입을 통해 나무에 옮겨 감염시킨다. 재선충은 소나무, 곰솔, 잣나무 등의 조직 안으로 침투해 짧은 시간에 빠르게 증식해서 물관을 막아 나무를 빠르게 죽게 한다. 건강한 소나무류가 재선충병에 감염되는 시기는 매개충인 하늘소가 활동하는 봄과 여름 사이다. 하늘소 같은 매개충을 통해 옮겨가는 재선충은 1쌍이 20일 뒤 20만여 마리로 늘어나지만, 마땅한 치료법이 없다.

소나무가 오래된 바늘잎을 떨어뜨릴 때는 누렇게 말라 죽어 나중에 떨어진다. 그러나 소나무재선충병에 감염된 소나무는 솔잎이 나무에 떨어지지 않고 누렇게 변한 뒤 우산살 모양으로 쳐져 그대로 딱 달라붙어 있다. 재선충은 단시간 내에 소나무의 수분과 영양 공급을 막아 고사시켜 솔잎이 잘 떨어지지 않는다.

소나무재선충병에 감염된 나무는 그 해에 80%, 다음 해에 20% 등으로 100% 죽게 되므로 예방이 최선이다. 고사목을 일찍 발견해 제거하는 것도 피해를 줄이는 데 중요하다. 소나무재선충병으로 죽은 나무는 현장에서 불에 태우거나 분쇄한 뒤 살충제를 넣고 비닐을 씌워 훈증 처리를 한다. 감염 지역에서는 목재 반출을 금지하고 주민의 입산도 통제해야 한다. 주변의 소나무재선충병에 감염되지 않은 나무들도 예방 주사를 놓거나, 약제를 살포해 감염 매개체인 솔수염하늘소와 북방수염하늘소를 제거해야 한다. 소나무류는 2005년도 발효된 소나무재선충병 방제특별법에 따라 소나무재선충병 발생 지역 반경 10km 이내에서는 심지 못한다.

이밖에도 기후변화로 주홍날개꽃매미, 미국선녀벌레 등 새로운 돌발해충의 대발생은 세계적인 공통 현상이며, 특히 나무좀이 세계 각국에서 문제가 되고 있다. 우리나라에서도 2015년 처음으로 나무좀(솔여섯가시나무좀)이 경북 영양의 잣나무에 대발생했다. 1,300여 그루의 잣나무가 고사하였으며 앞으로 지구온난화가 진행될수록 그 피해는 급증할 전망이다.

침엽수의 자연사

지역개발과 침엽수

아고산 침엽수가 서식하는 높은 산의 꼭대기와 능선은 기후변화에 취약한 침엽수와 키 작은 고산식물들이 피난처다. 그러나 높은 산의 정상과 능선까지 케이블카, 곤돌라, 리프트, 모노레일, 스키장, 골프장, 호텔 등을 개발하려는 시도가 이어지면서 사회적 논란이 일고 있다.

강원 속초 설악산에 1971년에 케이블카가 놓인 뒤로 케이블카가 도착하는 권금성 일대는 이제 민둥산으로 바뀌었다. 설악산 오색지구에서 정상 대청봉(1,708m)으로부터 1.6km 떨어진 끝청(1,610m)까지 길이 3.5km 케이블카를 새로 만들려는 개발계획을 두고 개발을 반대하는 중앙정부인 환경부와 시민단체가 40년 가까이 개발하려는 지자체인 강원도와 양양군과 갈등하고 있다. 끝청 일대는 아고산 식생이 발달하는 곳이고, 산양의 서식지이며, 백두대간의 마루금이 지나는 곳으로 자연생태

설악산 오색케이블카 노선도(자료: 2019년 환경부 보도자료)

적으로 보전 가치가 높은 지역이다. 단기적인 이익을 위해 자연사적 가치를 지닌 절대보전 지역을 개발하려는 시도는 거두어야 한다.

1997년 강원 평창 발왕산(1,458m)에 용평리조트 스키장을 건설하면서 분비나무, 주목 등을 옮겨 심었지만 대부분 말라 죽었다. 2018년 강원 정선 가리왕산(1,561m) 국유림 101ha에 평창 동계올림픽 알파인 스키장이 건설됐다. 가리왕산은 백두대간의 중심축으로 주목 군락지가 있고, 천연림에 가까운 숲이 발달해 산림 유전자원 보호림과 자연휴양림으로도 지정될 만큼 가치가 높았다. 주목이 어린 개체부터 수백 년 된 노거수까지 세대별로 출현하는 드문 곳이었으나, 다른 침엽수들과 함께 자연림이 흔적도 없이 사라졌다.

1997년 개최된 동계유니버시아드대회를 위해 전북 무주 덕유산국립공원 향적봉(1,614m) 부근에서 설천봉(1,520m)까지 총길이 2,659m에 이르는 스키 슬로프, 곤돌라와 상부 정류장을 만들었다. 이 과정에 주목, 구상나무 등 아고산 침엽수가 입은 피해는 복구되지 않았다. 덕유산 정상에 이르는 등산로는 전국 15개 산악형 국립공원 주요 탐방로 가운데 스트레스 지수가 99.99로 가장 높다. 겨우 1,000m^2 남짓한 좁은 공간을 매년 150만 명 정도가 이용하여 곳곳이 자연식생과 토양층이 심하게 훼손됐다.

우리 세대의 단기적인 이익을 위해 산악을 개발하는 것보다는 미래 세대에게 자연을 보전하여 물려주는 것이 책무다. 자연의 권리를 존중하면서 우리 세대의 단기적인 이익이나 편의보다는 미래 세대를 위해 자연 생태계와 경관을 오롯이 건네주어야 한다.

탄소중립과 침엽수

유럽에서는 숲을 가꾸어 지구온난화 속도를 줄이려고 했으나 성공적이지 못했던 원인으로 활엽수 대신 침엽수로 주로 심은 것을 들었다. 숲이 침엽수림으로 바뀔수록 더 많은 햇볕을 흡수하고 물을 덜 배출하면서 숲의 온도는 올라간다. 소나무, 가문비나무 등 침엽수는 신갈나무, 떡갈나무 같은 활엽수보다 탄소를 저장하는 효과가 낮다. 또한 어두운 색상을 띠고 있어 더 많은 열을 흡수하여 온도를 높인다. 나무를 베어내고 새로 심거나 죽은 나무를 제거하는 등 사람의 손을 거친 숲은 죽은 나무와 묵은 토양 등으로 어지러운 숲보다 탄소를 더 적게 흡수했다.

지구온난화를 늦추려면 침엽수로만 된 숲보다는 활엽수를 섞어 심어야 한다. 온난한 지역에서는 붉가시나무처럼 탄소 흡수율이 높은 상록활엽수를 섞어 심는 것이 좋다. 숲생태계는 활엽수와 침엽수의 비율이 7대 3 정도일 때 가장 안정적이고 생물다양성도 높다. 침엽수와 활엽수가 균형과 조화 속에서 공생하면서 산사태, 병충해, 기후변화에 적응하면서 생태계가 유지되도록 우리가 돌봐야 한다.

탄소를 흡수하여 기후변화에 대응하기 위해 심는 침엽수로 강원, 경북에는 소나무, 잣나무, 낙엽송, 경기, 충청에는 소나무, 낙엽송, 호남, 경남에는 소나무, 편백, 남부 해안, 제주에는 편백, 일본삼나무 등이 알맞은 수종으로 알려졌다. 목재를 생산하기 위해서는 소나무, 잣나무, 가문비나무, 구상나무, 분비나무 등 자생종을 우선 선택하는 것이 바람직하다. 지속적인 관리가 가능하고 자연생태계에 부담을 주지 않는 곳에서는 편백, 낙엽송, 일본삼나무, 버지니아소나무, 스트로브잣나무, 리기다소나무 등 외래종(外來種, alien species)을 심어 심어 가꿀 수 있다. 은행나무와 곰솔은 공해를 잘 견디고, 특히 은행나무는 단풍이 아름다워 조경수로 좋다. 그늘에서 잘 자라는 침엽수는 주목, 전나무, 비자나무 등이 있다.

지속가능한 아고산대 침엽수 복원

산림청 국립산림과학원이 지구온난화에 따른 장기적인 식생 변화를 예측한 바로는 따르면 앞으로 온대성 상록침엽수인 소나무, 잣나무 등과 아고산 침엽수인 구상나무, 가문비나무숲은 점차 감소하고 낙엽활엽수와 상록활엽수가 세력을 넓혀갈 것이다. 침엽수들은 기후변화의 지표로 자연사 복원에도 중요하고, 생물다양성 측면에서도 보전 가치가 높다. 특히 아고산 침엽수의 서식지는 관심을 가지고 보호해야 한다.

아고산대에 자생하는 침엽수를 보전하기 위해서는 주요 침엽수 수종에 대한 산지별 분포와 다양성을 조사하고, 침엽수림의 변화와 고사 피해를 정밀하게 조사해야 한다. 아고산 침엽수 가운데 쇠퇴와 고사 현상이 뚜렷한 나무에 대해서는 개화, 수분, 결실, 종자 산포 과정의 생물계절과 생육 변화를 조사해 대책을 세워야 한다. 아울러 발아, 생장, 서식 환경 변화에 따른 생리적 반응 특성 및 환경 스트레스 적응 기작 등을 종합적으로 조사 분석해야 한다.

기후변화, 병해충, 산불 피해로 고사 위기에 있는 침엽수를 지키기 위해서는 간벌을 통해 숲의 밀도를 낮춰줌으로써 나무 간의 경쟁을 줄여 생존력을 높여야 한다. 기후변화와 생물다양성 위기에 대응하기 위해서는 나무별 유전적 다양성을 확보해 관리 보전하고 훼손된 서식지를 복원해야 한다.

지속가능한 침엽수의 복원을 위해서는 주요 나무의 종자를 채취하고 묘목 생산에 나서는 한편 현지 내(*in situ*) 안전지대, 현지 외(*ex situ*) 보존원에서 늘려야 한다. 아울러 대체서식지를 조성하여 안정적인 보전 체계를 세워 자연친화적인 복원 대책을 마련해야 한다. 산림청은 멸종위기에 있는 아고산 침엽수의 후계목을 무주, 함양, 봉화, 제주 등 주요 산지에 현지 외 보존원에서 길러 보급한다. 산림청과 환경부는 아고산대 등 기후변화에 취약한 생태계를 공동으로 연구하기 위해 기후변화 취약생태계 연구협의체를 국립산림과학원, 국립수목원, 국립백두대간수목원, 환경부 국립생태원, 국립공원공단의 전문가로 구성하여 대응하고 있다.

침엽수의 자연사

클론보존원(수원 국립산림과학원)

Ⅱ부
한반도의 침엽수

소나무과
(Pinaceae)

자연사

중생대 삼첩기 소나무의 미세화석인 폴렌 화석이 러시아 시베리아에서 출토됐다. 거대화석은 중생대 쥐라기에 프랑스 서부 해안, 노르웨이 스피츠베르겐 등 북서유럽, 동유럽, 시베리아에서 나타난다. 반면 적도 이남에서는 소나무과의 화석이 나오지 않았다. 소나무과 나무의 조상은 쥐라기에 소나무와 공통 조상을 갖는 나무로부터 진화된 것으로 본다. 중생대 백악기 말기에는 소나무과 가운데 파르야절(*Parrya* section)이 만들어져 아절의 소나무류가 많아졌다. 이들은 현재 살아 있는 절의 조상으로 많은 종류가 그 이후에 사라졌다.

중생대에 아시아 북동부에서 소나무류가 출현한 이래 2억 년에 걸쳐 적도 남쪽의 인도네시아 수마트라까지 이동했다. 백악기 초기부터 기후가 건조해지고 계절의 차이가 두드러지면서 소나무는 건조한 환경에 적응하면서 진화했다.

백악기에 소나무속은 5개의 바늘잎을 가진 연한 소나무인 스트로부스아속(*Strobus*)과 바늘잎이 두 개인 강한 소나무인 소나무아속(*Pinus*)으로 나누어진 뒤 북반구에 널리 퍼져 오늘날까지 살고 있다. 소나무속은 아시아 북동부에서 기원한 뒤 유라시아와 북아메리카를 연결하는 베링연륙교(Bering land-bridge) 또는 베링기아(Beringia)를 지나 북아메리카로 퍼졌다. 베트남에서 한반도에 이르는 동아시아에서도 소나무속 스트로부스절의 종들이 생겨났다.

신생대 제3기 초기에 소나무속이 이동하면서 새로운 소나무들이 진화하여 소나무 다양성이 높은 분포지가 생겨났다. 신생대 제3기 초기 팔레오세에서 올리고세에 북극 주변의 주극(周極, circumpolar) 지역, 유라시아와 북아메리카의 저위도 지역, 북아메리카와 동아시아 등 세 곳은 소나무의 피난처였다.

에오세에 기온이 오르내리면서 소나무속들은 피난처로부터 분포역을 넓히거나 줄여갔다. 에오세와 올리고세 경계에 있었던 한랭기에 소나무속은 피난처로부터 나와 다른 곳으로 이동했는데, 이때가 중위도에서 소나무속이 가장 널리 분포했던 시기다. 에오세 후기 한랭기 소나무속은 시베리아 서부, 일본, 중국, 보르네오, 북아메리카 등에 나타났다. 에오세에 소나무와 곰솔은 피난처인 중위도 중국 동부나 일본에서 기원하였고, 에오세 말기에 기후변화에 따라 소나무는 분포지가 넓어졌다.

올리고세에 소나무속은 중위도에 나타나 중생대에 우점했던 곳을 다시 차지했다. 올리고세 동안 소나무속 화석은 북아메리카에서 널리 나타났으며, 아시아에서는 코카서스 일대, 중국 북서부, 일본, 보르네오에 나타났다. 올리고세 초기에 기후는 추웠으나 올리고세 후기와 마이오세에는 온난해졌다. 오늘날 소나무과에 포함되는 나무들은 백악기 말기나 신생대 제3기 초기까지 분화되지 않았고, 올리고세 말기에 진화한 것으로 본다.

마이오세에 소나무속은 북아메리카, 유럽, 아시아에 흔해졌고, 오늘날 소나무속의 조상들도 마이오세 소나무들로 거슬러 간다. 중생대 백악기와 신생대 제3기를 거치는 동안 동아시아에서 소나무의 분포지는 크게 바뀌지 않았다. 소나무는 울창한 삼림을 이루지는 못하고 활엽수림과 어우러져 자랐다. 제3기 동안 아시아에서 소나무는 대륙의 동남쪽으로 퍼졌으며, 북반구의 많은 지역에서 소나무숲을 이루었으나 북위 32도 이남에는 자라지 않았다.

제3기에는 소나무속과 함께 낙우송속, 금송속, 소나무속, 눈측백속, 편백속, 세쿼이아속, 가문비나무속, 전나무속, 잎갈나무속 등도 널리 분포했다. 오늘날의 특산속 침엽수들도 중생대와 신생대 제3기 동안에는 북반구와 남반구에 걸쳐 훨씬 널리 분포했다.

러시아 오호츠크 지역 남쪽의 고린강 유역에서 발견된 잣나무 화석은 제3기 동안 잣나무 등이 현재보다 훨씬 북동쪽까지 자랐음을 뜻한다. 산지에 자라던 잣나무는 플라이스토세에는 낮은 곳까지 내려왔다. 그러나 잣나무가 러시아의 극동지방에서 제3기의 유존종이라는 증거는 적고 제

침엽수의 자연사

4기 홀로세에 들어왔다는 주장도 있다. 플라이스토세에 잣나무는 현재의 러시아 국경 남쪽에만 자랐다. 일본의 잣나무는 마이오세 동안 북쪽에서 들어온 것으로 본다.

신생대 제3기 말기에 기후가 급격하게 바뀌면서 소나무속은 여러 절로 나뉘어져 스트로부스절, 소나무절 등이 만들어졌다. 2개의 바늘잎을 가진 소나무절은 소나무, 곰솔 등이 있는 실베스트레스아절이다. 5개의 바늘잎을 가진 스트로부스절은 섬잣나무가 있는 스트로비아절과 잣나무, 눈잣나무가 포함된 켐브라이아절이 있다. 온난기에 산에서 만들어진 소나무 종류는 기후가 추워지면서 아래쪽으로 내려와서 다른 개체군과 유전자를 교환하면서 스트로부스절 스트로비아절에 섬잣나무와 같은 새로운 종이 나타났다.

다양성

식물계 구과식물문 구과식물강 구과목 소나무과에는 전나무속(*Abies*), 잎갈나무속(*Larix*), 가문비나무속(*Picea*), 소나무속(*Pinus*), 솔송나무속(*Tsuga*) 등이 한반도에 자생한다. 소나무과는 구과목에서 가장 종 다양성이 높은 과이며 분포 지역도 가장 넓으며 주로 북반구에 자란다. 소나무과는 10속 200종 이상으로 이루어지며, 그 가운데 100여 종 정도가 소나무속이다. 소나무속 종들은 침엽수림의 우점종이거나 공동 우점종이다. 한반도에 분포하는 소나무과의 계통분류체계는 표 9와 같다.

한반도의 소나무과는 소나무아과의 소나무속, 가문비나무아과의 가문비나무속, 잎갈나무아과의 잎갈나무속, 전나무아과의 전나무속, 솔송나무속 등이 있다. 소나무과를 소나무아과 소나무속, 잎갈나무아과 잎갈나무속, 전나무아과 전나무속, 솔송나무속, 가문비나무속 등 3과로 나누기도 한다.

표 9. 한반도 소나무과의 계통분류

아과 (Subfamily)	속 (Genus)	아속 (Subgenus)	절 (Section)	아절 (Subsection)	종 (Species)
소나무아과 (Pinoideae)	소나무속 (Pinus)	소나무아속 (Diploxylon)	소나무절 (Pinus)	실베스트레스아절 (Sylvestres)	소나무 (Pinus densiflora) 곰솔 (Pinus thunbergii)
		잣나무아속 (Haploxylon)	스트로부스절 (Strobus)	스트로비아절 (Strobi)	섬잣나무 (Pinus parviflora)
				켐브라이아절 (Cembrae)	잣나무 (Pinus koraiensis) 눈잣나무 (Pinus pumila)
가문비나무아과 (Piceoideae)	가문비나무속 (Picea)		카식타절 (Casicta)	·	가문비나무 (Picea jezoensis)
			에우피케아절 (Eupicea)		종비나무 (Picea koraiensis) 풍산가문비나무 (Picea pungsanensis)
잎갈나무아과 (Laricoideae)	잎갈나무속 (Larix)		파우케리알리스절 (Paucerialis)		잎갈나무 (Larix gmelini) 만주잎갈나무 (Larix gmelinii var. olgensis)
전나무아과 (Abietoideae)	전나무속 (Abies)		모미절 (Momi)	홀로필라이아절 (Holophyllae)	전나무 (Abies holophylla)
			발사메아절 (Balsamea)	메디아나이아절 (Medianae)	구상나무 (Abies koreana) 분비나무 (Abies nephrolepis)
	솔송나무속 (Tsuga)		미크로페우케절 (Micropeuce)		울릉솔송나무 (Tsuga ulleungensis)

(자료: Krüssmann(1985), Frankis(1989), Farjon(1990), Vidakovi(1991), Nimsch(1995), www.conifers.org을 기초로 공우석 작성)

침엽수의 자연사

생태

소나무류는 2억여 년 동안 북반구에서 진화를 거듭하여 분포역을 넓혀가며 종의 분화를 이루었고, 다양한 생태적 환경에 적응했다. 소나무과 나무들은 햇볕이 많이 있어야 하고 그늘을 견디지 못한다. 솔송나무속은 예외적으로 그늘을 잘 견디며, 일부 전나무속도 음지에서 잘 자란다. 잎갈나무속과 소나무속은 햇빛을 많이 요구하므로 다른 나무의 그늘 밑을 싫어한다.

다른 피자식물이 잘 자라지 못하는 곳에서도 자라지만, 모든 소나무과 나무들이 척박하고 극단적인 환경에서만 잘 자라는 것은 아니다. 전나무속, 가문비나무속, 솔송나무속 등은 광물질과 수분이 충분한 충적지에 잘 자란다. 동시에 이들은 빙하 주변에 나타나는 주빙하(周氷河, peri-glacial) 지역 토양에서 중요한 식생을 이루고 우점종이 되기도 한다. 소나무과 나무들은 균사체와 공생하는 경우가 많다.

침엽수와 활엽수가 섞여 자라는 숲은 소나무속 등 천이 선구종과 전나무속, 솔송나무속과 같이 천이 후기종이 서로 어울려 자라는 곳에 발달한다. 소나무과 나무들이 우점하는 혼합림은 중국에서 히말라야에 이르는 지역, 일본과 대만, 캘리포니아, 멕시코 등 산지가 많고 수직적인 식생대가 뚜렷하게 나타나는 곳에 흔하다. 토양과 기후적인 조건은 산불 등 다른 방해요인과 함께 침엽수의 국지적인 분포에 중요하다.

어떤 곳에 식물군락이 자리 잡는 것은 오랜 시간에 걸쳐 환경에 적응하여 단계적으로 만들어진 천이의 결과다. 화산 폭발, 산불, 홍수, 산사태, 태풍, 인간의 활동 등으로 숲이 파괴되고 나면 자연은 서서히 숲을 복원한다. 천이 과정을 보면 맨땅이 드러나면 가장 먼저 이끼류, 지의류 등 하등식물이 개척자로 자리를 잡아 흙을 기름지게 하면 풀들이 정착한다. 그 뒤 관목이 자리 잡아 안정되면 차츰 교목들이 들어온다. 햇빛이 많은 곳에서 잘 자라는 교목인 소나무, 노간주나무 등과 같은 침엽수들이 세력을

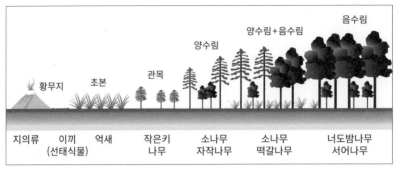

음수림

양수림+음수림

양수림

관목

초본

황무지

지의류　이끼　억새　작은키　소나무　소나무　너도밤나무
　　　(선태식물)　　　나무　자작나무　떡갈나무　서어나무

숲의 천이

넓혀간다. 그러나 시간이 지나면서 서어나무 등 그늘에서 잘 자라는 활엽
수들이 섞이다가 신갈나무 등의 참나무속(*Quercus*) 나무들과 활엽수들
이 우점하면서 숲이 변화가 적은 안정적 모습인 극상에 이른다.

　혼합림 속의 소나무는 활엽수에 가려 빛을 보지 못하고 관목과 덩굴
에 휘감겨 성장에 큰 피해를 본다. 그동안 전나무, 낙엽송 등 침엽수림으
로 군락을 이뤘던 일부 산악지대에서도 지구온난화로 활엽수의 세력이
두드러지는 등 산림생태계에 변화가 나타난다.

분포

소나무과는 유라시아와 북아메리카의 북쪽을 연결하는 아주 넓은 지역에
분포한다. 북반구에서 소나무과 나무들은 매우 넓은 지역에 걸쳐 자라지
만 일부 지역에서는 자라지 않는다. 특히 유라시아와 북아메리카대륙의
중앙에서는 고립된 산지에 격리되어 분포하거나, 전혀 자라지 않는다.

　소나무과 나무들은 온대기후 침엽수림에서 주로 자라는데, 가장 북쪽
까지 자라는 종류는 잎갈나무속, 가문비나무속, 소나무속 등이다. 소나무
과 나무들의 분포 중심지는 북아메리카 남서부와 남동부, 중국~히말라

침엽수의 자연사

야 지역 등이다. 특히 중국~히말라야 지역은 북아메리카 남동부와 함께 소나무속과 개잎갈나무속을 제외하고 침엽수 종 다양성이 가장 높은 곳이다.

소나무과 나무들은 다양한 서식환경에 자라지만, 반건조 지역에서는 측백과 나무들이 흔하다. 전나무속, 잎갈나무속, 가문비나무속, 소나무속 나무들은 유라시아와 북아메리카 고위도 툰드라의 북한계선과 고산대의 교목이 자라지 못하는 교목한계선 위에도 자란다. 소나무류는 멕시코 연안의 습기가 많은 습한 아열대기후부터 건조한 사막과 같은 콜로라도고 원과 캘리포니아 시에라네바다산맥의 교목한계선인 3,500m까지 자란다. 위도가 높은 태평양쪽 해안에는 전나무속, 가문비나무속, 솔송나무속 등이 우점하고 소나무속은 상대적으로 드물다.

알프스의 교목한계선(프랑스 몽블랑)

1. 전나무속(*Abies*)

전나무속(*Abies*)은 라틴어로 abies(전나무) 또는 그리스어로 전나무, 가문비나무를 뜻하는 abin에서 유래했다. 전나무는 계통분류학적으로 소나무과 전나무아과 전나무속 모미절 홀로필라이아아절에 속한다. 구상나무, 분비나무는 발사메아절 메디아나이아절에 포함된다((140쪽 표 9). 전나무속은 전나무아속(*Abies* subgenus) 호몰레피데스절(*Homolepides* section)의 전나무와 엘라테절(*Elate* section) 구상나무, 분비나무로도 나눈다. 전나무속은 사피누스아속(*Sapinus*) 픽타절(*Pichta* section)의 구상나무, 분비나무와 모미절의 전나무로도 나누기도 한다. 지구상의 전나무속(46여 종)은 소나무속(약 100종)과 함께 소나무과에서 중요한 나무다. 북아메리카의 전나무속의 종 다양성은 동아시아보다 높다.

전나무속의 화석은 북반구에서 신생대 제3기 에오세 중기에 나타났고, 제3기 후기로 가면서 흔해졌다. 제3기부터 미국 서부, 유럽, 일본에서 출현했으며, 일본에서는 마이오세 중기, 플라이오세, 플라이스토세에 나타났다. 전나무속의 진화는 동아시아로부터 베링연륙교를 통해 북아메리카로의 이동하면서 이루어졌다. 베링연륙교는 플라이스토세 빙하기인 2만 년 전 등 여러 차례에 걸쳐 1,600km 정도 떨어진 유라시아대륙 러시아 동쪽 추코트카반도와 북아메리카 서쪽 스워드반도 사이를 연결했던 생물의 이동통로였다.

한반도에서 전나무속 화석이 나타난 곳은 신생대 제3기 마이오세~플라이오세(북평), 마이오세(장기, 감포, 연일, 북평), 플라이스토세(용곡동굴, 화대, 금야, 승리산동굴, 영랑호, 두루봉, 점말용굴, 영양, 가조, 석장리), 홀로세(영랑호, 포항, 방어진, 대암산, 예안) 등이다. 오늘날 전나무속은 북부 고산지대로부터 남부의 고산이나 낮은 산지까지 수직적으로 널리 분포하며, 구상나무는 한반도 남부 아고산대에 자라는 특산종이다.

전나무속은 겨울이 매우 춥고 길고, 여름이 짧고 온난한 대륙성기후대에도 자란다. 그러나 전나무속은 잎갈나무속, 가문비나무속, 소나무속에 비교해 건조에 약하여 분포역이 좁다. 물기를 좋아해 난온대 지역에서는 바다를 향한 곳이나 계절풍의 영향을 받는 곳에 자라며, 대륙성기후에서는 그늘진 곳, 북사면으로 보호받는 곳에 흔하다. 서식환경이 바뀌면 전나무속의 서식지는 소나무속, 가문비나무속, 잎갈나무속들로 바뀐다.

전나무속은 토양이 깊고, 물 빠짐이 좋으며, 보통의 산도(pH 5~6)를 나타내는 중성토양 등 토질이 좋은 곳에서 자란다. 그늘에서도 자라지만 성장 속도는 느린 편이며, 인위적인 간섭으로 토질이 나빠진 곳에서는 잘 자라지 못한다.

전나무속은 환경조건이 맞으면 크게 자라 숲을 이루며 일부 종은 아시아와 북아메리카에서 아고산대의 교목한계선을 이룬다. 전나무로만 이루어진 숲인 단순림(單純林, pure forest)을 만들어 우점하기도 하지만 보통은 다른 침엽수와 섞여 자라며, 낙엽활엽수림에서 드문드문 자란다. 숲이 생태적으로 안정된 극상림에서도 산불, 태풍, 벌목 등으로 영양분이나 수분에 변화가 생기면 전나무속은 견디지 못하고 다른 침엽수나 활엽수에 자리를 넘겨준다.

전나무속 목재는 연하여 가공하기 쉽고 표면은 매끄러우며 색칠하기 쉽고 광택도 잘 나서 주로 실내용으로 이용하며, 보호제로 처리한 뒤에는 전봇대 등으로도 사용된다. 침엽수 특유의 냄새가 적어 식품 생산에도 이용된다.

전나무속의 나무들은 낮은 산지나 아고산대의 다양한 서식지에 분포하는데, 북반구의 아프리카 북쪽, 유럽, 베트남 북부에 이르는 아시아, 북아메리카, 온두라스에 이르는 중앙아메리카 북쪽과 온대 지역의 침엽수와 활엽수가 섞인 숲에 자란다. 분포의 중심지는 지중해, 시베리아와 동아시아, 북아메리카, 멕시코와 과테말라 등 4개 지역이다. 현재 전나무속은 북반구에서 띄엄띄엄 자라며, 유라시아 3개 지역에서 불연속적으로 자라는데, 히말라야와 중국 사이에는 17종의 전나무속 식물이 자란다. 가장 널리 분포하는 지역은 시베리아 타이가로 동시베리아 해안지대부터 사할린, 캄차카반도, 한반도, 일본열도에 이른다.

전나무속의 지리적 분포역은 북위 67도의 러시아에 자라는 종 (*Abies sibirica*)부터 북위 15도의 과테말라에 자라는 종(*Abies guatemalensis*)까지 넓다. 수직적으로 북극권에서는 해안까지 자라며, 고산대에서는 해발고도 4,700m까지 자라지만 주로 1,000~2,000m에 분포한다.

전나무(*Abies holophylla*)

전나무는 한국, 중국, 러시아 동부가 원산지이며, 영문명은 Needle fir다.

전나무는 높이 40m, 지름 1.5m까지 자라는 상록침엽교목으로 잎은 선형이고, 뾰족하며, 분비나무나 구상나무와 비교하여 나무껍질이 거칠고 잎의 끝이 뾰족하다. 구화수는 4월에 피고, 암수한그루이며, 10월에 익는다. 구과는 원추형이며, 밝은 갈색이며, 종자는 달걀 모양 삼각형으로 날개가 있다.

전나무는 토양이 깊고 물 빠짐이 잘되는 화강암 토양에서 자라며, 기후는 한랭하고 여름이 습하며 겨울이 건조하고 적설 기간이 긴 곳으로 트인 곳을 좋아한다. 그늘을 견디나 심하게 그늘진 곳이나 습한 곳에서는 생장에 좋지 않다.

전나무 재목은 펄프재나 건축재로 이용된다. 줄기가 휘지 않고 곧게 자라 해인사 대장경 건물, 통도사 기둥, 무량사 극락전 기둥 옛 건축물의 기둥으로 쓰였다. 성탄절 장식으로도 이용하며, 전국적으로 조경수 및 가로수 등으로 널리 심는다. 경기 포천 국립수목원, 강원 오대산 월정사, 전북 부안 내소사, 경북 청도 운문사 등지에 멋진 전나무숲이 있다. 사찰 부근에 자라는 전나무는 절을 고칠 때 기둥으로 쓰기 위하여 심은 것이다.

전나무는 러시아 블라디보스토크 북쪽의 산지, 중국 허베이 북부, 지린, 헤이룽장 부근, 한반도까지 분포한다. 백두산 일대는 전나무, 가문비나무, 잎갈나무가 모여 원시림을 이룬다. 함경도 이북의 고위도 지역으로 갈수록 우점하거나 잣나무와 섞여 자라지만 남쪽에서도 자란다.

전나무는 전국의 산지에 자라는데, 평안북도 이북은 해발 1,200m 이하의 계곡, 남부지방은 해발 1,500m 이하에 분포한다. 서울(남산), 경기(앵무봉, 앵자봉, 명지산, 주금산, 관악산, 소리봉), 강원(청옥산, 덕항산, 설악산, 갈전곡봉, 대암산, 가리왕산, 계방산, 박지산, 오대산, 일산, 태기산), 충남(진악산), 충북(속리산, 민주지산, 월악산), 전남(서울대 학술림, 피아골, 유달산, 승달산, 백운봉), 전북(반야봉, 덕유산, 내장산, 완주), 대구(팔공산), 경북(토함산, 유달산, 운달산, 주흘산, 속리산, 맹동산, 광릉) 등지에 자란다.

한반도 내 수직적 분포역(나무가 자라는 수직적인 범위)은 송진산(~600m, 이하 괄호 안에서 미터는 생략), 차유산(~800), 백두산, 관모봉, 무산, 만탑산(900~1,200), 칠보산(300~400), 후치령(700~), 비래봉(400~1,000), 피난덕산(450~750), 금패령(700~950), 멸악산, 숭적산(700~1,200), 묘향산(400~1,200), 사수산(400~1,200), 하람산(600~1,050), 장수산(~300), 추애산(500~1,200), 금강산(400~1,100), 향로봉, 건봉산, 대암산, 화악산(500~1,400), 설악산(300~800), 오대산(600~1,200), 삼악산, 용화산, 소리봉, 강화도, 용문산(800~1,100), 태지산(750~1,200), 치악산(600~1,200), 태백산(750~1,100), 천마산, 무갑산, 비룡산, 용문산, 일월산(800~900), 소백산, 속리산(650~980), 월악산, 조령, 주흘산, 도덕산, 계룡산(~200), 팔공산(~500), 황악산, 수도산, 일월산, 운문산, 천축산, 통고산, 덕유산(450~750), 가지산(200~700), 가야산, 지리산(1,000~), 내장산(~400), 백양산(100~300), 무등산(~500), 조계산, 금정산, 완도, 한산도, 거제도, 한라산(~1,500) 등이다. 전나무는 전국 산

전나무숲(포천 국립수목원)

전나무숲(부안 내소사)

침엽수의 자연사

지에 자라는 나무로 송진산~한라산 사이 100~1,500m에 자란다.

전나무는 대기오염에 민감하고 에틸렌, 아황산가스를 견디지 못해 도시에서는 생장하기 힘들어 차츰 사라지는 나무다.

구상나무(*Abies koreana*)

구상나무는 한반도 남부 아고산대에 주로 자라는 특산종으로 영문명은 Korean fir다. 남부지방 여러 곳에 자라지만 거의 멸종위기에 처한 종이며, 성탄절 장식용으로 인기가 많다.

구상나무는 높이 18m의 상록침엽교목으로 껍질은 회색이 돌고, 껍질이 거칠다. 잎의 길이는 9~23mm이며, 어린 가지의 잎은 끝이 두 갈래로 갈라지며 가지나 줄기에 돌려난다. 구화수는 5~6월에 피고, 암수한그루이며, 9~10월에 성숙하고, 종자는 날개가 있다. 구상나무는 분비나무와 비교하여 포가 뒤집히고, 수지구가 중앙부에 있으며, 나무껍질이 더 거칠어 신종으로 발표되었으나, 두 종 사이에 두드러진 차이가 크지 않아 분류학적으로 논란도 있다.

구상나무는 높은 산, 산꼭대기 가까이에 화강암이나 편마암 지대로 자갈이 많거나 토양이 얕고 유기물 함량이 적은 곳에 자란다. 여름 계절풍에 의해 강수량이 1,600mm 이상이고, 겨울에는 북서계절풍에 의해 바람이 강하고 기온이 낮은 냉온대에 주로 자란다. 가문비나무, 잣나무, 주목, 사스래나무, 신갈나무, 층층나무, 철쭉류 등과 섞여 자란다. 기후변화에 따른 아고산대의 봄철 건조, 여름 고온 피해로 인해 무더기로 말라 죽는 일이 흔하다.

구상나무는 제주사람들이 쿠살낭이라고 부른 데서 이름을 붙였다고 한다. 쿠살은 성게, 낭은 나무를 가리키며, 구상나무의 잎이 성게 가시처럼 생겨 만들어진 이름이다. 구상나무는 1920년에 미국 하버드대학 아놀드식물원에서 근무하던 윌슨(E. Wilson)이 제주도에서 가져가 한국전나무라는 뜻을 가진 *Abies koreana*라고 학명을 지었다. 구상나무는 한국

구상나무와 고사목(지리산)

침엽수의 자연사

특산종이지만 미국이 품종으로 개량하면서 특허를 등록했고, 안타깝게도 우리에게는 육종 관련 특허 권리가 없다. 미국 스미소니언 박물관에 구상나무 기준표본(基準標本, type specimen)이 있는데, 기준표본은 생물종을 분류할 때 형태적 특징의 기준으로 제시되는 표본이다.

구상나무는 바늘잎 속에 기름이 많이 들어있어 안개와 빗물에 젖은 잎과 가지라도 쉽게 불에 타기 쉽다. 땔감을 구하기 어려웠던 일제강점기와 한국전쟁 뒤 혼란기에 사람들이 구상나무를 불쏘시개로 이용하거나 재목을 생산하기 위해 나무를 베면서 피해가 늘었다.

구상나무는 주로 지리산, 덕유산, 가야산, 무등산, 한라산에 분포한다. 강원(방태산, 가리왕산, 오대산), 경남(금원산, 지리산, 경남수목원, 가야산), 전남(반야봉, 노고단), 전북(뱀사골, 덕유산), 제주(한라산, 숨은물뱅뒤습지) 등지에도 자생하거나 심어 자란다. 덕유산을 북한계선으로 하여 제주도 한라산까지 자라는 것으로 알려졌는데, 근래에는 충북 소백산, 속리산에도 자라는 것으로 알려졌다.

한반도 내 수직적 분포역은 덕유산(1,400~1,600), 무등산, 지리산(1,200~1,900), 가야산, 가지산(1,000~), 한라산(1,300~1,950) 등 남한의 아고산에 분포한다. 구상나무는 남부 아고산형에 자라는 나무로 덕유산~한라산 사이 해발 1,000~1,850m 지역의 산 중턱 이상의 능선에 잘 자란다.

구상나무는 중부 이북 아고산대에 분포하는 분비나무가 홀로세에 들어 기온이 상승하면서 남부 아고산대에 오랫동안 고립 격리되어 특산종이 된 것으로 본다. 제주도 세계유산본부 한라산연구부에 따르면 한라산의 구상나무가 말라죽은 비율은 1996년 17.8%에서 2014년 47.6%로 크게 늘었다. 2006~2015년에는 축구장 154개 면적(112.3ha)의 구상나무숲이 사라졌다. 국립산림과학원에 따르면 지리산 구상나무숲은 1980년대 262ha이던 2000년대에는 216ha로 줄었다.

한라산에서 구상나무 군락이 집단 고사하는 것은 겨울에 눈이 적게 오고, 기온이 높아 눈이 덜 쌓인 상태에서 고온건조한 봄이 일찍 시작되면서 토양 속에 수분이 적어져 발생하는 것으로 나이테 분석을 이용해 밝혔다. 상록침엽교목인 구상나무는 기온이 오르면 건조한 이른 봄에도 광합성을 하는데 땅이 얼어 있거나 토양 수분이 부족해 뿌리를 통해 물을 흡수하지 못하면서 수분 부족에 따른 생리적인 스트레스를 견디지 못하면서 말라 죽게 된다. 이에 더해 여름 고온, 폭우, 태풍과 같은 강풍 피해로 뿌리가 노출되거나 들리면 고사가 빨라진다. 구상나무는 추운 곳을 좋아해 지구온난화에 민감하게 반응하는 기후변화 지표종이다.

분비나무(Abies nephrolepis)

분비나무는 한국, 중국, 러시아 동부, 몽골이 원산지이고, 영문명은 Khingan fir다. 구상나무, 일본에 자라는 종(Abies sachalinensis, Abies veitchii)과도 가까운 관계로 알려졌다.

　분비나무는 상록침엽교목으로 높이 25m, 지름 75cm까지 자라며, 나무껍질은 회색이 돌고, 매끄러우며, 잔가지는 황갈색이고, 갈색 털이 있다. 바늘잎은 뾰족하고 길이는 16~40mm로 가지나 줄기에 돌려나며, 어린 가지의 잎은 끝이 두 갈래로 갈라지기도 한다. 구화수는 4~5월에 피고, 암수한그루이며, 9월에 익는데 달걀처럼 길고 둥글며, 종자는 날개가 있다. 분비나무는 구상나무보다 잎이 선형으로 조금 좁고 길며 구과의 실편 끝이 뒤로 젖혀지지 않으며, 전나무와는 잎의 끝이 둘로 갈라진다는 점이 다르다.

　분비나무는 눈이 많고 겨울이 길고 여름은 짧고 습한 곳을 좋아한다. 토양이 깊고 물 빠짐이 좋고 수분이 많으면 잘 자란다. 높은 산의 환경에 오래 적응되어 온 탓인지 대기오염에는 약하다. 분비나무는 한대성 나무로 기후변화에 따라 서식환경이 바뀌면서 백두대간에서 쇠퇴하고 있다. 지구온난화로 말라 죽는 기후변화의 지표종이다.

　설악산 대청봉 일대 분비나무는 바람에 의해 깃발 모습을 보이거나,

분비나무(발왕산)

키 작고 뒤틀어 자라는 왜성변형수로 자란다. 왜성변형수는 고산대나 아고산대의 교목한계선 근처에서 볼 수 있는 현상으로 정상적으로 자라면 곧고 굵게 자랄 수 있는 나무들이 비정상적으로 강한 바람에 의해 심하게 기울어 자라거나, 작고, 뒤틀리고, 변형되어 자라는 것이다. 교목이 왜성변형수가 되는 것은 산지의 강한 바람, 강풍에 의한 비정상적인 겨울 건조와 얼음 조각 등에 의한 기계적인 마찰, 모래나 눈에 의한 마찰 그리고 쌓인 눈 등의 상호작용으로 만들어진다.

분비나무 목재는 재질이 우수하고 치밀하여 건축재나 가구재, 일반용재, 펄프재, 상자, 대들보 등으로 널리 사용된다. 잎의 질감과 나무 모양이 아름답고, 특히 나무껍질이 백록색으로 예뻐 관상수나 공원수, 성탄절 장식용으로도 알맞다.

분비나무는 시베리아 동남부 제야강으로부터 시호테알린산맥, 중국 북동부, 흥안령산맥, 지린, 산시에 자라며, 남쪽으로는 허베이 우타이산에 생육하며, 한반도에도 분포한다. 동쪽으로는 중국 동북지방에서 서쪽으로는 중국 서쪽의 장시까지 자란다. 분포의 북한계선은 동시베리아의 북위 54도 45분의 제야강 북쪽이고, 남한계선은 전북 무주 덕유산과 경북 봉화 구룡산이다. 시베리아 동부에서는 해발고도 500~700m에, 중국 북동부에서는 750~2,000m에 자란다.

한반도에서는 북부 고산 지역부터 백두대간을 따라 지리산까지 해발 700m 이상의 능선이나 고원에 주로 자란다. 경기(국립수목원, 명지산, 화악산), 강원(강릉 산림유전자원보호림, 두타산, 설악산, 백덕산, 비로봉, 방태산, 점봉산, 대암산, 가리왕산, 두위봉, 함백산, 태백산, 발왕산, 계방산, 금당산, 박지산, 오대산), 충남(묵방산), 충북(소백산, 삼태산), 광주(무등산), 전남(백운산, 지리산), 전북(덕유산, 묘복산), 경남(웅석봉, 지리산), 경북(상주)에 분포한다.

한반도 내 수직적 분포역은 차유산(800~1,400), 백두산(~1,800), 관모봉, 만탑산(900~2,200), 허정령, 로봉(1,200~1,900), 후치령

(800~1,350), 비래봉(700~1,400), 북포대산, 남포대산, 비래봉, 낭림산(1,300~1,800), 금패령(1,400~), 부전고원, 피난덕산(1,000~1,250), 숭적산(700~1,600), 묘향산(700~1,990), 사수산(900~1,740), 하람산(1,000~1.400), 추애산(900~1,450), 금강산(780~), 화악산(1,100~), 설악산(700~1,550), 오대산(800~1,500), 용문산(800~1,100), 치악산(1,000~1,300), 함백산(1,500~), 태백산(1,100~1,500), 덕유산(1,050~1,500), 지리산(1,200~) 등에 분포한다. 분비나무는 전국 중북부 아고산에 자라는 나무로 차유산~덕유산 사이 700~2,200m에 자란다.

분비나무(설악산)

2. 잎갈나무속(*Larix*)

잎갈나무속(*Larix*)은 잎갈나무를 의미하는 라틴어와 그리스어 larix에서 왔으며, 지구상에서 잎갈나무속은 10여 종이 있다. 소나무과 잎갈나무아과 잎갈나무속은 잎갈나무절과 잎갈나무, 만주잎갈나무로 이루어진 파우케리알리스절이 있다(140쪽 표 9).

잎갈나무속 화석은 신생대 제3기부터 나타났으며, 현재 살아남은 10종보다 많은 종이 멸종했다. 캐나다, 폴란드, 러시아, 일본, 알래스카 등지에서 화석이 알려졌다. 잎갈나무는 올리고세와 마이오세에 러시아, 마이오세와 플라이스토세에 일본에 분포하였으며, 제3기 말 플라이오세에는 유럽에서 분포역이 넓었다. 신생대 제3기 올리고세부터 제4기 홀로세에 이르는 동안 북아메리카, 유럽, 아시아에서 화석이 나타났다. 잎갈나무속의 여러 종들은 제3기 에오세의 공통 조상으로부터 진화한 것으로 알려졌다.

한반도에서 잎갈나무속 화석이 나타난 곳은 신생대 제3기 마이오세~플라이오세(북평), 마이오세(장기, 감포, 연일, 북평), 제4기 플라이스토세(화대, 용곡동굴, 금야, 승리산동굴, 해상동굴, 영랑호, 두루봉, 영양, 가조, 점말용굴) 등이다. 지금은 기후가 한랭한 북한의 산지에 주로 자란다.

잎갈나무속은 비교적 느리게 자라는 종으로 생산성은 높지 않으며, 나무 그늘이 짙지 않은 곳에 자란다. 상록침엽수에 비하여 두꺼운 외피가 없고 큐티클이 없으나, 생육기간이 매우 짧은 한랭한 기후에 잘 자란다. 햇빛과 물을 좋아하고 저온에 잘 견디며 적응성이 높다. 잎갈나무속은 낙엽침엽수이기 때문에 숲 아래에 햇빛이 충분하므로 관목, 초본류 등이 무성하다. 높은 산에 잘 자라는 나무로 전나무속, 가문비나무속과 섞여 큰 숲을 이루며, 전나무속과 가문비나무속이 자라는 숲 가장자리에 드문드문 나타나고, 자작나무나 참나무 종류와 어울려 숲을 만들기도 한다.

침엽수의 자연사

잎갈나무속은 척박한 토양에서도 자라며 토양에 대한 적응성도 높다. 숲 바닥에는 낙엽이 많이 쌓이기 때문에 물을 잘 저장할 수 있고 토양 침식을 방지하며 생태적으로 좋은 환경을 만든다. 울창하게 자라거나 물 빠짐이 좋지 않으면 병에 쉽게 걸리며, 나무를 벤 곳과 불이 난 곳에서 잘 자란다.

잎갈나무속의 목재는 단단해서 전봇대, 광산의 버팀목, 거룻배 등을 만든다. 나무껍질은 가죽의 무두질과 염색에 이용했고 가죽의 질병을 치료하는 원료를 만들기도 한다. 빨리 자라는 나무여서 경제성이 높다.

잎갈나무속은 소나무과 나무 가운데 분포역이 매우 넓은 북방계 나무로 3종이 침엽수림에 널리 분포한다. 잎갈나무속은 시베리아 중북부의 북위 75도 타이미르반도에 격리 분포하며, 북위 72도 40분 하탕가강 하구가 분포의 북한계선이다. 중국에는 해발고도 4,200m까지 자라는 종(*Larix potaninii*)도 있다.

잎갈나무(*Larix gmelinii* var. *olgensis*)

잎갈나무는 시베리아 동부와 중국 동북부 원산으로 북한에서는 이깔나무로 부르고, 영문명은 Dahurian larch다.

잎갈나무는 높이 40m, 지름 1m인 낙엽침엽교목으로 나무껍질은 짙은 회갈색이고, 세로로 갈라지며, 나이 들면 비늘처럼 떨어진다. 가지는 수평으로 퍼지거나 밑으로 처진다. 바늘잎은 선형이고, 짧은 가지에 모여나며, 길이는 14~36mm다. 구화수는 5~6월에 피고, 암수한그루이며, 9월에 성숙한다. 종자는 달걀 모양의 삼각형으로 길고 둥글며, 날개가 있다. 일본잎갈나무와 비교하면 잎의 뒷면은 녹색이고, 구과의 비늘조각은 끝이 구부러지지 않고 곧다.

잎갈나무는 토양이 깊고 비옥한 곳을 좋아하며, 건조하고 척박한 땅이나 그늘진 곳에서는 잘 자라지 못한다. 대기오염에 대한 저항력도 약하므로 깊은 산의 능선이나 고원에 자란다. 뿌리가 얕고 그늘을 견디지

잎갈나무(몽골 알타이산맥)

침엽수의 자연사

못하며, 자작나무류와 함께 산불이 난 뒤 처음 들어오는 선구종이다. 15년째부터 구과를 맺으며 2~3년마다 많은 종자가 맺힌다.

잎갈나무는 러시아 바이칼호수, 예니세이강, 오호츠크해, 베링해, 몽골, 중국 북동부의 허베이, 만주, 내몽골, 산시 북부, 북한 등지에 분포한다. 동북아시아에 자라는 종(*Larix gmelinii*)은 북위 72도 시베리아 노바야강까지 자란다. 중국에서는 대흥안령산맥 300~1,200m 사이의 습지부터 산꼭대기에까지, 소흥안령에서는 400~600m 사이의 완만한 사면이나 강가에 순군락을 이루거나 다른 활엽수와 섞여 자란다.

잎갈나무는 함경도, 평안도에서부터 금강산 이북 백두대간 등 중북부 아고산에 자라는 나무로 금강산 이북에 자생하며, 백두산과 개마고원에서는 원시림을 이룬다. 추운 기후를 좋아해 남한에서는 자생하지 않으나 1910년부터 경기 포천 국립수목원, 강원 평창 오대산, 정선 가리왕산에 심었다. 경기(북한산, 축령산, 관악산), 강원(설악산, 함백산, 태백산, 발왕산, 계방산), 전북(덕유산), 경북(봉화 늘뱅이, 울진) 등에 심어 기른다.

한반도 내 수직적 분포역은 차유산(500~1,400), 백두산(~2,300), 낭림산(1,900~2,300), 금패령(800~1,600), 만탑산(600~2,300), 증산(~1,200), 후치령(1,200~1,350), 숭적산(200~900), 사수산(1,000~1,800), 금강산(700~1,150) 등 중부 이북에 자생한다. 잎갈나무는 함경남·북도, 평안남·북도에서부터 금강산 이북 백두대간 등 중북부 아고산에 자라는 나무로 차유산~금강산 사이 200~2,300m에 자란다.

만주잎갈나무(*Larix gmelinii var. amurensis*)

만주잎갈나무는 동북아시아 한랭한 지역에 자생하는 나무로 영문명은 Manchurian larch다.

만주잎갈나무는 높이 30m, 직경 1m 낙엽침엽교목으로 잎은 흩어지거나 모여나고, 바늘형이다. 구화수는 5월에 피는 암수한그루로 종자는 날개가 있으며, 9월에 짙은 갈색으로 익는다. 잎갈나무에 비교하여 솔방울이 작

만주잎갈나무(백두산) ⓒ 현진오

침엽수의 자연사

다.

만주잎갈나무는 대륙성기후와 한랭한 해양성기후에서 자라며, 강수량은 500~1,000mm 정도가 알맞다. 산악토양에서 잘 자라며 특히 신생대 제3기와 제4기에 자라던 물이끼 등의 습지대 식물이 탄화되어 만들어진 이탄(泥炭, peat) 땅에서 잘 자란다. 습지에서는 단순림도 이루고, 산지에서는 분비나무, 전나무, 가문비나무, 사스래나무, 철쭉류와 함께 자란다. 목재는 건축재, 전봇대, 철도 침목, 펄프에 사용한다.

만주잎갈나무는 러시아 아무르, 하바롭스크 일대, 시호테알린산맥, 블라디보스토크 북동부 올가만, 중국 북동부의 헤이룽장, 지린, 랴오닝, 북한의 백두산에 분포한다. 높은 산의 산자락부터 중간 고도에 자란다. 특히 습지나 해발고도 500~1,800m 산지의 늪지에서 잘 자란다.

만주잎갈나무는 북한 북부지방에 격리되어 자라는 나무로 수직적 분포역은 백두산 1,600m 부근이다.

3. 가문비나무속(*Picea*)

가문비나무속(*Picea*)은 라틴어로 picea(송진을 채취하는 나무)를 뜻한다. 가문비나무속은 상록침엽교목으로 세계적으로 30~50여 종이 자라는 것으로 알려졌다.

가문비나무속 카식타절에는 가문비나무가 있고, 에우피케아절에는 종비나무, 풍산가문비나무가 있다(140쪽 표 9). 가문비나무속을 가문비나무절의 종비나무, 풍산가문비나무와 카식타절의 가문비나무로 나누기도 한다.

가문비나무와 비슷한 원시적인 나무로 프로토피케오자이론 야베이(*Protopiceoxylon yabei*)가 있다. 가문비나무속의 화석은 중생대 백악기 후기와 신생대 제3기에 나타났다. 중생대 쥐라기 중기에 중국 동북부에서 발견된 화석은 가문비나무가 동아시아에서 기원했음을 나타낸다. 가문비나무속은 동남아시아에서 기원하여 여러 차례의 이동과정을 거쳐 대륙이 갈라지기 이전인 중생대 백악기에 북아메리카에 도달한 것으로 본다. 가문비나무속의 종 다양성은 북아메리카가 동아시아보다 높다. 가문비나무와 종비나무는 유전형질이 서로 다른 부모가 교배하여 생긴 자손인 잡종을 생산한다.

한반도에서 가문비나무속 화석이 나타난 곳은 신생대 제3기 마이오세~플라이오세(북평), 마이오세(장기, 감포, 북평, 용동, 회령, 함진동), 플라이스토세(새별, 화대, 금야, 용곡동굴, 승리산동굴, 영랑호, 가조, 점말용굴), 홀로세(대암산, 예안) 등이다. 한반도에서 가문비나무속은 신생대 제3기 마이오세, 제4기 플라이스토세, 홀로세에 나타났으며, 지금은 주로 북한에 자라며 남한에서는 내륙의 높은 산지에 자란다.

가문비나무속은 습하고 차가운 토양에서 잘 자라며, 비교적 좁은 기온 범위에 자라지만 성장하면 매우 낮은 온도까지 견딘다. 가문비나무속은 1월 기온이 −35℃까지 내려가는 시베리아에도 분포한다. 생육하는 동안 10℃ 이상의 기온이 적어도 26일은 유지되어야 한다. 가문비나무류는 그늘에서 잘 견디며 숲이 안정될 때까지 자라고, 일부 종은 서서히 자라면서 오래 산다. 스웨덴 달라르나(Dalarna)지방 후루(Furu)산 해발고도 910m 일대에서 발견된 살아 있는 독일가문비(*Picea abies*) 또는 노르웨이가문비나무(Norway spruce)는 뿌리의 나이가 9,550살로 밝혀져 가장 오랫동안 살아 있는 나무의 하나다. 가문비나무는 기온이 낮고 겨울이 5~7개월 동안 계속되며 연평균기온이 5℃를 넘고 토양조건이 알맞으면 단순림을 이룬다.

가문비나무속은 토양 속 질소, 인산, 칼륨, 칼슘 등 광물질 함유량이 낮은 곳에서 잘 자라며 건조한 시기에는 물이 필요하다. 대부분의 산도 4~5 정도의 산성토양에서 잘 자라며, 일부 종은 석회질 토양에도 잘 견딘다. 토양이 얕은 곳에서는 강풍에 잘 넘어지나 뿌리를 잘 내리면 노출된 곳에서도 잘 자라며 바람막이숲으로도 이용된다. 또한 가문비나무속은 매우 넓은 숲을 이룬다.

목재는 연하고 냄새가 없어 가공하기 쉽고 마무리가 좋아 목공용으로 이용되며 악기를 만든다. 그리고 순수한 셀룰로스로 된 인조섬유로 인견(人絹)이라 부르는 레이온(rayon)이나 종이의 재료인 펄프를 만든다.

가문비나무속의 몇 종은 북반구에 널리 분포하며, 그 중심은 스칸디나비아, 러시아, 알래스카, 캐나다 등이며, 중국 서부와 일본의 산지에서 종 다양성이 높다. 유라시아 동북부에서는 사할린, 캄차카, 한반도 아고산, 일본의 해안과 높은 산에 주로 나타난다. 가문비나무속은 북위 72도 25분의 시베리아 중부 하탕가강 하구까지 자라는 종(*Picea abies* var. *obovata*)과 북위 23도의 대만에 자라는 종(*Picea morrisonicola*)까지 분포역이 넓다. 수직적으로 티베트와 태평양 연안에서는 해발 4,800m까지 가장 높은 고도에 자라기도 한다.

가문비나무(*Picea jezoensis*)

가문비나무는 러시아 동부, 중국 동북부, 한반도, 일본이 원산지로 영문명은 Dark-bark spruce다.

가문비나무는 높이 40m, 지름 1m의 상록침엽교목이다. 나무껍질은 갈라지고 짙은 갈색이며 비늘처럼 벗겨지며, 잔가지는 황갈색이고 털이 없다. 잎은 길고 뾰족하며, 휘어있고, 길이는 9~23mm다. 구화수는 5~6월에 피고, 암수한그루이며, 9~10월에 성숙한다. 구과는 둥글고 길고, 갈색을 띠며 아래로 매달린다. 종자는 달걀형으로 종자 길이보다 2배 긴 날개가 있다.

가문비나무는 서서히 자라는 나무로 온대의 한랭습윤한 지역을 좋아하며 음지에서도 잘 견디나 봄의 늦서리에 약하다. 특별히 좋아하는 토양은 없으며 약간 습하거나 모래땅에서 자란다. 적당히 습기가 있는 토양에서 가장 잘 자라지만 뿌리는 깊지 않아 바람에 잘 넘어진다. 능선보다는 계곡에 더 흔하며 남쪽 지방에서는 능선 근처에서도 볼 수 있다. 가문비나무는 전나무속, 잎갈나무속, 소나무속 눈잣나무 등 침엽수와 섞여 자라며 활엽수인 사스래나무와 가장 흔하게 섞여 자란다.

가문비나무는 러시아의 극동, 캄차카반도 중부, 사할린, 쿠릴, 중국 동북부, 한반도, 일본 홋카이도, 혼슈의 해안과 고산에 자라며, 수직적으로는 해안 근처부터 해발 2,700m까지 자란다.

가문비나무는 한반도 북부에 주로 자라며, 남부에서는 계방산, 덕유산, 지리산, 소백산 등의 습도가 높고 한랭한 산꼭대기에 자라지만 숲을 이루지는 못하고 드문드문 자란다. 일제강점기 이전에는 풍부한 목재 자원이 있었으나, 일본이 나무를 많이 베면서 면적이 줄었다.

한반도 내 수직적 분포역은 차유산(500~1,400), 백두산, 만탑산(1,450~2,300), 로봉(1,200~1,700), 후치령(700~1,350), 관모봉, 비래봉(800~1,450), 숭적산(700~1,600), 낭림산(1,300~1,800), 금패령(1,200~1,600), 소백산(1,100~1,800), 피난덕산(1,000~1,250), 백

가문비나무(지리산)

두산(700~1,600), 묘향산(800~1,900), 사수산(1,200~1,800), 하람산(1,000~1,450), 금강산(800~1,650), 덕유산(1,400~), 지리산(1,400~) 등이다. 가문비나무는 전국 아고산대에 자라는 나무로 차유산~지리산 사이 500~2,300m에 자란다.

가문비나무는 남한에서는 지리산, 덕유산, 계방산 등의 해발고도 1,500m 이상의 높은 능선에 드물게 자란다. 남한의 대표적인 가문비나무 서식지인 지리산에서 수령이 30~50년 이상 된 나무들이 뿌리가 뽑히고, 줄기가 부러지면서 집단적으로 고사하고 있다. 가문비나무가 고사하는 원인은 따뜻한 겨울 날씨와 건조, 적설량 부족, 봄의 고온, 여름철 폭염과 강풍 등이 복합적으로 작용한다. 한라산과 지리산 구상나무와 태백산, 오대산, 설악산 분비나무도 무리 지어 말라 죽기 이전에 뿌리가 뽑히기도 한다. 가문비나무는 전나무속의 분비나무, 구상나무 등과 함께 작게 무리 짓거나 흩어져 분포하는 북방계 식물로 높은 산의 지킴이며, 기후변화에 취약한 지표종이다.

종비나무(*Picea koraiensis*)

종비나무는 한국, 중국 동북부, 극동러시아에 자생하며 영문명은 Korean spruce다.

종비나무는 높이 25~30m, 지름 95cm 정도의 상록침엽교목으로 나무껍질은 짙은 갈색이고, 갈라지며, 비늘처럼 얇게 벗겨진다. 바늘잎은 뾰족하고, 길이는 12~22mm다. 구화수는 5~6월에 피고, 암수한그루이며, 10월에 성숙하는데 둥글고 길고, 갈색을 띠며 아래로 매달린다. 종자는 달걀형으로 날개는 종자 길이에 비교해 2배 정도 길다.

종비나무는 저지대의 습지부터 높은 산 중턱 및 고원에 자라며, 기후는 한랭하고 겨울에 눈이 많고 연강수량 1,000mm 이상인 곳을 좋아한다. 동해 쪽 해발고도 1,000~1,500m의 산자락이나 계곡을 따라 충적토 등 여러 토양에 자란다. 내륙과 북쪽에서는 분비나무, 만주잎갈나무 등

종비나무(국립산림과학원) ⓒ 황영심

과 같은 침엽수와 섞여 자라며 강 주변에서는 낙엽활엽수와 같이 나타난
다. 목재는 무늬가 아름답고 재질이 우수하며 향기가 좋아 가구재나 건
축재, 일반용재, 펄프재, 전봇대, 갱목, 악기재로 이용된다. 잎, 가지, 나
무껍질은 민간에서는 습기를 받아서 뼈마디가 저리고 아픈 병에 쓴다.

　　종비나무는 러시아 극동, 우수리(400~1,800m), 중국의 헤이룽장 남
부, 지린, 한반도 등지에 자란다. 함경도처럼 높은 습지대에서 잘 자라고,
특히 백두산의 압록강 유역이 주 서식지다. 백두산에서는 가문비나무,
백두산자작나무, 분비나무, 잎갈나무, 만주잎갈나무와 함께 전체 식물 중
에서 큰 비중을 차지하며 백두산의 관광자원 중 하나인 아한대 침엽수림
군락을 이룬다. 북한에서 삼송류(종비나무, 분비나무, 전나무, 가문비나
무)라고 부르며, 양강도 삼지연 주변과 보천군 주변 산지에 집중적으로
분포한다. 북한의 압록강 유역과 해안 가까운 몇 곳 그리고 백두산에 자
란다. 남한에서는 서울 홍릉숲, 경기 국립수목원에 기른다.

한반도 내 수직적 분포역은 백두산, 만탑산(450~750), 후치령(800~1,350), 금패령(1,200~1,600) 등 북한 북부지방에 분포한다. 종비나무는 전국 중북부 아고산대에 자라는 나무로 백두산~금패령 사이 450~1,600m에 자란다.

풍산가문비나무(*Picea pungsanensis*)

풍산가문비나무는 양강도 풍산(지금의 김형권군)에 자생하는 특산종으로 영문명은 Pungsan spruce가 적당하다. 풍산종비라고도 부르며 분포지가 좁아 멸종에 취약한 종이다.

풍산가문비나무는 높이 20m, 지름 60cm의 고산성 상록침엽교목으로 구화수는 6월에 피고, 암수한그루이며, 10월에 성숙하고, 종자는 달걀형으로 종자 2배 길이의 날개가 있다. 종비나무에 비교해 비늘 모양의 실편은 더 얇고 주름이 지며 윤기가 없고, 끝이 둥글지 않고 좁다.

풍산가문비나무는 양강도 풍산(김형권군) 매덕령 1,400m 지점, 백암군 대택~북계수 사이 등의 지역에서 자라고, 중강진 해발고도 1,300m에서 채집됐다. 풍산가문비나무가 자라는 생태적 조건은 종비나무와 비슷하다. 남한에서는 서울 홍릉숲, 경기 국립수목원에 기른다.

한반도 내 수직적 분포역은 북한의 양강도 김형권군 매덕령, 백암 1,400m 일대와 함북 경성, 관모봉, 중강진 1,300m에 분포한다. 풍산가문비나무는 북한 북부지방에 격리되어 자라는 나무로 풍산~중강진, 1,300~1,400m에 자란다. 나무 보호를 위한 조치가 적어 취약한 것으로 판단된다.

침엽수의 자연사

풍산가문비나무(국립수목원)

4. 소나무속(*Pinus*)

소나무속의 자연사를 알 수 있는 화석 자료에 따르면 소나무과는 북반구에서 기원하였으며, 적도 이남에서는 화석이 발견되지 않았다. 소나무속 화석은 중생대 삼첩기에 나타나며, 쥐라기에는 러시아, 프랑스 서부 해안, 미국에서 소나무 화석이 발견되었고, 백악기에는 더욱 자주 나타났다. 백악기에는 소나무속이 5개의 바늘잎을 가진 소나무와 2개의 바늘잎을 가진 소나무로 나뉘었고 그때 소나무는 북반구에 널리 퍼져 있었다.

중생대에 북위 35도 남쪽 아시아, 북위 40도 남쪽 유럽, 북위 32도 남쪽의 아메리카에는 소나무 화석이 나타나지 않아 소나무속이 북쪽으로 이동했음을 보여준다. 백악기 말기에 소나무속은 북아메리카·유럽·아시아(인도반도 제외)를 포함하는 북반구의 가설적인 대륙인 로라시아(Laurasia)의 동쪽과 서쪽 끝에 도착했고, 중위도의 몇 군데에도 분포했다. 로라시아에 소나무속이 널리 분포했다는 사실은 북반구 중위도에서 소나무속이 기원했고, 동서 방향으로 이동했음을 뜻한다. 에오세 동안 피난처였던 중국 동부와 일본 사이에서 현재 동아시아에 자라는 소나무와 곰솔은 기원한 것으로 본다.

신생대 제4기 플라이스토세 최후빙기 이전에 중국 동북부는 소나무속, 가문비나무속, 전나무속이 섞여 자라는 침엽수림이었다. 소나무속의 지리적 분포와 종 다양성은 플라이스토세 최후빙기 이후 나타난 것으로 본다.

홀로세에 들어서도 동아시아에서 소나무속은 좁은 지역에만 나타났으나, 5,000~4,000년 전부터 중국 동북부에서 빠르게 퍼지면서 낙엽활엽수들을 밀어냈다. 홀로세 후기에 추워지면서 중국 동북부에서는 소나무, 잣나무와 같은 온대성 소나무속 나무들의 분포역이 넓어졌다. 빙하기 동안 일본 홋카이도에는 눈잣나무, 혼슈에는 잣나무, 섬잣나무가 분포했고, 혼슈, 시코쿠, 규슈에서 2개의 바늘잎을 가진 소나무는 빠르게 늘었다. 이는 농경을 위하여 나무를 벤 척박한 곳에 소나무가 천이하면서 나타난 것으로 본다.

홀로세에 소나무가 빠르게 안정된 군락으로 자리 잡은 데에는 여러 이유가 있다. 첫째, 어릴 때부터 종자를 많이 생산하고, 둘째, 간섭은 받은 뒤 바로 자매 식물군락을 끌어오고, 셋째, 종자가 멀리 퍼지도록 종자에 날개가 있고, 넷째, 동종교배를 하면서 고립된 상태에서도 후손을 생산하고, 다섯째, 건조하고 척박한 토양 등 악조건에서도 견디는 등 경쟁력이 있기 때문이다. 꽃가루분석에 기초하여 홀로세 이전에 소나무가 이동한 속도를 추정한 결과 일 년에 81~400m까지 이동했는데, 영국에서는 100~700m, 유럽에서는 1,500m까지 이동했다. 소나무류는 오리나무속을 제외하고는 가장 이동 속도가 빠른 나무의 하나다.

한반도에서 소나무속 화석이 나타난 곳은 중생대 백악기(사리원, 진안), 제3기 마이오세~플라이오세(북평), 마이오세(장기, 감포, 연일, 북평, 통천, 회령), 플라이스토세(새별, 화대, 화성, 어랑, 금야, 용곡동굴, 승리산동굴, 세포, 회양, 해상동굴, 영랑호, 두루봉, 점말용굴, 석장리, 영양, 가조), 홀로세(영랑호, 포항, 익산, 일산, 방어진, 시흥, 대암산, 예안, 무안) 등이다. 한반도에서 소나무속은 중생대 백악기, 신생대 제3기 마이오세, 제4기 플라이스토세, 홀로세에 전국에서 나타나 가장 성공적으로 적응한 종류로 현재에는 한랭한 북부 아고산대부터 온난한 제주도의 해안가에 이르기까지 다양한 생태적 범위에 걸쳐 널리 분포한다.

소나무속(*Pinus*)은 라틴어 가문비나무나 소나무를 뜻하는 pinus나 그리스 pitys(가문비나무)에서 기원했다. 산에서 나는 나무라는 뜻의 켈트어 pin에서 유래됐다고도 한다.

소나무 가운데 소나무절 실베스트레스아절은 한 묶음에 두 개의 바늘잎이 나고, 유라시아에 19여 종이 분포하며, 소나무, 곰솔(해송)이 대표적이다. 스트로부스절 스트로비아절은 한 묶음에 5개의 바늘잎이 나고 동아시아에서 불연속적으로 자라는 섬잣나무가 있다. 5개의 바늘잎을 가진 캠브라이아절은 솔방울이 익으면 벌어지고 종자는 날개가 없는 잣나무, 눈잣나무가 있다(140쪽 표 9). 소나무속은 스트로부스아속(*Strobus subgenus*)과 소나무아속(*Pinus subgenus*)으로 나누기도 한다. 지구상 소나무속 60개 분류군 가운데 소나무아속에는 42종이 있다. 소나무속의 다양성은 동아시아가 북아메리카보다 상대적으로 높다.

소나무속의 생태를 살펴보면 소나무류는 5개의 바늘잎을 가진 연한 소나무와 2개의 바늘잎을 가진 강한 소나무로 나뉜다. 5개의 바늘잎을 가진 연한 소나무는 가시가 없는 부드러운 비늘이 있으며, 어릴 때 나무의 표면은 매끄럽다. 2개의 바늘잎을 가진 소나무는 재질이 강하다. 일부 소나무는 바늘잎이 3~4개에 이르고, 어떤 종은 바늘잎이 10개에 이르며, 솔방울은 딱딱하고 어린나무도 표면은 거칠다. 소나무의 일부 솔방울은 불에 타야 벌어져 종자가 나온다.

소나무속은 다른 침엽수의 전략과는 다른 잎의 특징을 갖는다. 소나무의 m²당 잎의 면적 지수는 2~4로 그늘을 견디는 전나무속, 가문비나무속의 9~11에 비하여 매우 적다. 소나무속의 잎 면적 지수가 낮은 것은 다른 침엽수에 비교해 짧은 기간 동안 바늘잎을 매달고 있고, 햇볕이 많은 곳에 자라기 때문이다.

소나무속은 상록침엽교목으로 햇빛에 잘 견디고 광합성 능력이 매우 높으며, 겨울에도 기온이 높으면 탄소동화작용을 한다. 햇빛이 비치는 시간의 변화에 크게 영향을 받지 않아 넓은 위도에 걸쳐 자란다. 여름에는 성장하고 겨울에는 휴식하는 계절적인 리듬에도 잘 적응한다. 겨울이 매우 춥고 생육기일이 짧은 북극부터 서리가 전혀 내리지 않고 식물이 일 년 내내 자라는 열대까지 널리 분포한다. 겨울 기온이 영하 50~60℃까지 견디는 것으로 알려졌지만, 여름이 짧고 서늘하며 겨울에 한랭건조한 바람이 불어 땅이 어는 곳에는 살지 못한다.

토양은 소나무속에 중요한 조건으로 토양이 척박한 곳, 약간 기름진 곳, 기후가 한랭건조해 나무가 자라지 못하는 곳, 간섭으로 생긴 빈 땅 등에서 경쟁력이 있다. 토양 속 균류들과 공생하여 척박한 토양에도 잘 산다. 소나무속은 물 빠짐이 좋으면 토양을 가리지 않으나, 수분이 부족하고 토양에 소금기가 많은 곳에서는 자라지 못한다. 불에 약하나 산불로 간섭이 잦은 곳에 잘 정착하므로 불 또한 소나무에 중요하다.

소나무속 종자에 붙은 날개는 바람을 타고 어미나무로부터 멀리 날아가는 것을 돕는다. 잣나무와 같이 종자의 크기가 큰 나무들은 종자에 날개가 없거나, 있어도 종자의 무게가 무거워 바람에 의해 쉽게 퍼지지 못한다. 종자의 크기가 작은 소나무들은 날개가 있어 바람에 의해 널리 퍼진다. 소나무속 종자는 바람, 새, 인간을 포함한 포유동물의 도움을 받아 퍼질 수 있도록 적응했다.

한반도 소나무숲에 서식하는 텃새는 박새, 진박새, 잣까마귀, 멧비둘기 등이고, 겨울철새는 솔잣새, 검은머리방울새, 상모솔새 등이 있다. 잣까마귀는 까마귀과의 중형 조류로 겨울에 주로 높은 산의 소나무숲에 찾아오는데, 먹이가 풍부할 때 종자를 땅속에 저장한 후 나중에 찾아 먹는 습성이 있으며, 일부 종자는 발아하여 나무로 성장한다. 날개가 없는 스트로부스절 소나무들은 종자가 퍼져 가는 데 갈까마귀가 중요한 매개체다. 새에 의해서 퍼지는 종자는 바람으로 산포하는 종에 비교해 멀리 옮겨 간다.

소나무숲에 사는 포유류는 등줄쥐, 흰넓적다리붉은쥐, 대륙밭쥐, 쇠갈밭쥐, 두더지, 쇠뒤쥐, 땃쥐, 멧토끼, 하늘다람쥐, 청설모, 다람쥐, 고라니 등이 있다. 소나무숲은 솔방울, 새잎을 빼고는 먹이가 적기 때문에 포유류는 먹이가 풍부한 활엽수림, 침엽수와 활엽수가 섞인 숲을 더 좋아한다. 그러나 세력권 방어 행동, 행동권, 분산 등으로 소나무에 서식하기도 한다.

청설모, 다람쥐 등은 솔씨, 잣, 도토리 등 주요 먹이를 땅속에 저장한 후 나중에 찾아 먹는 습성이 있다. 저장한 종자 가운데 많은 양이 땅속에서 발아하여 소나무숲을 만들기도 한다. 다람쥐 등 포유동물들은 날개가 있는 종자와 없는 종자를 모두 퍼뜨린다. 종자가 가장 멀리 퍼지는 데에는 인간도 큰 역할을 한다.

어린나무들의 서리 피해를 막기 위해 주로 봄에 심으며, 잔뿌리의 발달을 돕기 위해 2년마다 옮겨 심는다. 소나무숲이 퍼지고, 숲이 바뀌어 가는 데에는 바람, 새, 포유류, 사람 모두가 중요하다.

소나무속의 재목은 연한 목재 가운데 가장 중요한 종류로 건축재, 목공에 사용된다. 송진은 목재를 오래 견디게 하며 석탄산으로 처리하면 외부 전봇대, 철도 침목 등과 같은 외부용으로도 좋다. 소나무를 공기가 없는 밀폐된 공간에서 분해하여 증류하면 타르와 수지를 얻으며, 소나무 잎과 가지를 증류시켜 기름을 만든다. 소나무와 잣나무의 종자는 단백질의 함유량이 아주 많다.

소나무과 식물은 다른 침엽수에 비교해 종수가 많고, 지리적으로 한반도의 남부 도서나 해안으로부터 북부의 아고산대까지 가장 널리 분포하여 생태적으로 중요한 나무다. 환경오염과 기후변화와 같은 외부 환경의 변화에 직접 노출되면 반응하는 생태계 변화의 지표다.

분포상으로 소나무속은 북반구에서 가장 널리 자라는 나무의 하나다. 북반구에 100여 종이 분포하며 유라시아에서는 구주소나무(*Pinus sylvestris*)가 북반구의 북위 72도의 노르웨이부터 자라며, 남반구(남위 2도 6분)에 분포하는 종은 메르쿠시소나무(*Pinus merkusii*) 또는 수마트라소나무 뿐이다. 아메리카대륙에서는 위도 65도의 캐나다 맥캔지강에서 북위 11도 45분의 중앙아메리카 니카라과까지 자란다.

소나무속의 다양성은 북위 36도 일대에서 39종으로 가장 높고, 남쪽으로 갈수록 서서히 감소하다가 북위 20도에서 급격히 감소한다. 유라시아에서 소나무의 종 다양도가 가장 높은 곳은 북위 40도 일대다.

소나무속은 해안에서 고산대까지 분포하나 절반 정도는 중간 정도의 고도에 자란다. 생태적으로 환경에 적응을 잘해 히말라야의 해발고도

침엽수의 자연사

4,300m에서는 부탄소나무(*Pinus walchiana*) 또는 히말라야소나무가 고산에서 교목한계선을 이룬다.

　미국 캘리포니아, 네바다 및 유타 사이의 높은 산에서 사는 굵은 가지에 짧고 뻣뻣한 바늘잎을 가진 브리슬콘 소나무(*Pinus longaeva*) 또는 대평원 강털소나무는 5,000년 이상 가장 오래 사는 나무의 하나다. 이 나무는 목질이 단단해 곤충과 곰팡이의 공격을 거뜬히 막아내며, 얕고 넓게 뻗은 뿌리는 강풍도 이겨내게 한다. 강털소나무가 오래 사는 최고의 전략은 스스로 죽음에 가까워지는 것이다. 늙은 나무는 대부분의 부위가 죽음의 상태에 들어가고, 뿌리와 잔가지를 연결하는 조직만 살아남으므로 사는데 필요한 것도 줄이는 것이다. 중앙아메리카 니카라과의 아열대 해안 사바나 지역과 태평양 연안의 바다 소금기가 있는 지역에도 소나무속은 산다.

　오늘날 구대륙의 소나무 분포는 인간의 활동에 따라 직간접적으로 영향을 받았다. 소나무속의 종자는 오래전부터 인간이 소비해 왔으며, 동아시아에서 잣나무 종자는 선사시대부터 채집해 이용했다. 또한 소나무속은 목재를 생산하는 가장 가치 있는 나무의 하나다.

소나무(*Pinus densiflora*)

소나무는 한국, 일본, 중국, 러시아가 원산지이고, 영문명은 Korean red pine이다.

　소나무는 침엽수 가운데 국내에서 가장 많이 심는 나무로, 지역적 변이 형질에 따른 품종 및 개량종들이 다양하다. 변종과 품종으로 반송(*Pinus densiflora* f. *muliticaulis*), 금강소나무(*Pinus densiflora* f. *erecta*), 처진소나무(*Pinus densiflora* f. *pendula*), 산송(*Pinus densiflora* f. *umbeliformis*), 황금소나무(*Pinus densiflora* var. *aurea*) 등이 알려져 있다. 태백산맥을 중심으로 자라는 금강소나무는 형질이 우량한 지역 품종인데 눈이 많이 오는 지역에서 눈의 압력으로 줄기가 곧고 가지는 가늘고 짧게 변한 것으로 알려졌다. 소나무는 바닷가에 자라는 곰솔과도 교배된다.

소나무는 높이 40m, 지름 1.8m의 상록침엽교목으로 나무껍질은 적갈색이고, 늙은 나무의 껍질은 흑갈색이며, 비늘조각처럼 벗겨진다. 두 개의 바늘잎은 약간 뒤틀려서 모여달리며, 길이는 40~140mm이고, 2~3년 후에 떨어진다. 구화수는 5월에 피고, 암수한그루이며, 다음 해 9~10월에 성숙하는데, 달걀처럼 둥글고 황갈색이다. 종자는 타원형으로 종자 길이의 약 3배 정도 긴 날개가 있다.

소나무는 암구화수와 수구화수가 같은 나무에 피나, 바람을 타고 폴렌이 암술에 이르지 못하도록 암구화수는 나무 꼭대기 근처에, 수구화수는 아래 나뭇가지에 핀다. 아울러 암수 구화수가 피는 시기를 일주일 정도 차이를 두어 같은 나무에서는 수정되지 않도록 진화했다. 그러나 5% 정도는 수구화수가 위로 가고 암구화수가 아래로 내려와 최악의 경우 종족은 보존할 수 있다.

소나무는 햇볕이 많고 척박한 곳에서 경쟁력이 있어 산의 능선을 따라 나타나고, 산비탈과 계곡에는 낙엽활엽수보다 잘 자란다. 산의 고도가 높거나 고위도 지역에서는 신갈나무와 섞여 나고, 해발고도가 낮고 저위도 지역에서는 졸참나무와 함께 섞여 자란다. 숲이 우거짐에 따라 활엽수와의 경쟁에 밀려 점차 쇠퇴했다. 1960년대만 해도 소나무는 우리나라 전체 산림면적의 60%나 차지했으나, 요즘은 전체 산림의 약 23% 수준으로 줄었다.

소나무는 기상의 영향을 받아 생장이 쇠퇴하거나 말라 죽는 현상이 나타난다. 2008년 극심한 가을 가뭄 뒤 이듬해 2월에는 예년보다 4℃나 높은 평균기온을 기록했다. 이때 2009년 경상도에서 100만 그루 이상의 많은 소나무가 말라 죽었다. 이러한 현상은 기온상승으로 인해 수목 내에서 발생하는 생리적 대사 변화로 고사한 것이다.

겨울에도 잎을 달고 있는 소나무와 같은 상록침엽교목들은 기온이 상

침엽수의 자연사

소나무숲(울진 소광리)

소나무숲(강릉 대관령자연휴양림)

승하면 생리적 대사활동을 한다. 그러나 땅이 얼어있어 토양에서 수분이 공급되지 않으면 가뭄 스트레스를 피하려 잎의 공기구멍을 닫는다. 기온은 올랐는데 수분이 부족하면 생산은 없이 탄수화물을 소비만 하게 되어 쇠약해지고, 그 정도가 심해지면 말라 죽는데 이 과정에서 내생균인 피목가지마름병균 등이 병원성을 나타내기도 한다. 즉, 겨울철 고온이 가뭄 피해를 부추겨 소나무들이 무더기로 말라 죽는다.

소나무는 솔잎딱정벌레(*Myelophilus* spp.), 솔잎나방(*Rhyacionia buoliana*), 소나무바구미(*Hylobius abietis*), 솔잎혹파리(*Thecodiplosis japonensis*), 솔수염하늘소(*Monochamus alternatus*) 등 병해충의 피해를 크게 입기도 한다. 특히 솔수염하늘소와 북방수염하늘소(*Monochamus saltuarius*)에 기생하는 재선충(*Bursaphelenchus xylophilus*) 또는 소나무선충에 의한 피해가 심각하다.

조선시대부터 일제강점기 동안의 소나무, 잣나무, 비자나무 등 침엽수 분포 변화는 세종실록지리지(世宗實錄地理志 1454년), 신증동국여지승람(新增東國輿地勝覽 1531년), 동국여지지(東國輿地志 1660년대), 여지도서(輿地圖書 1760년), 임원십육지(林園十六志 1842~1845년), 대동지지(大東地志 1864년), 증보문헌비고(增補文獻備考 1903~1906년), 조선일람(朝鮮一覽 1936년) 등 고문헌을 활용하여 알아낼 수 있다. 시대별 물산(物産), 토산(土産), 토의(土宜), 토공(土貢)에서 침엽수 내용을 수집 분석하여 데이터베이스를 만들고 지도상에 군현별로 지도화(地圖化, mapping)하여 시기별 식생사를 복원했다.

조선시대부터 일제강점기까지 7종의 고문헌에 소나무가 나타난 지역은 세종실록지리지(1454년, 107곳), 신증동국여지승람(1531년, 133곳), 동국여지지(1660년대, 139곳), 여지도서(1760년, 148곳), 임원십육지(1842~1845년, 162곳), 대동지지(1864년, 125곳), 조선일람(1936년, 27곳) 등 841개소 군현이다.

조선시대 소나무의 시대별 출현지는 1800년대 초반까지 출현 지역수가 늘다가 줄었다. 1660년대에 한반도 동남부 경상도 지방의 소나무 분포지가 많이 사라지고, 1840년대에 서해안 남부 충청도와 전북에 소나무 출현이 많아졌다. 소나무의 시대별 분포지 변화에서는 분포지가 강원도를 중심으로 남부와 북부지방까지 넓어졌다.

소나무의 시기별 출현빈도는 조선 후기인 1842~1845년에 가장 많이 출현하였고, 1760년, 1660년, 1531년, 1452년 순으로 조선 중기에 많이 나타났다. 1864년과 1930년에는 소나무가 나는 곳이 크게 줄었는데 이는 조선 말기에 사회적 혼란이 있었고, 일제의 강제적인 공출을 피하려고 기록을 누락시킨 것으로 본다.

복령(茯笭, *Poria cocos*)은 소나무에 기생하는 균체로 소나무 분포지를 나타내는 다른 지표다. 세종실록지리지(1454년, 81곳), 신증동국여

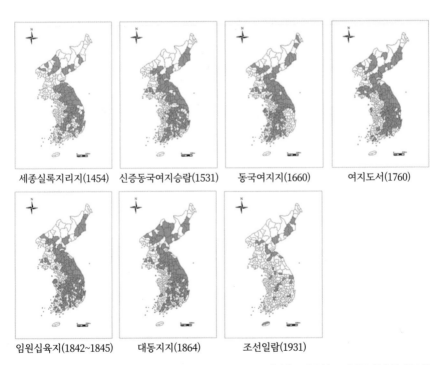

세종실록지리지(1454)　　신증동국여지승람(1531)　　동국여지지(1660)　　여지도서(1760)

임원십육지(1842~1845)　　대동지지(1864)　　조선일람(1931)

조선시대 소나무 분포도(자료: 공우석, 2016)

지승람(1531년, 80곳), 동국여지지(1660년대, 80곳), 여지도서(1760년, 105곳), 임원십육지(1842~1845년, 92곳), 대동지지(1864년, 28곳), 조선일람(1936년, 20곳) 등 7개 문헌에서 486개 군현에 출현했다. 복령은 조선 초기부터 중기까지 꾸준히 복령이 나는 곳이 늘었으나 후기에 들어서 분포지가 크게 줄었다.

송이(松栮) 또는 송이버섯(*Tricholoma matsudake*)은 소나무와 공생하며 소나무의 낙엽이 쌓인 곳에서 많이 자라기 때문에 소나무가 자라던 곳을 알려주는 지표다. 송이는 세종실록지리지(1454년, 43곳), 신증동국여지승람(1531년, 97곳), 동국여지지(1660년대, 93곳), 여지도서(1760년, 75곳), 임원십육지(1842~1845년, 115곳), 대동지지(1864년, 117곳), 조선일람(1936년, 6곳) 등 7개 문헌에서 546개 군현에 출현했다. 조선 초중기와 중후기까지 송이 생산이 꾸준히 늘었는데, 1531년에는 많은 지역에서 나타났다. 지역별로는 경상, 전라, 강원 순으로 분포하고 있으며, 소나무숲이 발달한 백두대간을 중심으로 산출됐다. 송이는 서해안 지역을 제외한 한반도 전체에 분포했다. 복원된 소나무, 복령, 송이의 분포도는 조선시대에 소나무가 전국적으로 널리 자랐음을 보여준다.

소나무는 사람들이 불 피우고, 집, 배, 생활 도구 만들며 가장 널리 사용했던 나무다. 목재는 건축재(기둥, 서까래, 대들보, 창틀, 문짝 등), 가구재(상자, 옷장, 뒤주, 찬장, 책장, 도마, 다듬이, 빨래방망이, 병풍틀, 말, 되, 벼룻집 등), 식생활 용구(소반, 주걱, 목기, 제상, 떡판 등), 농기구재(지게, 절구, 절굿공이, 쟁기, 풍구, 가래, 멍에, 가마니틀, 자리틀, 물레, 벌통, 풀무, 물방아공이, 사다리 등), 장례 때 쓰는 관재(棺材), 장구(葬具), 나막신재 등으로 널리 사용했다.

조선시대에는 궁궐을 짓고, 전함을 만들고, 왕족과 귀족의 관 제작 등 나라가 필요로 하는 좋은 목재를 얻기 위해 속이 누런 소나무인 황장목(黃腸木)을 보호하고자 사람 출입을 금지하는 봉산 또는 금산 정책을 펼쳤다. 봉산(封山)은 소나무숲이 울창한 지역으로 군사상 요지, 배가 드나

복령ⓒ한상국

송이ⓒ한상국

들기 좋은 곳, 포구를 낀 해안, 왕자의 태를 묻은 산 등에서는 소나무를 베지 못하던 곳으로 금산(禁山)으로도 부른다. 일제강점기 때는 소나무 아래 줄기에 V자로 상처를 낸 뒤 전쟁물자로 송진을 바치도록 강제하여 당시에 만들어진 생긴 상흔을 지금도 볼 수 볼 수 있다. 소나무는 우리나라 사람들이 가장 좋아하는 나무로 목재, 펄프, 견과류, 송진을 생산하는 중요한 자원이며, 우리 민족의 강인한 기상을 상징하기도 한다.

전국적으로 20여 곳에 자라는 소나무를 천연기념물로 지정해 보호하고 있다. 천연기념물로 지정된 소나무는 모두가 신령이 깃든 영험한 나무로 여기며, 마을의 안녕과 평화를 기원하는 제사를 지내는 토속 신앙물이다.

소나무는 조경용, 바람막이숲 등으로 널리 심는다. 잎사귀가 둥글고 잎이 빨리 떨어지는 활엽수는 한 그루당 일 년에 22g 정도의 미세먼지를 흡수하지만, 잎이 바늘처럼 뾰족하고 잎이 오랫동안 붙어있는 상록침엽수는 44g을 흡수해 공기를 정화하는 효과가 높다. 공기가 맑고 피톤치드를 마실 수 있는 소나무숲에서 사람들은 삼림욕을 한다.

소나무는 러시아 연해주, 중국 헤이룽장, 지린, 랴오닝, 산둥, 장수, 안후이, 한반도, 일본 홋카이도 남단에서 규슈, 시코쿠, 야쿠시마까지 자란다. 중국 동북지방에서 해발 900m, 한국에서 1,300m, 일본에서 2,300m 일대까지 자란다. 한반도에 가장 널리 분포하는 소나무는 북부의 아고산대와 산 정상부를 제외한 해발고도 1,300m 이하 제주도와 울릉도 등 섬을 포함한 전국의 산지에 자생하고 심는다.

한반도 내 수직적 분포역은 증산(300~400), 송진산(200~900), 금패령(~1,000), 만탑산(300~1,250), 칠보산(100~1,100), 후치령(500~800), 비래봉(100~900), 낭림산(~1,000), 피난덕산(200~1,000), 백두산(~900), 묘향산(100~900), 숭적산(200~900), 사수산(100~900), 하람산(100~950), 추애산(300~1,350), 구월산(100~700), 장수산(~700), 금강산(100~800), 장산곶, 설악산(500~1,250), 오대산(~700), 화악산(200~1,300), 멸악

침엽수의 자연사

산(100~600), 수양산(100~800), 불암산(~250), 소리봉, 강화도, 용문산
(~800), 태지산(~1,100), 치악산(~1,100), 태백산(~1,000), 속리산(~900),
계룡산(~750), 일월산(~900), 팔공산(~1,000), 덕유산(~750), 가지산
(~1,000), 내장산(~750), 백양산(~750), 지리산(~1,000), 무등산(~800),
만덕산(~400), 대둔산(~600) 등 한반도 1,250m 이하에 주로 분포한다.

소나무 송진 채취의 상흔(서산 봉곡사)

잣나무(*Pinus koraiensis*)

잣나무의 원산지는 한반도, 일본, 중국, 시베리아이며, 영문명은 Korean pine이다.

잣나무는 높이 30m, 지름 1.5m의 상록침엽교목으로 나무껍질은 짙은 갈색이고, 불규칙하게 떨어진다. 잎은 바늘형이며, 5개씩 모여나고, 길이는 56~135mm이며, 잎은 3~4년간 붙어있다. 구화수는 5월에 피고, 암수한그루이며, 이듬해 10월에 성숙한다. 구과는 원통형으로 둥글고, 종자는 일그러진 삼각 모양의 긴 달걀형으로 날개는 없다.

잣나무는 활엽수가 있는 건조한 곳에 자라며 러시아 연해주에서는 전나무와 함께 자라고, 높은 산지의 능선, 계곡에 많다. 아고산대 및 한랭한 기후를 좋아하며, 가장 많이 자라는 곳은 압록강 유역으로 그 면적이 22만ha에 이르고 잎갈나무 다음으로 울창한 숲을 이룬다. 자연적인 분포와 갱신은 잣나무 구과를 먹이로 삼는 솔잣새, 다람쥐, 청설모 등 동물 매개체의 수와 활동에 영향을 받으므로 매우 불규칙하게 분포한다. 1965~1984년까지 심은 잣나무 묘목 수는 약 6억 7,500만 그루에 이르나 온난한 남부지방에서는 생장이 좋지 않다.

잣나무 목재는 재질이 우수하고 색상이 아름다워 건축, 가구, 선박재 등 다양하게 사용된다. 잎이 진한 녹색으로 특유의 색채와 광택이 있어 조경수로 알맞다. 삼국시대 초기의 경북 경산 임당동 고분의 목관은 잣나무였고, 조선시대에도 해인사의 팔만대장경을 보관하는 건물 등 사찰건물을 짓거나 관을 만드는 관재(棺材)로 잣나무를 사용했다.

잣나무는 강하지만 서서히 자라며 15년생부터 구과를 맺기 시작해 30년이 지나야 많은 구과를 맺으며, 2~5년을 주기로 결실량이 변화한다. 잣은 해송자(海松子)라 하여 날로 먹거나 잣죽을 끓여 먹고, 기름을 짜거나 요리에 이용한다. 변비를 다스리며 가래, 기침에 효과가 있고, 폐의 기능을 도와 몸이 약한 사람에게 좋고, 피부에 윤기와 탄력을 준다.

조선시대 잣나무가 난 곳은 세종실록지리지(1454년, 45곳), 신증동

침엽수의 자연사

잣나무(가평 잣향기푸른숲)

잣나무 수피

국여지승람(1531년, 77곳), 동국여지지(1660년대, 72곳), 여지도서(1760년, 40곳), 임원십육지(1842~1845년, 84곳), 대동지지(1864년, 84곳), 조선일람(1936년, 28곳) 등 7개 문헌에서 430개 군현이다. 조선시대 시기별 잣나무 분포는 조선 후기인 1842~1845년과 1864년에 가장 많이 출현했고, 중기인 1531년, 1660년에도 비교적 많았고, 초기인 1454년, 중기인 1760년, 후기인 1931년에는 적게 나타났다.

잣나무는 지역별로 강원, 경상 등 동해에 가까운 산지가 많은 곳과 한랭한 평안, 함경에 흔했다. 충청에서 잣나무는 중간 정도로 나타났고, 평지가 많고 서해에 가까운 황해도, 전라, 경기에는 상대적으로 적었다. 잣나무는 지역별로 동서와 남북에 따라 산지가 많고 추운 지역에 치우쳐 자랐다.

잣나무는 러시아 아무르, 하바롭스크, 연해주, 중국 헤이룽장, 지린, 한반도, 일본 혼슈, 시코쿠에 이르는 북위 50도까지 자라며, 그 북쪽에서는 눈잣나무가 자란다. 한반도에서는 대부분 아고산대에서 자생하며, 남한에서는 해발 1,000m 이상 산악에 자생한다. 러시아 연해주 아무르강 일대 600~900m, 시호테알린산맥 600~1,000m, 중국 흥안령산맥 600~900m, 한반도 600~1,200m, 일본 혼슈 1,050~2,600m, 시코쿠 1,150~1,400m에 분포한다.

중국 동북 3성과 연해주, 하바롭스크 등지에 많은 잣나무 원시림이 분포하고 있으나 과도한 나무 베기로 천연림이 빠르게 파괴되고 있다. 요즘 중국에서도 잣나무숲의 복원을 위해 노력하고 있다. 러시아에서도 1980년 이후 잣나무를 베지 못하도록 했다. 전 세계적으로도 동북아시아 일부 지역에만 자라므로 보호와 관리가 필요하다.

잣나무는 서울(남산, 매봉산, 이화여대), 인천(영흥도), 경기(무갑산, 현등산, 화악산, 주금산, 축령산, 유명산, 청계산, 관악산, 앵자봉, 수락산, 축령산, 광릉, 소요산, 광덕산, 봉미산, 용문산, 국립수목원), 강원(산림유전자원보호림, 화암사, 향로봉, 동해시, 두타산, 덕항산, 설악산, 점

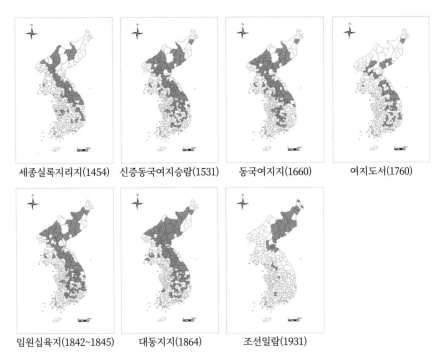

세종실록지리지(1454)	신증동국여지승람(1531)	동국여지지(1660)	여지도서(1760)

임원십육지(1842~1845)	대동지지(1864)	조선일람(1931)

조선시대 잣나무 분포도(자료: 공우석, 2016)

봉산, 명성산, 대룡산, 태기산, 홍정산, 계방산, 백적산, 가리왕산, 오대산, 백운산, 용화산, 일산, 발교산), 대전(만인산), 충남(진악산, 서대산, 수덕산, 봉수산), 충북(민주지산, 천태산, 월악산, 선도산, 국사봉, 보련산, 천등산), 전남(지리산, 승달산), 전북(뱀사골, 덕유산, 완주, 천호산), 울산(신불산, 울주), 경남(이명산, 벽소령, 세석평전, 가야산, 황학산, 유달산, 운달산, 조령산, 가야산), 대구(팔공산), 경북(검마산, 일월산, 선달산, 보현산, 백암산, 비슬산, 가지산, 주왕산, 동대산) 등에 자란다.

한반도 내 수직적 분포역은 차유산(800~1,200), 백두산(700~), 숭적산(600~1,500), 낭림산(1,300~1,700), 금패령(1,200~1,600), 피난덕산(700~1,200), 만탑산(1,000~1,600), 칠보산(~400), 로봉(~1,200), 후치령(1,000~1,350), 비래봉(300~1,450), 묘향산(300~1,500), 사수산

(400~1,750), 하람산(700~1,300), 세포고원(300~), 추애산(700~1,450), 금강산(300~1,650), 구월산(200~600), 장수산(~300), 수양산(300~950), 화악산(300~1,450), 설악산(400~1,500), 오대산(1,000~), 광릉(100~), 태지산(800~1,200), 소리봉, 용문산(300~800), 치악산(900~1,800), 태백산 (1,000~1,300), 일월산(800~900), 속리산(650~1,000), 계룡산(~200), 팔공산(500~900), 가야산, 덕유산(550~1,500), 가지산(600~1,250), 지리산 (1,200~1,900) 등 북위 38도에서는 300m 이상, 북위 40도에서는 700m 이상에 분포한다. 잣나무는 전국 산지에 분포하며 차유산~지리산 사이 600~1,200m를 중심으로 1,900m까지 자란다.

섬잣나무(*Pinus parviflora*)

섬잣나무는 한국, 일본이 원산지이며, 영문명은 Ulleungdo white pine 이다.

섬잣나무는 높이 30m, 지름 1m의 상록침엽교목으로 나무껍질은 갈색이고, 불규칙한 비늘처럼 벗겨진다. 잎은 바늘형이며, 짙은 녹색, 5개씩 모여나며, 길이는 36~75mm다. 구화수는 4~5월에 피고, 암수한그루이며, 이듬해 9~10월에 성숙하고, 종자는 누운 달걀형으로 짧은 날개가 있다.

섬잣나무는 단순림을 이루거나 다른 나무들과 섞여 자란다. 해가 잘 드는 곳이 좋아하나 반그늘에서도 잘 자라서 정원이나 공원에 주로 심는다. 목재의 재질이 좋아 건축재, 기구재, 기계재, 선박재, 악기재, 조각재로 이용된다. 희귀식물로 관리가 필요하며, 재질도 좋아 널리 기른다.

한국 울릉도, 일본의 홋카이도 남단, 혼슈 북부와 남부, 규슈의 섬에 분포한다. 수직적으로 일본 홋카이도 남부 60~800m, 혼슈 북부 100~1,800m에 주로 자란다. 바닷가에서 2,500m까지 자라지만 주로 1,000~1,500m 사이에 자란다.

한국에서 섬잣나무는 경북 울릉도에서만 자라고 해발 500~800m에 자란다. 울릉도 태하동에 섬잣나무, 울릉솔송나무, 너도밤나무(*Fagus engleriana*)가 무리 지어 사는 자생지는 천연기념물 제50호로 지정해 보호한다. 경기(광릉), 전북(완주), 경북(울릉도), 제주(남부육종장) 등지에서도 기른다. 섬잣나무의 평균적 수직 분포역은 500~800m이다.

눈잣나무(*Pinus pumila*)

눈잣나무는 한국, 일본, 중국, 몽골, 러시아가 원산지이고, 영문명은 Dwarf Siberian pine이다.

신생대 제4기 플라이스토세 빙하기에 눈잣나무와 시베리아소나무가 분리된 것으로 본다. 150~100만 년 전에 러시아 캄차카에 눈잣나무 폴렌이 나타나, 플라이스토세 간빙기와 홀로세 초중기에 눈잣나무는 주빙하 지역과 한랭한 지역에 살았음을 알 수 있다. 플라이스토세의 기후변화는 종의 분화와 독특한 유전형의 보전에 큰 영향을 미쳤다. 플라이스토세 최후빙기 동안 눈잣나무는 시베리아에서 한반도 산악지대까지 연속적으로 자랐다.

눈잣나무는 홀로세에 기후가 온난해지면서 설악산 소청봉에서 대청봉에 이르는 아고산대가 유라시아대륙 내 분포의 남한계선으로 격리하여 분포한다. 홀로세 동안 바이칼호수 일대, 레나강 일대, 사할린, 캄차카에도 눈잣나무가 자랐으며, 이후에도 눈잣나무의 분포역에 커다란 변화는 없었다.

오늘날 중국, 한국, 일본의 산꼭대기에 분포하는 눈잣나무는 동북아시아 북쪽의 추위를 피해 플라이스토세 최후빙기에 남쪽으로 진출했던 군락의 유존종이다. 설악산의 눈잣나무는 당시 동북아시아가 빙하기 동안 얼마나 추웠는지를 알려주는 기후적 지표이며, 기후변화에 따라 피난처를 찾아 어떻게 이동하여 살아남았는지를 나타내는 자연사적 지표식물로 가치가 높다.

눈잣나무는 높이 1~2m, 지름 15cm의 상록침엽관목이지만, 5m까지 소교목으로도 자라는데, 산꼭대기에서는 누워 자란다. 나무껍질은

섬잣나무(경북 울릉도)

눈잣나무(설악산)

침엽수의 자연사

흑갈색이며, 얇게 벗겨진다. 잎은 바늘형이고, 5개씩 모여나며, 길이는 38~76mm다. 구화수는 6~7월에 피고, 암수한그루이며, 이듬해 9월에 성숙한다. 구과는 둥글고, 녹색이지만 황갈색으로 변하고, 종자는 삼각 모양의 달걀형으로 날개는 없다.

눈잣나무는 혹독한 기후에 잘 적응하여 울창한 숲이 자라는 상한계선인 삼림한계선 위쪽과 산꼭대기에서 잘 자란다. 전형적인 관목으로 방석(cushion)과 같은 모습을 하여 울창한 덤불을 이루며, 습한 땅에 붙어 자라는 가지에서도 뿌리가 난다. 매우 천천히 자라는 종으로 오래 산다. 바람에 노출된 산꼭대기에서 넓게 퍼져 자라는데 겨울에는 눈에 덮여 저온과 강풍을 피한다. 지구온난화와 적설량 감소 등 기후변화에 따라 자생지에서 사라질 수 있다. 눈잣나무는 강풍과 강한 일사, 낮은 기온 그리고 건조한 환경을 나타내는 설악산 아고산대 대청봉 일대의 산정과 능선 등지에서 경쟁력을 가지고 우점하거나 생육한다.

눈잣나무는 주변에 큰 나무가 적으면 종자를 많이 생산하나, 나무들이 그늘을 만들면 종자 생산량은 줄거나 솔방울을 맺지 못한다. 종자를 잘 맺기 위해서는 여름에는 일사량이 많아 기온이 높고, 겨울에는 추운 바람으로부터 보호되며, 그늘이 없고 뿌리에 물이 고이지 않는 물 빠짐이 좋아야 한다. 한랭한 겨울에는 난자를 가진 싹이 눈에 덮여 보호되면 좋다.

눈잣나무는 동북아시아 원산종으로 러시아 시호테알린산맥, 연해주, 캄차카반도, 사할린, 쿠릴열도, 중국 내몽골, 북동부, 한반도, 일본의 홋카이도, 혼슈에 분포한다. 동쪽으로 베링해부터 서쪽으로는 러시아 레나강, 올레니에크강 분지, 몽골 북부와 바이칼호수까지 자란다. 스트로브스아절의 소나무 가운데 북위 70도 31분의 레나강 하류까지 자라는 유일한 종이다. 북쪽으로는 북극권의 랍테프해부터 동시베리아해까지 자라며, 남쪽으로는 유라시아대륙 내 분포의 남한계선인 한국의 설악산과 일본열도 북위 35도 20분의 혼슈에 분포한다. 동아시아 북쪽에서는 울창하고 연속적으로 자라지만, 한반도와 일본열도의 산꼭대기 부근에 격리되어 자란다.

눈잣나무는 러시아 베르호얀스크산맥(900~1,000m), 캄차카반도(300~1,000m), 사할린과 쿠릴열도 오호츠크해 바닷가, 한반도(900~2,540m), 일본 홋카이도 북부(50~1,720m), 혼슈 중부(1,400~3,180m)에 분포한다.

눈잣나무와 시베리아소나무, 잣나무의 분포역은 겹치나, 눈잣나무는 잣나무와 비교해 고지대에 자라며 우리나라에서는 지구온난화에 취약한 종이다. 과거에 눈잣나무는 시베리아소나무와 유전적으로 가까운 것으로 알려졌으나 근래 연구에 의하면 섬잣나무와 가깝다고 한다.

한반도에서 강원 설악산 북쪽 아고산대와 고산대에 주로 분포한다. 설악산이 남한계선으로 지리적으로도 유전자원 측면에서도 중요성이 높아 체계적인 관리와 보호가 필요하다. 설악눈주목, 눈측백, 가문비나무, 눈향나무 등과 함께 지구온난화에 취약한 침엽수의 하나다. 설악산에는 자생하며, 경기 국립수목원에서는 기른다.

한반도 내 수직적 분포역은 로봉(1,700~2,000), 비로봉(~1,350), 백두산(1,500~), 만탑산(2,000~2,200), 명의덕산, 두류산, 오갈봉, 낭림산, 숭적산(1,500~1,600), 차일봉, 연화산, 비래봉(300~1,450), 묘향산(1,600~1,900), 함남 소백산(1,500~), 비래봉(1,350~), 하람산(1,486~), 사수산(1,400~1,750), 추애산, 금강산(900~1,700), 설악산(1,500~1,700) 등 중북부에 산봉우리에 분포한다. 눈잣나무는 중북부 아고산대에 자라는 나무로 로봉~설악산 사이 900~2,540m에 자란다.

설악산에서는 눈잣나무가 주로 출현하는 곳은 대청봉~중청봉~소청봉 사이이다. 그 외에도, 한계령~무너미고개, 무너미고개~저항령 사이, 저항령~황철봉 사이 해발고도 1,320m 지점, 한계령~끝청 사이 해발고도 1,300~1,380m, 무너미고개~마등령 사이 해발고도 1,300m 일대, 저항령~미시령 구간 저항령~황철봉 사이 1,320m 지점, 곤신봉~대간령 사이 950~850m 등이다.

러시아 쿠릴열도 바닷가의 눈잣나무

곰솔(*Pinus thunbergii*)

곰솔은 해송(海松)이라고도 하며, 원산지는 한국, 일본이며, 영문명은 Black pine이다.

곰솔은 높이 20m, 지름 1m의 상록침엽교목으로 나무껍질은 흑갈색이고, 깊게 갈라지며, 어린 가지는 황갈색이다. 잎은 바늘형이며, 짙은 녹색이고, 두 장씩 모여나며, 길이는 46~132mm다. 구화수는 5월에 피고, 암수한그루이며, 이듬해 9월에 성숙하고, 구과는 달걀처럼 길고 둥글며, 녹갈색으로 익는다. 종자는 마름모 또는 타원형(길이 약 5mm)으로 종자 길이보다 약 3배 더 긴 날개가 있다.

곰솔은 수십 그루가 모여 자라면서 억센 바닷바람으로부터 마을을 보호해주고 농작물이 마르는 것을 막아준다. 곰솔은 공해를 잘 견디는 나무로 바닷바람을 막거나 해안이 무너지는 것을 막기 위해 심는다. 소나무와 자연적으로 교배하며, 소나무처럼 재선충병에 약하다. 목재는 건축, 토목, 펄프재로 쓰이고 나무껍질, 폴렌, 송진, 잎 등은 식용, 약용으로 이용된다.

제주 아라동 곰솔(제160호), 부산 수영동 곰솔(제270호), 전북 전주 삼천동 곰솔(제355호), 전남 해남 성내리 수성송(제430호), 제주 수산리 곰솔(제441호)은 천연기념물이다. 북한의 황해남도 용연반도 등에도 곰솔이 자라는 것으로 알려졌다.

곰솔은 한국 남부, 일본의 혼슈, 시코쿠, 규슈에 나며, 분포 고도는 바닷가에서 1,000m까지다. 일본에서의 분포의 북한계선은 41도 34분이고 남한계선은 북위 29도의 규슈 타카라섬이다. 수직적 분포는 해안가에서 700m까지, 남쪽에서는 950m까지 분포한다.

곰솔은 남해안과 섬 지방에서 시작하여 동서 해안을 따라 북부지방을 제외한 남한의 바다를 끼고 띠를 이루며 자라지만 내륙 깊은 곳에서도 자라는 곰솔도 있다. 서쪽에서는 경기 남양, 동부로는 경북 울진을 잇는 선 남쪽 바닷가에서 주로 자란다. 제주와 다도해의 여러 섬, 전라, 경상,

곰솔(태안 신두리) ⓒ 황영심

곰솔(신안 자은도)

충남, 경기 해안 등지의 해발 550m 이하에서 잘 자란다.

경기(대부도, 연천 만리포, 광릉), 인천(왕산해수욕장, 볼음도, 대연평도, 대청도, 덕적도, 소연평도, 영흥도, 무의도, 영종도), 강원(강릉, 가진항, 무송정, 송지호, 아야진항, 거진, 동해, 삼척, 외옹치항, 기사문항, 오산해수욕장, 용화산), 대전(우산봉), 전남(외나로도, 팔영산, 마복산, 운람산, 구례, 보성, 신안, 돈태봉, 매화도, 산정봉, 자은도, 재원도, 흑산도, 압해도, 전수월산, 금오도, 돌산도, 낙월도, 송이도, 안마도, 태청산, 완도, 영광, 대봉산, 상황봉, 조약도, 완도수목원, 보길도, 조약도, 백운봉, 소모도, 천관산, 진도, 돈대봉, 하조도, 가학산, 문바위, 미황사, 위봉, 가학산, 두륜산, 달마산), 전북(대장도, 무녀도, 방축도, 선유도, 신시도, 어청도, 장자도, 덕유산, 완주, 내장산, 진안), 부산(가덕도, 을숙도), 울산(동구), 경남(계룡산, 황조산, 지심도, 산달도, 남해, 금산, 양산, 매물도, 함안), 경북(영덕, 울릉도, 울진), 제주(남제주, 성산, 안덕, 선돌, 묘산오름, 애월, 조천, 돌오름, 숲섬, 하예, 가시네오름, 금오름, 문도지오름, 샘이오름, 알밤오름, 용천동굴) 등에 자란다.

한반도 내 수직적 분포역은 울릉도(~700), 계룡산(100~200), 월명산, 가지산(~150), 무등산(~300), 거제도, 대둔산(~50), 만덕산(~400), 월출산(~350), 가지산(~150), 만덕산(~400), 대둔산(~50), 흑산도, 한라산(~550) 등 산지와 인천 작약도에서 강원도 간성에 이르는 선 남쪽 해안을 중심으로 난다. 곰솔은 계룡산~울릉도~한라산 사이 50~700m에 자란다.

5. 솔송나무속(*Tsuga*)

솔송나무속(*Tsuga*)은 일본어 tsuga(솔송나무)에서 기원했다. 솔송나무는 전체적으로 10~18종이 있다. 솔송나무속은 소나무과 전나무아과 솔송나무절과 헤스페로포케절(*Hesperopeuce* section)로 나뉘는데, 솔송나무는 솔송나무절에 속한다(140쪽 표 9).

유라시아에서 솔송나무속 화석은 신생대 제3기 에오세부터 플라이오세에 걸쳐 나타났다. 솔송나무속은 플라이오세에 유럽 중부와 서부, 러시아 남부, 시베리아 서부와 동부, 일본에까지 널리 분포했다. 솔송나무속은 에오세에는 시베리아 동부 해안 지역에, 올리고세~마이오세~플라이오세에는 유럽, 일본, 북아메리카 서부에 분포했다.

한반도에서 시대별로 솔송나무속 화석이 나타난 곳은 신생대 제3기 마이오세(북평, 장기, 감포, 연일), 플라이스토세(화성, 새별, 어랑, 용곡동굴, 세포, 회양, 점말용굴) 등이다. 한반도에서 솔송나무속은 신생대 제3기 마이오세부터 플라이스토세까지 한반도 본토에 나타났으나 지금은 울릉도에만 자란다. 솔송나무 등 온난한 기후를 좋아하는 침엽수들은 환경변화와 다른 식물과의 경쟁에 밀려 과거보다 분포역이 줄어 지금은 난온대와 온대 일부에만 분포한다.

솔송나무속은 그늘에서 가장 잘 자라고, 물이 잘 빠지는 땅에서 잘 자라지만 건조에 약한 나무로 생육기간 동안 비가 내리는 해양성기후와 아대륙성기후를 좋아한다. 공기의 습도가 높고 토양 수분이 항상 적당하고 높은 산에서 안개가 발생하는 울창한 숲과 일 년 내내 강수량이 많은 해안 지역에서 자란다.

북아메리카, 아시아 등에 불연속 분포하는 솔송나무속은 아시아에서는 중국 동부, 중부, 서부에서 히말라야산맥을 거쳐 인도 북서부에 이르는 곳, 대만, 홋카이도를 제외한 일본에 드문드문 자란다. 분포의 북한계선은 북위 40도의 일본 혼슈 북부이고, 남한계선은 북위 26도 30분의 중국 북서부 윈난 리장과 북위 23도인 대만까지다. 솔송나무속은 교목한계선 가까이에서 자라지는 않으며, 고위도지방에서는 해안 근처까지, 동남아시아에서는 해발고도 2,000~3,500m까지 자란다. 현재와 같이 솔송나무속이 불연속 분포하는 것은 지질시대에 널리 분포하던 것이 줄어든 것이다.

울릉솔송나무(*Tsuga ulleungensis*)

울릉솔송나무의 원산지는 한국이고, 영문명은 Ulleungdo hemlock이다.

솔송나무류는 높이 30m, 지름 1m의 상록침엽교목으로 가지가 수평으로 퍼져서 나무의 나무갓 또는 수관은 둥글며 나무껍질은 다갈색 또는 황갈색이다. 잎은 선형이고, 표면은 윤기가 있는 짙은 녹색으로, 길이는 6~17mm다. 구화수는 5월에 피고, 암수한그루이며, 10월에 성숙한다. 구과는 타원형 또는 난형이며, 종자는 길이 4mm 정도의 장타원형으로 종자 2배 길이의 날개가 있다.

솔송나무류는 화강암에서 화산암에 이르는 다양한 토양에서 자란다. 기후는 겨울이 상대적으로 온난습윤한 온대로, 연평균강수량이 1,000~2,000mm이고, 생육기간 동안 비가 내리는 해양성기후나 아대륙성기후에 잘 자란다. 여름에 그늘에서는 가장 잘 자라지만 건조에는 견디지 못하며, 겨울철에 북풍을 바로 받는 곳은 싫어한다.

솔송나무류는 뿌리가 얕아서 옮겨심기 쉬운데, 공원, 광장, 공원 등의 약간 그늘진 곳에 정원수, 공원수로 심으며, 분재를 만든다. 목재는 건축재나 가구재, 펄프재로 쓰이고 나무껍질에서 가죽을 무두질하는데 쓰는 타닌(tannin)을 추출하며, 나무의 진은 상업적으로 이용한다.

솔송나무류는 한국, 일본열도의 혼슈의 남부, 시코쿠, 규슈, 야쿠시마에 분포한다. 공기의 습도가 높고 토양 수분이 항상 적당하고 높은 산에서 안개가 발생하는 울창한 숲과 일 년 내내 강수량이 많은 북아메리카

침엽수의 자연사

북서부, 일본, 대만 등 해안 지역이 자라기 알맞다.

　울릉솔송나무는 경북 울릉도(울릉도 태하령, 알봉, 통구미, 성인봉)에서는 해발 300~800m에 섬잣나무와 섞여 자란다. 여러 그루가 모여 숲을 이루는 경우는 드물고 한두 그루씩 띄엄띄엄 자란다. 경기 국립수목원, 전북 완주, 경남 진해 등지에 기른다. 분포 지역이 좁으므로 자생지를 확인하고 유전자원을 현지 내·외(*in situ, ex situ*)에서 보전해야 한다.

울릉솔송나무(울릉도)

측백나무과
(Cupressaceae)

자연사

측백나무과는 중생대 쥐라기부터 화석으로 발견되는데 기원 시기는 분명하지 않다. 지금은 멸종한 종(*Austrohamia minuta*) 등은 1억 9,700만~1억 9,000만 년 전부터 지구상에 자랐다. 현재의 측백나무과는 지질시대에는 오늘날보다 널리 분포하고 흔했던 종류 가운데 일부가 살아남은 것으로 본다.

중생대 백악기에 살았던 침엽수 가운데 측백나무과 세쿼이아, 소나무과 소나무속을 제외한 다른 침엽수는 중생대를 넘기지 못하고 멸종했다. 우리나라에서 세쿼이아 화석은 신생대 제3기 마이오세에 함북 용동, 경북 포항에 나타났다.

신생대 제3기 마이오세에 살았던 측백나무과 침엽수는 글립토스트로부스, 칼로케드루스, 나한백속, 리보케드루스 등 4종류다. 지질시대에 한반도에 자라던 글립토스트로부스, 칼로케드루스, 나한백속, 리보케드루스, 메타세쿼이아, 낙우송속, 삼나무속, 쿠프레수스 등 8개 속이다. 이들은 대부분 온대성 또는 난대성 침엽수로 신생대 제3기나 제4기 플라이스토세 빙하기를 거치면서 추위를 견디지 못하고 멸종했다. 메타세쿼이아, 낙우송속, 삼나무속 일부 나무들은 외국에서 재도입하여 남부지방을 중심으로 심어 기른다.

신생대에 출현한 측백나무과 나무 가운데 현재도 분포하는 나무는 향나무속, 눈측백속 2개 속이다. 향나무속은 신생대 제3기 마이오세에 출현하여 제4기 플라이스토세와 홀로세를 거쳐 지금도 전국에 널리 분포한다. 플라이스토세 빙하기에는 한대성 침엽수들이 분포역을 넓히면서 번성했다. 그러나 홀로세에 들어 기후가 온난해짐에 따라 한대성 침엽수들은 분포역이 축소하며 쇠퇴했다.

눈측백속은 플라이스토세 후기 빙하기에 등장한 종류로 가문비나무속, 소나무속, 전나무속, 잎갈나무속, 주목속 등 한랭한 기후를 견디는 나무들과 함께 분포역이 넓어졌다. 신생대의 늦은 시기에 등장한 눈측백속 등은 종 다양성이 낮고 분포역도 좁았다. 눈측백속은 홀로세에 들어서 분포역이 축소되어 지금은 중부와 북부의 한랭한 높은 산악에 주로 자란다.

한반도에서 속 단위로 구분이 되지 않은 측백나무과 나무는 신생대 제4기 플라이스토세(새별, 화대, 용곡동굴, 승리산동굴, 평산, 점말용굴)에 나타났다

다양성

식물계 구과식물문 구과식물강 구과목 측백나무과의 향나무속(*Juniperus*), 눈측백속(*Thuja*), 측백나무속(*Platycladus*)이 한반도에 자생한다. 외래종으로는 영어권에서 사이프러스(Cypress)라 부르는 쿠프레수스(*Cupressus*)과 편백속(*Chamaecyparis*) 등이 있다.

측백나무과는 암수한그루이거나 암수딴그루의 상록침엽교목으로 남반구와 북반구에 약 20속이 자란다.

생태

측백나무과의 나무들은 소나무과 나무보다 넓은 범위의 생태적 조건에서 자란다. 특히 바나에 가까워 습기가 많은 온대기후로 침엽교목과 넓은잎나무들과 섞여 생육하는 곳에 편백속, 눈측백속 등이 분포하며, 온대의 여름에 비가 많이 내리는 울창한 숲에도 편백속이 자란다.

측백나무과 나무들은 여러 환경에 적응하여 자라므로 생김새에도 땅위를 기는 종류부터 교목까지 다양하다. 측백나무과 나무들은 점토를 빼고는 토질을 가리지 않는다.

사이프러스(이탈리아 토스카나) ⓒ 김희수

분포

측백나무과는 나자식물 가운데 가장 널리 분포하는 과(科)로 남극을 제외한 지구상 모든 대륙의 다양한 서식지에서 자란다. 그러나 향나무속을 제외한 대부분 종은 특정한 지역에만 자라며 희귀하고 멸종위기거나 일부 지역에만 남은 유존종이다. 측백나무과에 속하는 나무들은 남반구에서 다양성이 높고, 향나무속은 북반구 온대 북부에 주로 자란다.

측백나무과 나무들은 남극을 제외한 북반구와 남반구에 널리 분포하지만, 북반구와 남반구에 분포하는 그룹으로 나누어진다. 오늘날 측백나무과는 지구 전체에 걸쳐 분포하는 유일한 침엽수다.

한반도에 자생하는 측백나무과 침엽수 가운데 희귀종은 북한에 자라는 곱향나무, 단천향나무 등이고, 멸종위기종은 눈향나무, 눈측백 등이다. 위기 정도는 낮지만 거의 위기에 처한 종은 측백나무이다. 눈향나무, 눈측백 등은 수평적, 수직적 분포역이 좁아 지구온난화와 환경변화에 따라 사라질 수 있는 종으로 관심과 보전이 필요하다.

1. 향나무속(*Juniperus*)

구과식물강 구과목 측백나무과 측백나무아과(Cupressoideae) 향나무속(*Juniperus*)의 속명은 라틴어 juino(젊음)와 parere(생산하다)가 합쳐진 단어로 젊음을 생산한다는 의미가 있다. 향나무속은 향나무절(*Juniperus* section), 카리오케드루스절(*Caryocedrus* section), 사비나절(*Sabina* section)로 나눈다.

중생대 백악기에서 신생대 제3기로 바뀌는 시기에 향나무속과 쿠프레수스속의 공통 조상이 아시아에 자랐다.

신생대 제3기 팔레오세와 에오세 사이에는 향나무속과 사비나절이 서로 다른 종류로 갈라졌다. 에오세에는 온난건조했던 미국 캘리포니아~캐나다 뉴펀드랜드, 스페인~이란에 이르는 지역에 향나무속의 조상형이 널리 분포했다. 사비나절도 같은 지역에 출현했으나 유럽에서는 멸종하고 아시아와 북아메리카에서는 살아남았다.

올리고세~마이오세, 마이오세 후기~플라이오세에도 향나무속 종들이 여러 종으로 나뉠 때는 기후변화가 심했고 히말라야~티베트고원, 북아메리카와 멕시코에서도 지층이 융기했던 시기다. 이 지역들은 현재 향나무속 종 다양성의 핵심 지역이다. 플라이오세에는 한랭건조해지면서 향나무들의 주요 서식지인 반건조 지역이 빠르게 넓어졌다.

제4기 플라이스토세에 한랭다습한 환경을 좋아하는 두송(*Juniperus communis*)은 분포역이 크게 넓어져 지금은 침엽수종 가운데 가장 널리 분포한다.

한반도에서 향나무속 화석이 나타난 곳은 신생대 제3기 마이오세(포항), 제4기 플라이스토세(화대), 홀로세(포항) 등이다. 향나무속은 신생대 제3기 마이오세 이래 새로운 종이 생기고 분포역이 넓어 소나무속과 함께 침엽수 가운데 중요한 나무다.

지구상 향나무속은 54종(+7아종, 21변종, 2품종)에 이르나, 대부분의 속은 7종 미만으로 이루어진다. 향나무속은 암수한그루이거나 암수딴그루의 키 작은 교목이나 관목으로 북반구 북극에서 열대 산지까지 널리 분포한다.

향나무속은 땅 위를 기는 상록침엽소교목부터 상록침엽교목까지 여러 모습을 한다. 향나무속의 잎은 바늘이나 비늘 모양을 하며 종류에 따라서는 바늘잎과 비늘잎이 함께 나기도 한다. 향나무속 수나무는 많은 폴렌을 만들며, 장과와 같이 열매살이 있는 구과 비늘을 만들어 다른 측백나무과 나무들과 구분된다. 구과는 같은 해에 익으며 동물이 먹은 뒤 위장 속에 있는 동안 멀리 퍼진다. 동물의 위장에서 분비되는 산의 작용이 받은 뒤 배설되면 쉽게 싹이 나온다. 향나무속은 종 다양성이 높고, 새와 일개미 등에 의해 종자가 전파되므로 북반구에 널리 분포한다.

사비나절을 포함한 대부분의 향나무속 나무들은 덥고 건조한 곳, 척박한 토양에서도 잘 자라지만 상당히 넓은 환경에서 적응하며, 일부 종은 대륙 내부의 사막에 가까운 반건조 환경에서도 산다. 일부 향나무속 나무들은 그린란드의 빙모(氷帽, ice cap) 근처, 고산대 만년설 부근까지 자란다. 일본 서부, 지중해 연안에는 바닷바람에 실려 오는 소금인 해염(海鹽)이 많은 해안사구에도 자란다.

향나무속은 목재는 견고하고 가공하기 쉽고, 나무 속 기름은 벌레의 공격으로부터 나무를 보호해주므로 건축용, 가구용, 기둥, 울타리 등으로 이용한다. 향나무류는 서서히 자라는 대신 단단해 조경용으로 널리 심는다. 구과는 양념으로도 이용하며, 네덜란드 술로 알려진 진(gin)도 구과의 향을 이용하여 만든다.

향나무절은 유라시아에 분포하고 사비나절은 유라시아 북부 북위 50도 이상, 아시아의 북위 60도를 제외한 지역에 분포한다. 향나무속은 알래스카, 그린란드, 노르웨이, 시베리아 등 북극권뿐만 아니라 적도의 열대 산지에 이르는 북반구 전체에 자란다. 반건조 지역인 미국 서부, 멕시코 북부, 중앙아시아와 서남아시아에서는 우점한다. 두송은 아북극 툰드라지대로부터 반사막까지 그리고 고산대의 나무가 자라는 상한계선까지 유라시아대륙과 북아메리카에 이르는 전북구(全北區, Holarctic)에 분포하여 침엽수 가운데 가장 널리 분포한다. 일부 종(*Juniperus procera*)은 남위 18도의 동아프리카에도 분포한다.

향나무(*Juniperus chinensis*)

향나무는 북한에서도 향나무라고 부르고, 영문명은 Chinese juniper이며 중국, 한국, 일본이 원산지다.

전국 산지에 자라는 향나무는 높이 25m, 지름 1m의 상록침엽교목이거나 소교목으로, 나무의 전체 모습은 삼각형으로 자란다. 바늘잎은 돌려나거나 마주나며, 7~8년생부터 비늘잎이 생기는데 비늘잎은 마름모형이다. 구화수는 4~5월에 피고, 암수딴그루이며, 이듬해 10월에 익고, 종자는 타원형이다.

향나무는 여러 토양에 자라지만 공중 습도가 높은 석회암지대에서 가장 잘 자란다. 조경수로 널리 심으며 변종, 품종들이 많다. 뚝향나무(*Juniperus chinensis* var. *horizontalis*)는 가지가 수평으로 자라며 경북 안동 와룡면에 자라는 개체는 천연기념물이다. 향나무와 노간주나무는 배나무에 피해를 주는 붉은별무늬병의 기생 생물에게 양분이나 서식지 따위를 제공하는 중간 기주(寄主, host)로 알려져 배나무 과수원 부근에는 심지 않는다. 원예종인 가이즈카향나무(*Juniperus chinensis* 'Kaizuka')와 둥근향나무(*Juniperus chinensis* 'Globosa')는 조경수로 심는다.

향나무는 미얀마, 몽골, 중국 남부, 서부, 내몽골을 뺀 북동부, 일본, 한국, 러시아 극동, 대만에 분포한다. 해발 2,300m 이하의 산에 자라며, 주된 분포지는 중국, 일본으로 500~1,000m에 자라지만, 더 높은 곳에도 자란다.

울릉도 도동 향나무

침엽수의 자연사

우리나라에서는 경북 울릉도, 의성, 강원도 삼척, 영월 등에 자생하며 전국에 조경용으로 널리 심는다. 향나무는 강원도 정선과 평창의 동강 주변과 낙동강 지류의 경북 의성에 드물게 자라고, 동해안에서는 경북 울릉도, 경주에서 강원도 강릉에 이르는 해안선을 따라 드문드문 분포한다. 향나무 자생 집단은 약 200개체 이상의 집단이 연속적으로 분포하고, 동해, 남해, 동강에는 250여 개의 소집단이 불연속적으로 분포한다.

경북 울릉 통구미 향나무 자생지(천연기념물 제48호), 전남 순천 송광사 천자암 쌍향수(천연기념물 제88호), 경북 울진 후정리 향나무(천연기념물 제158호), 서울 창덕궁 향나무(천연기념물 제194호) 등 자생지와 나무를 포함해 모두 13개의 천연기념물이 향나무와 관련된다. 울릉도 도동항 주변 해안 절벽에는 세계 최고령 향나무로 추정되는 수령 2,500년의 향나무 한 그루가 자란다.

우리나라에서 조사된 향나무 집단은 전체적으로 약 3,200개 정도로 추정한다. 서울(정릉, 이화여대, 남산), 경기(국립수목원, 북한산, 천마산, 연인산, 관악산, 수락산, 광주, 칠장산), 인천(강화도), 강원(삼척, 동해, 정선, 고양산, 한림대), 대전(대전), 충남(국사봉, 망덕봉, 천리포수목원), 충북(속리산), 전남(구봉화산, 승달산, 흑산도, 성남도, 하조도), 부산, 경남(망산, 지리산), 대구, 경북(울릉도, 포항) 등지에 자란다.

한반도 내 수직적 분포역은 낭림산(~300), 멸악산(~100), 소락산, 금강산(~800), 구월산(~200), 장수산(~300), 수양산(~100), 화악산(~300), 불암산, 수락산, 소리봉, 강화도, 용문산(~500), 울릉도(~600), 치악산(~300), 태백산, 속리산(~400), 계룡산(~200), 덕유산(~450), 가야산, 가지산(~150), 거제도, 대흑산도 등이다. 향나무는 전국 산지에 자라는 나무로 낭림산~흑산도 사이 해발~800m까지에 주로 분포한다.

섬향나무(*Juniperus chinensis var. procumbens*)

섬향나무의 원산지는 한국, 일본이며, 북한에서도 섬향나무로 부르며, 영문명은 Procumbens Chinese juniper다.

섬향나무는 지면을 기는 상록침엽소교목으로 높이는 1~2m 정도이다. 일년생 가지는 녹색, 이년생 가지는 적갈색이다. 잎은 비비면 향기가 나며, 바늘형과 비늘형 잎이 있지만 대부분 바늘형이며, 돌려나고, 길이는 3~8mm다. 구화수는 4월에 피고, 암수딴그루이며, 구과는 넓고 둥글다. 종자는 달걀형이고, 다음 해 10월에 성숙한다.

섬향나무는 햇볕이 잘 들고 물 빠짐이 좋은 바위틈에 많이 자라며 건조한 모래땅에도 잘 자란다. 추위, 건조, 공해를 잘 견디지만, 남획을 막기 위해서는 자생지 주변의 출입을 막으면서 증식을 도와야 하고 자생지 밖에서도 보존해야 한다.

섬향나무는 우리나라의 남부지방의 해안가와 섬의 바위 위에 주로 분포한다. 북한에서는 황해남도 옹진군 창린도, 강령군 순위도 등 지역의 바닷가 모래땅에서 드물게 자란다. 남한에서는 전남(재원도, 흑산도, 탑섬, 조도, 구도, 영구도, 옥도, 우각도, 화단도, 초도, 곡두도, 노도), 제주(한라산) 등지에 자란다.

눈향나무(*Juniperus chinensis* var. *sargentii*)

눈향나무는 북한에서는 누운향나무라고 부르고, 영문명은 Dwarf juniper다. 가지가 땅을 따라 뻗고 끝이 쳐들린 상록침엽소교목으로 서식지에서 빠르게 사라지고 있다.

유전분석에 따르면 한라산의 눈향나무는 북쪽에 분포하는 단천향나무와 비슷하고, 섬향나무는 향나무와 가까운 것으로 알려졌다. 유전적으로 북방계 식물인 단천향나무와 가깝다는 점으로 미루어 눈향나무는 플라이스토세 빙하기에 남하한 개체군들이 홀로세에 높은 산에 격리되어 드물게 자라는 것으로 본다.

전국의 고산대와 아고산대에 자라는 눈향나무는 길이 5m 내외, 폭 2~3m, 높이 0.5~0.8m로 옆으로 비스듬히 위를 향해 자란다. 잎은 어릴 때는 날카로운 바늘잎이지만 섬향나무처럼 찌르지 않고 늙으면 비늘잎만 남는다. 구화수는 5월에 피고, 암수딴그루로 종자는 달걀형으로, 이듬해 10월에 성숙하는 등 고산에 적응한 생김새로 자생한다.

눈향나무는 제주도 한라산, 지리산, 설악산 등 산꼭대기에서 땅 위를 기면서 사는 세상에서 가장 작은 꼬마나무의 하나다.

침엽수 가운데 세상에서 가장 작은 나무는 뉴질랜드에 자라는 다크리디움 락시폴리움(*Dacrydium laxifolium*)으로 다 자란 키가 8cm다. 한편 상록활엽관목으로 한라산 정상 고산대에 자라는 돌매화나무(*Diapensia lapponica* var. *obovata*)는 키가 5cm 내외로 세상에서 가장 작은 나무의 하나로 제주도가 세계적 분포의 남방한계선이다.

눈향나무는 땅 위를 기면서 자라는 상록침엽소교목으로 강인하여 척박한 토양에서도 잘 자라는 등 토양과 장소에 대한 적응성이 높고 질병에도 잘 견딘다. 직사광선이 강하게 비치는 양지에서는 잘 자라지만 그늘이나 반그늘에서는 생장이 좋지 않다. 토질은 물 빠짐이 잘되는 다소 건조한 사질양토를 좋아하며, 습지가 아니면서 향나무가 자라는 곳에 산다.

눈향나무는 러시아 사할린, 쿠릴열도, 중국의 헤이룽장, 대만, 한반도, 일본의 홋카이도, 혼슈, 시코쿠, 규슈 등지에 자란다.

한반도에서는 설악산, 지리산, 한라산 및 강원도 이북 등 아고산대에 주로 분포한다. 백두산 지역에서 백두대간 능선부를 따라 제주 한라산에 이르는 해발 1,500m 이상의 산지 능선부 등 주로 고산대와 아고산대에 드물게 자란다. 북한의 강원 판교 양암산, 금강산 비로봉·영랑봉 등 지역의 높은 산지대 바위틈에서 자란다. 남한에서는 경기(안산), 강원(설악산), 전남(재원도), 경남(지리산), 경북(영덕), 제주(한라산, 추자도, 상섬) 등지에 기른다.

한반도 내 수직적 분포역은 숭적산(1,600~), 피난덕산(1,000~), 낭림산(~2,300), 묘향산(1,600~1,900), 사수산(1,600~1,750), 추애산(1,400~1,500), 금강산(1,000~1,650), 설악산(700~850), 덕유

눈향나무(한라산)

침엽수의 자연사

산(1,400~1,500), 가야산, 지리산(1,400~1,900), 흑산도, 한라산 (1,400~1,950) 등 전국 높은 산에 분포한다. 눈향나무는 전국 아고산대에 자라는 나무로 숭적산~한라산 사이 700~2,300m에 자란다.

곱향나무(*Juniperus communis* var. *saxatilis*)

곱향나무는 북한에서도 곱향나무로 부르고, *Juniperus sibirica*로 부르기도 하며, 영문명은 Alpine juniper다. 유럽에 분포하는 종(*Juniperus communis* subsp. *communis*), 북아메리카대륙의 종(*Juniperus communis* subsp. *depressa*), 아시아대륙의 종(*Juniperus communis* subsp. *alpina*), 서부 아시아 종(*Juniperus communis* subsp. *hemisphaerica*) 등 아종으로 나누기도 한다.

북부 고산에 주로 자라는 곱향나무는 땅 위를 기는 상록침엽소교목으로 키는 보통 1m 미만이고, 구화수는 5월에 피며, 암수딴그루로 이듬해 10월에 성숙한다. 잎은 선형으로 3개씩 돌려나고, 굽으며, 구과는 구형으로 익는데 시간이 오래 필요하다. 생울타리용으로 심으면 좋다.

곱향나무는 유럽 알프스 일대, 코카서스, 시베리아, 중앙아시아, 서아시아, 잠무~카슈미르, 히마찰 프라데시, 우타르 프라데시, 네팔, 파키스탄, 중국 북동부와 북서부, 러시아 극동, 한반도, 일본, 북아메리카 서부, 그린란드 등에 분포한다.

곱향나무는 양강도 백두산, 관모봉, 북포태산, 남포태산, 두류산, 백산, 북수백산, 소백산, 간백산, 만탑산, 신무성, 무봉, 차일봉, 남설령 등 해발 1,400m 부근의 남쪽 경사면에서 많이 자란다. 백두산이 있는 양강도 운흥군의 설령과 일부 고산의 삼림한계선 상한계선에는 곱향나무와 함께 분비나무, 산진달래, 월귤, 아구장조팝나무 등이 섞여 자란다. 멸종위기종은 아니다.

곱향나무는 흔히 해발고도 1,400m 이상의 지역에 분포하는데 함북 명천군 사리의 곱향나무군락은 특이하게 해발고도 400m 지역에 분포하며 북한 천연기념물 제319호로 지정됐다. 전남 순천 송광사 천자암에 있는 곱향나무 쌍향수라는 이름을 가진 교목은 생김새를 따라 붙인 이름이지 실제로는 관목으로 자라는 곱향나무와는 다른 나무다.

한반도 내 수직적 분포역은 백두산(2,000~2,200), 만탑산(~2,300), 관모봉, 남포대산, 차일봉, 만탑산, 남설령(1,400 부근) 등 북부 고산대에 분포한다. 곱향나무는 북부 고산에 자라는 나무로 백두산~남설령~만덕산 사이 1,400~2,300m에 자란다.

단천향나무(*Juniperus davuricus*)

단천향나무는 동북아시아의 한랭한 지역에서 자라는 관목으로 영문명은 Dahurian juniper다.

북부지방에 격리되어 자라는 단천향나무는 높이 1m 안팎의 땅 위를 기며 자라는 상록침엽교목이다. 잎은 바늘형과 비늘형이며, 잎이 가지와 거의 직각에 가깝고 잎몸이 곧으며 잎차례가 4줄이다. 구화수는 5~6월에 피고, 암수딴그루로 구과는 납작하고 구형으로 이듬해 10월에 익는다.

단천향나무는 −39.9°~−34.4°C 정도의 추위와 건조도 견디고, 토양에 대한 적응력도 높고 멸종위기종은 아니다. 지리적으로 넓은 지역에 분포하여 다른 종과 잡종화될 가능성이 높다

단천향나무는 러시아 바이칼, 손도차이산맥 등 시베리아 고산대와 카툰자에서 아무르강 하천 일대, 극동 연해주, 몽골 북부, 중국 헤이룽장, 북한의 높은 산에 주로 자란다.

단천향나무는 함북 무산군 장지, 함남 단천시, 허천군 운흥, 이원군 기암, 양강도 갑산 포대산, 백암 간장늪, 삼지연, 소백산 등 지역의 높은 산지대와 산기슭, 산중턱에서 자란다. 단천향나무는 북한 북부지방에 격리되어 분포하는 나무로 단천~포대산~삼지연, 장지, 400~1,600m에 자란다.

노간주나무(*Juniperus rigida*)

노간주나무를 북한에서는 노가지나무라고 부르며, 영문명은 Needle juniper다. 노간주나무는 두송과 해변노간주와 계통적으로 가깝고 *Juniperus utilis*라고도 부른다.

전국 산지에 자라는 노간주나무는 높이 8m, 지름 20cm 정도로 땅 위를 기는 상록침엽소교목만 있는 것 같지만 생각하지만 어떤 나무는 20m까지 자란다. 잎은 비늘과 함께 송곳과 같이 날카로운 형태도 있다. 구화수는 4월에 피고, 암수딴그루이며, 이듬해 10월에 성숙하고, 구과는 둥글다.

노간주나무는 주로 석회암지대에서 자라며, 물기가 없는 마른 땅에서도 자라지만, 햇볕이 잘 드는 곳을 좋아하고 그늘진 곳은 싫어한다. 구과는 새 등 동물들이 먹은 뒤 위장 속에서 멀리 이동해 옮겨가도록 진화했다. 종자의 껍질은 보통 1~2년 동안 파괴되지 않으나 동물의 위장에서 분비되는 산의 작용을 받으면 쉽게 싹이 튼다. 배나무에 치명적인 피해를 주는 붉은별무늬병의 중간 기주다.

노간주나무는 중국, 한국, 일본이 원산지로 러시아 연해주, 사할린, 중국 간수, 허베이 북부, 헤이룽장, 지린, 랴오닝, 내몽골, 칭하이 동부, 산시, 한반도, 일본의 혼슈, 규슈, 시코쿠 등지의 해발고도 10~2,200m에 분포하는 교목으로 멸종위기종은 아니다.

노간주나무는 고산대부터 서남해 도서에 걸쳐 널리 분포하며, 산지 및 석회암지대를 포함하여 전국에 자생하거나 심는다. 노간주나무는 양지바른 척박한 땅이면 우리나라 어디에서나 쉽게 만날 수 있다. 특히 석회암지대를 좋아하여 충북 단양 등에서 회양목(*Buxus koreana*)과 섞여 자란다. 경남 합천군 봉산면 오도산 자락에서 발견된 높이 12m, 가슴높이 둘레 130cm의 예외적으로 큰 노간주나무의 나이는 500년 내외로 알려졌다.

서울(북한산, 우이봉, 관악산, 도봉산, 인왕산, 남산, 이화여대), 경기(도봉산, 앵자봉, 제부도, 죽엽산, 천마산, 칠보산, 태화산, 해협산, 주금

노간주나무(관악산)

노간주나무(주왕산)

침엽수의 자연사

산, 청계산, 과천, 관악산, 광주, 앵자봉, 소리봉, 수락산, 소요산, 시흥, 안산, 대부도, 선감도, 탄도, 황금산, 국사봉, 칠장산, 화산, 불곡산, 종자산, 천보산, 감악산, 구산, 태봉산), 인천(국사봉, 백운산, 강화도, 석모도, 계양산, 대연평도, 대청도, 영흥도, 무의도, 영종도), 강원(금강산, 삼척, 동해, 덕항산, 영월, 고양산, 금학산, 춘천, 태백산, 어답산), 광주(무등산), 대전(식장산, 우산봉, 금수봉), 충남(국사봉, 망덕봉, 성항산, 진악산, 덕기봉, 배티재, 계룡산, 만수산, 보령, 만수산, 웅도, 배방산, 가야산, 수덕산, 성거산, 칠갑산, 청양, 태안, 철마산), 충북(선도산, 우암산, 속리산, 좌구산, 박달산, 수암골, 금단산, 청화산, 금수산, 속리산, 구봉산, 국사봉, 천태산, 민주지산, 작성산, 월악산, 백족산, 선도산, 구봉산, 구녀산, 미동산, 인경산, 좌구산, 대미산), 전남(외나로도, 운람산, 동악산, 구봉화산, 백운산, 노고단, 백련산, 병풍산, 추월산, 달리도, 승달산, 오봉산, 일림산, 남산, 신안, 그림산, 대마산, 문수산, 산정봉, 삼악산, 송공산, 안산, 오봉산, 자은도, 재원도, 증도, 도초도, 비금도, 압해도, 임자도, 흑산도, 대경도, 안양산, 송이도, 군유산, 월출산, 완도, 격자봉, 금당도, 보길도, 신지도, 보길도, 격자봉, 삼문산, 천관산, 용두산, 진도, 첨찰산, 임회, 조도, 하조도, 돈내산, 간방산, 해남, 운주사, 백아산), 전북(청룡산, 가마산, 대장도, 무녀도, 방축도, 선유도, 신시도, 장자도, 지리산 뱀사골, 덕유산, 백운산, 내변산, 안수산, 완주, 천호산, 백련산, 영구산, 부귀산), 울산(신불산), 경남(금원산, 좌이산, 무량산, 무척산, 대방산, 속금산, 망운산, 금산, 와룡산, 어천, 웅석봉, 월아산, 보배산, 구진산, 이명산, 옥산, 지리산, 오도산), 대구(용산, 팔공산, 용지봉), 경북(곤륜산, 내연산, 성암산, 선의산, 남산, 금오산, 백운산, 대덕산, 문경, 뇌정산, 주흘산, 옥돌봉, 상주, 갈라산, 백자봉, 봉황산, 운주산, 보현산, 국사봉, 울진, 백암산, 북두산, 비봉산, 비슬산, 주왕산, 가산, 동대산, 침곡산) 등지에 자란다.

한반도 내 수직적 분포역은 증산(~200), 차유산(~800), 만탑산(450~550), 비래봉(~100), 피난덕산(~300), 숭적산(200~400), 낭림산

(~1,000), 피난덕산(200~300), 묘향산(200~1,000), 사수산(100~600), 하람산(100~400), 추애산(~600), 멸악산(~200), 수양산(200~600), 구월산(100~300), 장수산(~450), 금강산(800~1,200), 장산곶, 화악산(300~500), 설악산(150~1,000), 수락산, 불암산, 소리봉, 용문산(~100), 치악산(180~500), 태백산(400~600), 속리산(350~800), 계룡산(200~700), 팔공산(600~700), 덕유산(~450), 경남 금천산(산정), 가야산, 가지산(~200), 지리산(~200), 내장산(~300), 백양산(~100), 무등산(200~500), 거제도, 월출산(400~800), 만덕산(100~400), 대둔산(50~200) 등이다. 노간주나무는 전국 산지에 자라는 나무로 증산~대둔산 사이 50~1,200m에 자란다.

해변노간주(*Juniperus rigida* subsp. *conferta*)

해변노간주의 북한명은 알려지지 않았으며, *Juniperus coreana*라고도 부르며, 영문명은 Shore juniper다.

서해 도서에 자라는 해변노간주는 높이 8~12m, 지름 20cm의 상록 침엽교목이거나 땅바닥을 기는 소교목이다. 바닷가에서는 가지가 옆으로 기면서 자라기도 한다. 잎은 바늘형으로 돌려나고 밑 부분에 마디가 있다. 구화수는 4월에 피고, 암수딴그루로 이듬해 10월에 성숙하며, 구과는 둥글다.

서해안 일대에 드물게 분포하는 해변노간주는 전국적으로 널리 분포하는 노간주나무와 비교하여 유전적 다양성이 낮으므로 노간주나무로부터 갈라져 나온 것으로 본다.

해변노간주는 러시아 극동의 사할린, 쿠릴, 중국 북동부, 한반도, 일본의 홋카이도, 혼슈, 규슈에 자란다.

북한의 황해남도 용연 장산곶, 강령 순위도 등 지역의 바닷가와 산기슭에서 자란다. 남한에서는 인천 백령도, 전북 군산 어청도에 자생한다. 해발 30m 이하의 해변 산기슭에 주로 자란다. 인천(대연평도), 충남(천리포수목원), 전남(대흑산도), 전북(어청도) 등지에 분포한다. 해변노간주는 어청도 해변의 바위와 해안 근처 모래가 있는 땅에 누워 자라며, 해안가에 자라는 개체들이 많아 멸종위기종은 아니다.

한반도 내 수직적 분포역은 장산곶(~10), 백령도, 어청도 등이다. 해변노간주는 서해 도서에 자라는 나무로 장산곶~백령도~어청도 사이 ~300m에 자란다.

해변노간주(어청도) ⓒ 양종철

2. 측백나무속(*Platycladus*)

측백나무속은 동아시아 원산의 단일 속으로 다른 속명(*Biota, Thuja*)으로도 부른다. 측백나무속은 향나무속(*Juniperus*), 쿠프레수스(*Cupressus*)와 가깝다. 과거에는 측백나무속이 눈측백속에 포함되었으나 실제로는 독특한 구과를 가지며, 종자에 날개가 없고, 잎에서 냄새가 나지 않는 등 특징에 차이가 커서 계통적으로 관계가 적다. 작은 가지는 납작하게 자라며 잎은 비늘과 같고 향기가 없다. 암수한그루로 구과는 어릴 때는 열매살로 덮여 있고, 같은 해에 익으며, 종자는 날개가 없다.

측백나무속은 중국 동부와 북동부, 한국, 러시아 극동의 침엽수림과 활엽수림에 교목으로 자란다.

측백나무(*Platycladus orientalis*)

측백나무를 북한에서는 측백으로 부르며, 영문명은 Oriental arborvitae다. 멸종위기 정도는 낮지만 거의 위기에 처한 종이다.

측백나무는 계통적으로 시베리아측백(*Microbiota decussata*)과 같은 그룹에 포함할 수 있다.

우리나라 중남부 산지에 자라는 측백나무는 높이 25m, 지름 1m의 상록침엽교목이나 상록침엽소교목이다. 가지가 수직적으로 발달하므로 측백이라고 부른다. 잎은 마름모형이며, 마주나고, 끝이 뾰족하며, 흰점이 약간 있고, 향기가 거의 없다. 구화수는 4월에 피고, 암수한그루로 9~10월에 익는다. 종자는 타원형이나 달걀형으로 날개는 없다. 종자에 날개가 없는 측백나무는 바람보다는 주로 동물이나 중력에 의해 종자가 퍼진다. 측백나무와 비슷한 편백은 생선비늘 형태의 부드러운 잎을 가지며, 화백은 가지가 대체로 수평이며 거칠고 잎은 뾰족하다.

중국 주나라 때는 군주의 능에는 소나무를 심고, 왕족의 묘지에는 측

측백나무(대구 도동) ⓒ 황영심

백나무를 심었다. 측백나무에는 무덤 속 시신에 생기는 벌레를 죽이는 힘이 있는데, 좋은 묫자리에서는 벌레가 안 생기지만 나쁜 자리는 진딧물 모양의 벌레가 생기므로 이걸 없애려고 측백나무를 심었다고 한다. 오늘날에는 배나무, 사과나무, 모과 등 장미과 나무들의 병을 매개하는 중간 매개목(媒介木)이라 근처에 심지 않는다.

측백나무는 세계적으로 드물어서 자생지를 확인하고 유전자원의 현지 내·외에 보전하여야 한다. 우리나라에서는 자생지가 넓게 나타나고 개체수도 많은 편이다. 측백나무는 석회암 토양에 가파른 절벽, 암석 틈의 빈약한 토양에서 자라고 있으며 그 앞에 물이 흐르는 등의 환경에서 흔히 자란다. 대구 동구 도동에 있는 측백나무는 천연기념물 제1호로 보호받는다. 충북 단양 영천리의 측백나무숲(제62호), 경북 영양 감천리의 측백나무숲(제114호), 경북 안동 광음리의 측백나무숲(제252호), 서울 종로 삼청동 국무총리공관 측백나무(제255호)가 천연기념물로 지정되어 있다.

측백나무 분포지는 미얀마 북부, 러시아 극동 아무르, 하바롭스크, 중국(간수 남부, 허베이, 허난, 산시), 몽골, 한반도, 일본 등이다. 분포의 중심지는 중국, 한국 등이다.

우리나라의 경기도에서 강원도 지역과 북부 백두산 지역까지 높은 산을 중심으로 분포한다. 충북 단양, 대구 도동, 경북 안동, 울진 성류굴 등을 비롯한 석회암지대에 자생하며, 전국에 심는다. 서울(도봉산, 노을공원, 이화여대, 남산), 경기(도봉산, 원천, 광주, 김포, 남양주 산림인력개발원, 이천), 인천(마니산, 뒷골, 대연평도, 삼각산), 강원(점봉산, 인제, 양양), 대전(식장산), 충남(북방산, 서산), 충북(좌구산, 단양, 도담삼봉, 월악산, 좌구산, 천둥산), 광주(무등산), 전남(거금도, 소록도, 곡성, 백운산, 옥룡산, 보성, 순천대, 희아산, 팔금도, 대흑산도, 송이도, 완도, 대모도, 소랑도, 조약도, 달도, 보길도, 임암산, 감부섬, 화순, 두봉산, 두륜산), 전북(모악산, 안수산, 완주, 운일암), 경남(거제, 관음암, 소록도, 창선도),

침엽수의 자연사

대구(와룡산, 팔공산, 오봉산), 경북(경산, 내연산, 경주, 계정숲, 일월산, 보현산, 울릉도, 울진, 포항, 비슬산), 제주(창고천, 민오름, 제주대) 등에 자란다.

한반도 내 수직적 분포역은 설악산(~300), 화악산(200~400), 강화도, 서울(200~600), 울릉도(~150), 충북 진천, 단양, 경북 달성, 계룡산(~200), 팔공산(~600), 가지산(150~350) 등이다. 측백나무는 중남부 산지에 자라는 나무로 설악산~울릉도~가지산 사이 150~600m에 자란다.

3. 눈측백속(*Thuja*)

구과식물강 구과목 측백나무과 측백나무아과(Cupressoideae) 눈측백속(*Thuja*)에 속하며, 찝방나무속이라고도 부른다. 눈측백속(*Thuja*)은 라틴어의 thya(향기 나는 나무)나 그리스어인 thyein(향이 있는)에서 기원했다. 눈측백속과 편백속(*Chamaecyparis*)은 북아메리카와 중국~일본에 자란다. 눈측백속은 형태뿐만 아니라 분자생물학적으로 나한백속(*Thujopsis*), 편백속과 가깝다.

한반도에서는 신생대 제4기 플라이스토세에 향나무 화석이 함북 화대에서 나타난다. 눈측백은 북부지방에만 나타나 침엽수 가운데 가장 좁은 지역에 분포했다. 플라이스토세에서는 눈측백속과 5개의 바늘잎을 가진 소나무가 나타났다. 눈측백속이 플라이스토세 후기에 분포역이 넓어진 것은 플라이스토세 빙하기가 찾아오면서 기온이 한랭해진 것과 관련이 깊다. 눈측백속은 오늘날에는 기후가 한랭한 북부와 중부지방 산악에 주로 자란다.

눈측백속은 6종이 있고, 암수한그루이며, 가지는 납작하고 수평으로 퍼지며, 잎은 비늘과 같고 잎을 문지르면 강한 냄새를 풍긴다. 종자는 열매마다 2~3개이지만 많게는 5개까지 열리며, 작고 날개가 있는 종자는 바람을 타고 퍼진다.

눈측백속은 침엽수림에서 오래 사는 종류로 태평양 연안의 바닷가에서 서늘하고 습한 낮은 산지에도 자란다. 물 빠짐이 잘 되지만 수분이 많은 영양분이 풍부한 토양을 좋아하며, 산성토양에서도 자란다. 그늘을 매우 잘 견디며 너무 습하면 균류의 피해를 잘 받는다.

눈측백속은 북아메리카와 동아시아에 6종이 있으며, 태평양 연안에 1종이 자라고, 중국 북동부, 한국, 일본, 대만에 자란다.

눈측백(설악산)

눈측백(*Thuja koraiensis*)

눈측백은 찝방나무라고도 하며, 북한에서는 누운측백나무라고 하며. 영문명은 Korean arborvitae다. 일부 지역에만 자라므로 사라질 위기에 있다.

중북부 아고산대에 자라는 눈측백은 1~2m 높이로 낮게 퍼져 자라지만 드물게 8m의 교목으로 자라기도 하며, 지름이 20~30cm인 상록침엽소교목이다. 산꼭대기의 바람이 세게 부는 곳에서 눈잣나무처럼 옆으로 기면서 자란다. 잎은 큰 비늘과 같다. 구화수는 5월에 피고, 암수한그루로 9월에 성숙하며, 구과마다 날개가 있는 타원형의 종자가 5~10개 있다. 종자는 주로 바람에 의해 산포한다.

눈측백은 50년 자라도 10m 이상 자라지 않으며, 산 능선에서 구부러져 자란다. 물 빠짐이 좋은 양토, 약간 습한 사질토양 등에서 잘 자란다. 주목, 가문비나무, 분비나무, 잣나무 등과 함께 활엽수 사이에서도 섞여 자란다. 목재는 가볍고 가공하기 쉽고 진이 흐르는 관이 없어 건축용, 가구용, 전봇대 등으로 널리 사용된다.

눈측백은 중국 북동부 지린, 한반도에 분포한다. 중국에서 눈측백은 취약종에 속한다.

눈측백은 강원도와 북한의 아고산대에 자생하며, 주된 분포지는 북한의 금강산, 설악산이다. 설악산에서는 설악산 정상 부근, 봉정암, 천불동 계곡 등지에 무리를 지어 자라며, 주로 1,000m 이상에 산다. 서울(홍릉숲, 이화여대), 경기(명지산, 화악산, 용문산), 강원(금강산, 설악산, 중청봉, 화암사, 고성 설악산맥, 대우산, 장산, 화악산, 태백산, 문수봉, 함백산, 계방산), 전남(두륜산) 등지에 자란다.

한반도 내 수직적 분포역은 로봉(1,200~1,700), 백두산(700~1,800), 낭림산(1,900~2,300), 금패령(1,400~1,500), 피난덕산(700~900), 숭적산(1,000~1,600), 묘향산(1,000~1,800), 사수산(1,200~1,740), 하람산(1,300~1,400), 추애산(1,000~1,400), 금강산(800~1,600), 설악산

(700~1,650), 화악산(1,100~1,400), 태백산(1,100~1,400), 함백산 등 북위 35도 이북이다. 눈측백은 전국 중북부 아고산대에 자라는 나무로 로봉~태백산 사이 700~2,300m에 자란다.

　한반도에 자생하는 측백나무과 침엽수 가운데 희귀종은 북한에 자라는 곱향나무, 단천향나무 등이고, 멸종위기종은 남·북한에 나는 눈향나무, 눈측백 등이다. 위기 정도는 낮지만 거의 위기에 처한 종은 측백나무다. 눈향나무, 눈측백 등은 수평적, 수직적 분포역이 좁아 지구온난화와 환경변화에 따라 사라질 수 있는 종으로 관심과 보전이 필요하다.

눈측백(앞)과 눈잣나무(뒤)(설악산)

개비자나무과
(Cephalotaxaceae)

◈ 개비자나무속(*Cephalotaxus*)

식물계 구과식물문 구과식물강 구과목 개비자나무과의 개비자나무속
(*Cephalotaxus*)은 한반도에 자생한다. 개비자나무과는 개비자나무속 1
속 10종(+2변종)로 이루어진 암수딴그루의 상록침엽교목이다.

오늘날 개비자나무과는 히말라야 동부에서 태국, 베트남, 말레이시
아, 중국, 대만, 한국, 일본에 이르는 아시아에 분포하는 나무로 온대 산지
침엽수와 활엽수림의 밑에 나는 교목이다. 개비자나무과는 현재 동아시
아에만 국한해 분포하지만 과거에는 유럽, 미국 서부까지 널리 분포했다.
개비자나무속(*Cephalotaxus*)은 그리스어인 kephale(머리)에서 나
왔다.

개비자나무속의 화석은 유럽과 북아메리카에서 신생대 제3기 플라이
오세부터 출현했지만 중생대 백악기부터 생육했던 것으로 본다. 개비자나
무속은 지금은 동아시아 특산 침엽수이지만 과거에는 분포역이 넓었다.

한반도에서 개비자나무속은 신생대 제3기 마이오세부터 경북 경주
감포에 자랐다. 개비자나무, 눈개비자나무 등 상대적으로 온난한 기후를
좋아하는 나무들은 마이오세에 등장하였으나 제4기 플라이스토세 빙하
기를 거치면서 분포역이 축소되어 지금은 난온대와 온대의 일부 지방에
만 나타난다.

개비자나무속은 상록침엽교목이나 상록침엽소교목으로 자라며, 바
늘잎은 납작하고 주목의 잎처럼 생겼으며, 잎을 문지르면 상쾌한 향기나
불쾌한 냄새가 난다. 개비자나무의 바늘잎은 비자나무와 비슷한데 가시
는 없고 황록색이다. 암수딴그루지만 드물게 암수한그루도 있고, 구과는
길이 3cm로 모습과 색깔이 올리브와 비슷하다. 구과는 크고 구과를 둘
러싸고 있는 핵과와 비슷한 녹색의 열매살로 덮여있으며, 부드럽다. 개
비자나무의 목재는 노란색이며 나무의 결은 길으나 키가 작아 상업적인

가치는 낮다.

개비자나무속은 히말라야 동부에서 인도, 태국, 베트남, 말레이시아, 중국, 대만, 한국, 일본에 이르는 동아시아에 10종 내외가 분포하는데, 2종이 온대의 추운 곳에 자란다. 온대 산지 침엽수림과 활엽수림의 밑에 자란다.

개비자나무(*Cephalotaxus koreana*)

개비자나무를 북한에서는 좀개비자나무라고 부르며, 영문명은 Plum yew다. 개비자나무는 멸종위기 정도는 낮지만 거의 위기에 처한 종이다.

온대성 침엽수인 개비자나무속은 신생대 제3기 마이오세부터 등장하였으나 한랭한 제4기 플라이스토세에는 화석으로 나타나지 않아 한랭한 추위에 따라 온난한 기후를 찾아 남쪽의 피난처를 찾아 이동했던 것으로 보인다. 피난처에서 플라이스토세 추위를 넘긴 개비자나무속, 비자나무속 등 온대성 및 난대성 나무들은 홀로세에 기후가 온난해지면서 서서히 북상하고 높은 곳으로 이동하여 오늘날과 같이 중남부 지역의 산기슭까지 흩어져 자란다.

개비자나무는 낮고 느리게 자라는 상록침엽소교목으로 높이는 1~1.5m이지만 3~6m 정도까지도 자란다. 나무껍질은 짙은 갈색이고, 세로로 갈라지면 벗겨진다. 잎은 눈개비자나무보다 잎이 좁고 날씬한 바늘형이며, 길이는 37~41mm다. 구화수는 4월에 피고, 암수딴그루이며, 다음 해 8~9월에 성숙한다. 열매살 씨껍질로 싸인 붉은색 구과는 타원형 또는 장타원형이고, 종자는 장타원형이다.

개비자나무는 계곡이나 숲속의 습윤한 곳에 생육하며, 햇빛이 잘 드는 곳보다 그늘에서 잘 견딘다. 부분적으로 그늘지고, 깊고 기름진 토양을 좋아하며, 추위에 강해 중부지방에서도 자란다. 경남 통영 비진도 수포마을의 비자나무는 높이 6m, 흉고 둘레가 22cm로 큰 개비자나무이다. 천연기념물 제504호로 지정된 경기도 수원 융릉에 있는 개비자나무

개비자나무(속리산)

는 가지가 셋으로 갈라져 자라며 가장 굵은 줄기는 둘레가 80cm, 키는 4m 정도다.

개비자나무과의 개비자나무와 주목과의 비자나무, 주목은 모양새는 매우 비슷하지만 계통분류학적으로 전혀 다른 과에 속한다. 개비자나무 잎은 어긋나기로 달리는데, 위에서 내려다보면 날개를 펴고 있는 것처럼 비(非)자 모양이다. 잎 뒷면에 연초록 숨구멍 줄이 있는 것이 주목이며, 비자나무와 개비자나무는 하얗거나 그냥 초록이다. 잎의 끝을 눌러 보았을 때 가시처럼 찔리는 감촉이 있으면 비자나무, 그렇지 않다면 주목이나 개비자나무다. 개비자나무는 추위에 비교적 강해 중부지방 숲속에서 상록의 관목으로 자라며, 비자나무는 따뜻한 남쪽 지방에 아름드리로 자란다.

개비자나무 종자는 기름 성분을 많이 포함하고 있으나, 냄새가 나므로 옛날에는 식용보다 등유나 기계유 등으로 사용했다. 한방에서는 개비자나무의 종자를 토향비(土香榧)라고 하여 회충과 갈고리촌충을 구제하거나 먹은 음식이 잘 소화되지 않을 때 사용한다. 최근 잎에서 알칼로이드(alkaloid) 성분을 추출하여 식도암과 폐암 치료제를 개발하고 있어 항암제 개발 가능성이 있는 소재로 주목받는 나무다.

개비자나무는 중국의 티베트에서 허베이, 한반도, 일본 혼슈, 홋카이도의 600~2,200m에 자란다. 큰개비자나무(*Cephalotaxus drupacea*)는 중국 중부, 서부와 일본에 자생하며 천천히 자란다.

우리나라에서는 경기, 충북 이남에 자생한다. 서울(남산), 경기(백운대, 관악산, 소요산), 인천(무의도), 강원(장산), 충남(계룡산), 충북(우암산, 속리산, 백화산, 군자산, 음성, 월악산, 광주(무등산), 전남(통명산, 모후산, 조계산, 군유산, 불갑산, 백운봉, 상황봉, 백양산, 입암산, 천관산, 제암산, 해남, 금산, 두륜산, 화순, 모후산, 백아산), 전북(백운산, 덕유산, 완주, 장수, 내장산, 진안), 경남(거제도, 김해, 망운산, 지리산, 경남수목원, 칠정봉, 토끼봉, 백운산, 천왕천, 금원산, 가야산, 황매산, 황학산, 팔공산,

주흘산, 문수산, 성주, 운문산), 대구(팔공산, 비슬산) 등지에 자란다.

한반도 내 수직적 분포역은 경기 화산(~50), 조령, 속리산(~400), 계룡산(~700), 덕유산(~1,350), 지리산(~600), 백운산, 백양산(~400), 위봉산(~200), 내장산(~400), 모악산, 적상산, 변산, 무등산(~1,200), 가야산, 만덕산(~300), 월출산(~550), 대둔산(~500), 금정산(~400) 등이다. 분포의 북한계선은 서해안의 북위 37도 30분, 내륙의 37도 이남, 동해안의 38도 이남이고, 수직적 분포역은 북위 35도에서는 1,000m, 36도에서 500m까지 자란다. 개비자나무는 경기 화산~속리산~전남 대둔산 사이 해발고도 100~1,350m의 중남부 산지에 주로 자란다.

개비자나무는 과거 온난다습했던 시기에는 한반도 내륙에도 분포했던 종으로 플라이스토세 빙하기의 한랭건조한 기후에 적응하지 못하고 북부지방과 내륙의 높은 산지에서는 사라졌다. 오늘날 개비자나무는 기후가 비교적 온난다습하여 저온과 수분 부족에 따른 스트레스가 크지 않은 제주도를 포함한 남해와 서해 도서지방 그리고 중남부의 낮은 산록에 주로 자란다. 자생지를 보호하고 훼손지를 복원하여 개체를 늘려야 한다.

눈개비자나무, 개비자나무 등 상대적으로 온난한 기후에서 경쟁력이 있는 나무들은 지구온난화와 같은 기후변화를 기회로 삼아 현재보다 북쪽으로 또는 높은 고도로 분포역이 넓어질 수 있는 기후변화의 기회종이다.

눈개비자나무(*Cephalotaxus nana*)

눈개비자나무를 북한에서는 누운좀비자나무(누운개비자나무)라고 부르며, 영문명은 Dwarf Korean plum yew다. 한반도, 일본의 혼슈, 홋카이도에 자라며 멸종위기종은 아니다.

눈개비자나무는 높이 0.3~1.8m로 자라는 상록침엽소교목이며, 땅 위에서 비스듬히 약 2~3m 정도까지도 자라기도 한다. 개비자나무에 비교해 키가 작고, 땅속뿌리가 옆으로 뻗어 자란다. 줄기는 적갈색이며, 불규칙하게 벗겨진다. 잎은 선형이며, 깃 모양을 하고, 길이는 10~42mm다. 구화수는 3~4월에 피고, 암수딴그루로 이듬해 8~9월에 성숙한다. 구과는 타원형 또는 장타원형이며, 열매살 씨껍질은 적색으로 익으며, 종자는 장타원형이다. 개비자나무의 변종으로 뿌리에서 새싹이 돋는 것이 특징이다.

눈개비자나무는 그늘을 좋아하며 습기가 약간 많은 곳에서 잘 자라는데 추위에 강하며, 해발 100~1,300m의 산골짜기나 숲속 습한 곳에 자라며 정원수로 심는다.

눈개비자나무는 일본 홋카이도, 혼슈 서쪽의 해발고도 0~600m에 분포한다. 우리나라에서는 온대 남부 지역인 속리산, 덕유산, 괘관산, 지리산, 문수산, 팔공산 등의 해발고도 0~100m에 분포한다.

한반도에서 눈개비자나무는 중남부 산지에 자라는 나무로 속리산~백양산 사이 ~100m에 자란다. 눈개비자나무와 개비자나무는 지구온난화 등에 따라 분포역이 넓어질 수 있으나 다른 나무들과의 경쟁, 산자락 개발에 따라 서식지가 교란되고 줄어들 수 있다.

눈개비자나무(백양산)

주목과
(Taxaceae)

식물계 구과식물문 구과식물강 구과목 주목과의 주목속(*Taxus*)과 비자나무속(*Torreya*)이 한반도에 자생한다. 주목과는 5속 22종(+6변종)으로 이루어지며 북반구에 우점하며, 적도 남쪽의 말레이시아와 뉴칼레도니아까지 자란다.

주목과의 화석으로 가장 오래된 것은 중생대 삼첩기 후기의 팔레오탁수스(*Palaeotaxus*)다. 과거에는 주목속을 구과식물강에 포함했으나 지금은 구과와 같은 꽃이 없고 목재와 바늘잎에 나무진이 흐르는 관이 없는 등 차이가 커서 별도의 강으로 구분한다. 주목과는 중생대 쥐라기 중기부터 나타났으나 조상에 대해서는 논란이 있다. 한반도에 분포하는 주목과 설악눈주목은 캐나다주목(*Taxus canadensis*)과 함께 큐스피다타군단(*Cuspidata* Alliance)에 속한다.

주목과의 나무들은 매우 서서히 자라는 종류로 침엽수림, 활엽수림 그리고 침엽수와 활엽수가 섞인 숲 아래에서 작거나, 중간크기의 교목으로 적응했다. 주목과 암나무들은 새들을 유인하여 종자를 퍼트리기 위하여 여러 형태의 종자를 덮고 있는 가짜 씨껍질인 가종피(假種皮, aril)로 둘러싸여 있다. 북반구의 북쪽에서 주목과의 나무들은 낮은 곳에서 높은 산꼭대기까지 널리 자란다.

1. 주목속(*Taxus*)

주목은 주목강 주목목 주목과 주목속(*Taxus*)에 포함된다. 주목속 (*Taxus*)은 라틴어 taxus(주목)나 그리스어 toxon(활)에서 나왔다.

중생대 백악기에 주목속은 아시아에서 북아메리카로 베링연륙교를 통해 건너갔다. 북아메리카에서 주목의 다양성이 낮은 것은 중생대 백악 기와 신생대 제3기 사이에 있었던 멸종 때문으로 본다.

신생대 제3기에는 유럽에서 북아메리카로 이어지는 북대서양연륙교 (北大西洋連陸橋, North Atlantic land bridge)를 통해 주목속이 이동했 다. 제3기 마이오세에 주목속은 지리적으로 다양성이 높았으며 생태적으 로 종이 고립됐다. 중국 남서부에서 주목속의 다양성이 높은 것은 제4기 플라이스토세에 기후가 안정되어 멸종이 적었기 때문이다. 아울러 히말 라야산맥이 융기하면서 원래 자라던 종과 다른 곳에서 옮겨온 종들에 의 해 잡종이 많아졌기 때문이다.

현재 살아 있는 주목속 나무와 화석 주목의 잎의 형태를 비교한 결과 오늘날의 주목은 신생대 제3기 플라이오세 후기부터 진화됐다. 캐나다 주목(*Taxus canadensis*)과 중국 남부의 특산종인 마이레이주목(*Taxus mairei*)의 바늘잎의 형태적 특징은 체코 보헤미아에서 발견된 신생대 제 3기 올리고세 화석과 차이가 거의 없다. 중국에 분포하는 주목은 다른 지 역에 비하여 제4기 플라이스토세 빙하의 영향이 덜 받았다. 반면 북아메 리카에서는 플라이스토세에 빙하의 확장과 후퇴에 따라 기후가 변화하 면서 잡종이 만들어졌다.

한반도에서 주목속 화석이 나타난 곳은 신생대 제3기 마이오세(감포, 북평), 제4기 플라이스토세(두루봉, 점말용굴, 영양) 등이다. 오늘날 주목 속 나무들은 한반도의 고산대와 아고산대를 중심으로 분포한다.

주목속은 10종(+2변종)이 있으며, 주목과에서는 유일하게 널리 분포하는 종류로 유라시아와 북아메리카에 4종이 자라는데, 1종은 중앙아메리카 온두라스까지 난다.

주목속은 탁사드(taxad)로 부르지만 엄밀하게는 침엽수가 아니다. 주목속은 침엽수에서 볼 수 있는 전형적인 구과 모습을 갖추지 않고, 목질부나 잎에 나무의 진이 흐르는 관이 없으며, 화석 증거도 불충분하여 침엽수에 포함하지 않기도 한다.

주목속은 보통 상록침엽교목이지만 높은 산에서는 상록침엽소교목으로도 자란다. 나무껍질이 벗겨지면 붉은 줄기가 나와 관상용으로 인기가 높다. 주목속은 암수딴그루이며, 드물게 암수한그루도 있다. 바늘잎은 2~3년 동안 나무에 남아있고 때로는 6~8년까지도 붙어있다. 낱개의 종자를 가진 구과는 가지의 끝에 나며, 종자는 달걀형인데 딱딱하고 아래 끝을 제외한 부분이 장과와 같은 붉은 열매살로 덮여 있다. 목재는 단단하여 탄력이 있어 활 등을 만든다.

주목속은 바늘잎과 종자에 알칼로이드(alkaloid)와 택신(taxin)과 같은 독성이 있다. 그러나 구과를 품은 붉은 열매살인 가종피는 주목에서 유일하게 독이 없는 부분으로 새들도 먹을 수 있다. 종자에 독성이 있지만 단단한 껍질로 싸여 있어 새의 위장 속에서는 터지지 않고 널리 퍼지므로 분포역이 넓다.

주목속은 약간 산성이며 너무 습하지 않은 토양에서 가장 잘 자란다. 숲 아래에 소교목이나 중간 높이로 침엽수림과 침엽수와 활엽수가 섞여 있고, 강수량이 많거나 골고루 비가 내리는 냉온대기후 지역의 산지와 산꼭대기에 자란다.

주목속은 7~8종이 북반구의 유럽, 북아프리카, 아시아에서는 히말라야, 중국, 한반도를 거쳐 일본까지와 북아메리카 동부와 서부 등에도 분포한다. 주목속은 아시아의 말레이시아, 인도네시아와 셀레베스 등 적도지방과 중앙아메리카 멕시코의 산지까지 북반구에 널리 분포하는 침엽수로 한 종은 온두라스까지 난다. 유라시아에서 주목속의 북한계선은 노르웨이까지이며, 남한계선은 적도 이남의 인도네시아 셀레베스 남부다.

설악눈주목(*Taxus caespitosa*)

설악눈주목을 북한에서는 가라목이라고 부르며, 영문명은 Korean spreading yew다.

고산대와 아고산대에 분포하는 설악눈주목과 주목은 신생대 제3기 마이오세에 등장하여 제4기 플라이스토세 빙하기를 거쳐 번성한 북방계 한대성 침엽수로 빙하기의 유물인 유존종이다. 이들은 플라이스토세 이래 여러 차례의 빙하기와 간빙기가 교차하면서 한반도로 유입된 북방계 침엽수이거나 진화한 종으로 지금은 기후가 한랭한 고산대와 아고산대에 매우 드물게 분포한다.

설악눈주목은 상록침엽소교목으로 높이 1~2m이며, 줄기가 옆으로 기고, 가지에서 뿌리가 발달한다. 줄기는 적갈색이며, 얇게 띠 모양으로 벗겨진다. 잎은 바늘형이고, 돌려나거나 깃 모양으로 달리며, 길이는 11~25mm다. 구화수는 5월에 피고, 암수딴그루이며, 둥근 컵 모양의 붉은색 구과가 달린다. 붉은 열매살 씨껍질 속에 종자가 있으며, 종자는 둥글고, 길이는 5mm 정도다. 일반적인 주목과는 달리 줄기가 지면에 닿으면 그곳에서 바로 막뿌리가 발생하여 땅에 단단히 붙어 자란다.

설악눈주목은 햇볕이 잘 들고, 물이 잘 빠지며, 사질양토인 높은 산의 중턱 능선을 좋아한다. 지구온난화 등 기후변화로 자생지에서 사라질 위기에 있다. 설악눈주목은 러시아, 사할린, 일본 혼슈와 함께, 한반도의 설악산 정상 대청봉과 중청봉 사이 능선에 주로 분포하며 눈잣나무, 분비나무, 눈측백, 신갈나무, 털진달래 등과 섞여 자란다. 설악산 자생지가 분포의 남한계선으로 중요한 유전자원이다. 추위와 그늘을 견디며, 토양이 깊고 습윤하며 비옥한 곳에서 잘 자란다.

설악눈주목은 강원도(설악산, 정선)에 해발고도 1,700m 일대 등 중부 아고산대에 자란다.

설악눈주목은 남한에서는 연속적으로 분포하지 못하고 한랭한 기후가 유지되는 고산대와 아고산대를 중심으로 드문드문 섬처럼 분포한다.

설악눈주목(설악산)

아고산대에 격리되어 분포하는 설악눈주목은 신생대 제4기 플라이스토세 빙하기의 북방의 혹독한 추위를 피해 한반도에 들어온 것이다. 지금은 한랭한 고산대와 아고산 환경에 적응하여 자라는 빙하기 유존종으로 키는 작고 개체수도 적다.

설악눈주목은 설악산 정상부에 드문드문 자라므로 다른 식물과의 경쟁에 밀려나는 피압(被壓, suppress)을 당하여 쇠퇴하고 있다. 지구온난화에 따라 생리적인 스트레스를 받아 사라질 위기에 있는 생태적 취약종(脆弱種, vulnerable species)이다. 등반객의 발길에 밟혀 생기는 피해인 답압(踏壓, trampling)도 설악눈주목의 생존에 위협요인이다.

주목(*Taxus cuspidata*)

주목은 북한에서도 주목이라 부르며, 영문명은 Rigid-branch yew다.

주목에 대한 형태학적 및 분자생물학적 연구에 따르면 캐나다에 자라는 주목과 동아시아의 주목은 관련이 깊은 것으로 알려졌다. 아시아에 자라는 주목속의 종들은 우점하지 않고 다른 나무들 아래 흩어져 자란다.

신생대 제4기 플라이스토세에 화석으로 나타난 주목속은 오늘날 상대적으로 한랭한 기후를 보이는 한반도 아고산대를 중심으로 널리 분포한다. 주목속의 주목과 설악눈주목은 제4기 플라이스토세 빙하기에 지금보다도 낮은 고도인 한반도 전역의 산지까지 분포역을 넓혔던 것으로 본다. 홀로세에 들어 기후가 온난해지면서 한랭한 기후가 유지되고 다른 나무와의 경쟁에서 유리한 북쪽으로 이동하거나, 수직적으로 높은 고산대나 아고산대로 이동하여 지금은 높은 산을 중심으로 불연속적으로 격리되어 분포한다.

주목은 20m, 지름 1m까지 자라는 상록침엽교목이다. 가지는 3년 동안은 녹색이지만 나중에는 갈색으로 변한다. 잎은 선형이고, 길이 15~25mm로 2~3년이 지나면 떨어진다. 구화수는 4월에 피고, 암수딴그루이며, 구과는 붉은색 열매살 씨껍질로 둘러싸여 있고 9~10월에 익는다.

침엽수의 자연사

주목(계방산)

주목(태백산)

Ⅱ부 한반도의 침엽수

주목속의 모든 종은 독성이 있어 과거에는 화살촉에 묻혀 사용하는 독극물이었으며, 항암물질인 택솔(taxol)을 추출한다. 북아메리카 주목 종자의 씨눈, 껍질에서 추출한 택솔은 1971년도부터 항암제로 개발됐다. 택솔은 암세포의 DNA와 RNA 합성에는 영향을 주지 않고 DNA 분자 자체에도 손상을 주지 않으면서 암세포의 성장을 세포분열 중기에 멈춰 암세포를 죽이는 것으로 알려졌다. 구과의 열매살 씨껍질을 제외한 거의 모든 부분이 독성이 있어 먹으면 복통, 심장, 호흡기에 문제를 가져오기도 한다.

주목은 물에 잠겨 있지 않은 거의 모든 토양에서 잘 자라며 주로 종자로 번식한다. 아고산대 또는 고산대 능선 및 사면, 산 중턱에서 분비나무, 구상나무, 전나무, 잣나무, 가문비나무와 고산대나 아고산대에 자라는 참나무속, 자작나무속(Betula) 나무들과 어울려 자란다. 추위와 그늘을 견디는 능력이 좋으며, 토양이 깊고 습윤하며 비옥한 곳에서 잘 자라면서 건조를 견디는 내건성(耐乾性, xeric) 식물로 느리게 자란다. 그늘에서도 매우 잘 자라며, 저온에 대한 적응성은 매우 높아 -30℃까지 견디며 불에도 잘 견디고, 1,000년까지도 산다.

목재는 강하고 무거운데, 가공이 쉽고 연마가 잘되어 가구나 액자를 만든다. 단단하고 치밀하며 탄력이 있어 활 등을 만든다. 고급 활을 만드는 재료에서부터 임금을 공식적으로 만나는 자리에 손에 드는 홀(笏)도 주목으로 만들었다. 조선시대에 붉은 줄기에서 추출한 액으로 궁녀들의 옷감을 치장하거나 임금의 곤룡포를 염색할 때 물감으로 썼다. 예로부터 붉은 주목은 잡귀신을 물리치는 데 쓰는 벽사(辟邪)의 기능이 있다고 믿었다. 권력자들은 죽은 뒤 목관(木棺)으로 주목을 쓰고 싶어 했는데, 평양 낙랑고분, 경주 금관총, 고구려 무덤인 중국 지린에 있는 환문총의 목관(木棺) 등이 주목으로 만들어졌다. 서양에서도 영생과 벽사를 위해 묘지 입구에 붉은 껍질을 가진 주목(Taxus baccata)을 심고, 관을 만들기도 했다.

주목은 러시아 연해주, 사할린, 쿠릴열도, 중국의 헤이룽장, 지린, 랴오닝, 산시, 한반도, 일본에 자란다. 일본에서는 혼슈 1,000~2,000m, 시코쿠에서는 1,400~2,400m까지 자라며, 홋카이도에 자라는 종은 매우 강하다.

서울(도봉산, 난지도, 이화여대, 남산), 경기(국립수목원, 우면산, 광주), 강원(강릉 산림유전자원보호림, 고성 설악산맥, 동해, 설악산, 장산, 점봉산, 대암산, 두위봉, 함백산, 가리왕산, 봉의산, 태백산, 함백산, 계방산, 발왕산, 오대산, 발교산), 대전(식장산), 충북(소백산), 전남(나주, 비금도, 완도, 두륜산), 전북(덕유산, 완주), 경남(지리산), 경북(대야산, 문수산, 천택산, 울릉도 나리분지, 성인봉, 포항 향로봉), 제주(한라산, 검뱅디, 어승생, 물장올, 제주대) 등에 분포한다.

한반도 내 수직적 분포역은 숭적산(700~1,500), 금창령(900~1,000), 비래봉(750~1,400), 묘향산(1,000~1,900), 함남 묘향산(1,000~1,900), 추애산(1,300~1,560), 하람산(900~1,500), 추애산(1,300~1,560), 금강산(800~1,650), 설악산(1,500~1,660), 태지산(1,000~1,200), 화악산(1,100~1,400), 용문산(800~1,150), 울릉도(300~900), 태백산(1,000~1,500), 지리산(1,200~1,900), 한라산(1,750~1,950) 등이다. 주목은 숭적산~한라산 사이 300~1,950m에 자란다. 주목은 가문비나무, 눈향나무와 함께 전국 아고산대에 자라는 상록침엽교목으로 위도가 높아질수록 주목이 자라는 해발고도는 낮아진다.

주목은 어렸을 때는 자라는 속도가 매우 느리지만 약 10년 이상 되면 자라는 속도가 빨라진다. 주목은 '살아 천년, 죽어 천년'이라 할 만큼 수명이 긴 편이다. 강원도 정선 두위봉에는 수령 1,400년의 주목이 자란다. 홍천 계방산에는 가슴 높이 둘레가 4.9m에 이르는 주목이 있다. 계방산은 가문비나무, 분비나무, 눈측백 등 세계자연보전연맹의 적색목록기준(Red List Category & Criteria)에서 정한 아고산성 멸종위기식물종의 국내 최대 집단 군락지 가운데 하나다. 소백산 비로봉 서북쪽 사면의 100

여 그루의 오래된 주목 군락은 면적 148,760m², 나이 200~500년 정도로 천연기념물 제244호다.

전국의 아고산대를 중심으로 분포하는 주목은 한정된 지역에만 자라는 나무로 지구온난화와 고지대 난개발로 빠르게 나무의 세력이 줄고 분포지가 줄어드는 종으로 현지 내·외 보전이 필요하다. 주목은 1998년도에 국제자연보호연맹이 적색목록 분류 기준에서 위기근접종(LR/LC)으로 분류했다.

침엽수의 자연사

2. 비자나무속(*Torreya*)

주목강 주목목 주목과 비자나무속(*Torreya*)에 포함된다. 비자나무속 (*Torreya*)은 미국의 식물학자인 John Torrey의 이름을 딴 것이다.

비자나무는 동아시아와 북아메리카가 원산지로 주목속과 비슷하지만 분명한 차이가 있다. 우리나라에서 비자나무속 화석은 알려지지 않았다. 비자나무속은 아시아와 북아메리카에 나며, 북아메리카에 나는 2종은 유존종으로 대륙 양쪽의 극히 제한된 장소에만 난다.

비자나무속은 5종(+3변종)이 있다. 비자나무속은 암수딴그루로 종자를 가지는 구과는 달걀형이고, 5cm로 자라며 열매살로 덮여 있는데 다음 해에 익는다. 바늘잎은 3~5cm로 뾰쪽하고 끝이 뻣뻣하며 가시가 많다. 비자나무는 주목에 비교해 바늘잎이 길고 끝이 뾰족하며, 열매살이 많은 열매 안에는 단단한 껍질에 둘러싸인 종자가 있다.

비자나무속은 냉온대 저지나 산지로부터 난온대 습윤기후대까지 침엽수들이 자라는 곳이나 침엽수와 활엽수의 섞인 숲 지대에서 드문드문 흩어져서 숲 아래에 자란다.

비자나무속은 더욱 좁게 분포하는 종류로 아시아의 중국, 한국, 일본 등과 북아메리카의 캘리포니아와 플로리다 북동부 등에 멀리 떨어져 자란다.

비자나무(*Torreya nucifera*)

비자나무는 북한에서도 비자나무로 부르며, 영문명은 Nut-bearing torreya다.

한반도에서 비자나무속의 화석은 알려지지 않았다. 조선시대에 비자나무가 나타난 지역은 세종실록지리지(1454년, 16곳), 신증동국여지승람(1531년, 16곳), 동국여지지(1660년대, 15곳), 여지도서(1760년, 8곳),

비자나무(제주도 비자림)

침엽수의 자연사

동국문헌비고(1770년, 2곳), 임원십육지(1842~1845년, 15곳), 대동지지(1864년, 17곳), 조선일람(1936년, 4곳) 등 91개소다. 비자나무는 석류나무, 차나무와 함께 주로 호남과 영남 등 남부지방에 자랐고, 조선시대 동안 분포가 크게 변화하지 않았다.

비자나무는 높이 25m, 지름 2m까지 자라는 상록침엽교목으로 나무의 전체 모습은 가늘고 가지가 사방으로 퍼진다. 잎은 선형이고, 끝이 뾰족하고, 털이 없으며 깃처럼 퍼져 있고, 6~7년 만에 떨어진다. 바늘잎은 강하고 문지르면 향기가 난다. 비자나무는 개비자나무와 잎 모양이 매우 비슷하다. 두 나무의 차이는 손바닥을 펴서 잎의 끝을 눌러보았을 때 딱딱하여 찌르는 감이 있으면 비자나무, 반대로 찌르지 않고 부드러우면 개비자나무다. 구화수는 4월에 피고, 암수딴그루이며, 구과는 다음 해 9~10월에 익는다. 구과는 달걀형 또는 타원형이고, 종자는 양쪽 끝이 좁은 타원형이다. 비자나무는 과실이 가종피 속에 완전히 덮이기 때문에 개비자나무과에 포함하기도 한다.

비자나무는 토양이 깊고 비옥하며 습윤한 사질양토에서 자라며, 양지에서 주로 자라지만 음지에서도 자란다. 습기가 있고 따뜻한 곳을 좋아하며, 옮겨심기도 잘 되고, 대기오염에도 강하다. 비자나무는 해발 800m 이하의 습한 계곡 바닥이나 저지대인 온대림에 자란다.

비자나무는 부드럽고 연하면서도 습기에 잘 견디므로 예부터 바둑판 이외에도 관재나 배의 재료로 널리 이용된 좋은 나무다. 고려사에 보면 원종 12년(1271년)에 원나라의 궁궐을 짓는 데 필요한 비자나무 판자를 보냈다. 1983년 전남 완도 어두리에서 인양된 고려 초기의 화물운반선 선체의 밑바닥 일부와 완도 청해진 유적지의 나무 울타리, 4~6세기 무덤으로 알려진 부여 능산리 고분군에서 나온 관재의 대부분은 비자나무를 사용했다.

비자나무가 여러 용도로 사용되었으므로 고려시대 이전만 해도 널리 자라던 비자나무는 조선시대 세종, 예종, 성종 때에 걸쳐 비자나무 판재의 수탈에 대한 지적이 있었다. 영조 39년(1762년)에는 제주도에서 비자나무 판재와 구과가 부족하여 나라에 바치는 일을 잠시 중지했다. 목재는 드물어 상업적으로 거의 이용되지 않지만 강하고 나무의 결이 바르며 가공이 쉬워서 가구 등을 만든다.

조선의 명의였던 허준(許浚)이 1610년에 저술한『동의보감』에서는 "비자를 하루 일곱 개씩 이레 사이에 먹으면 촌충이 없어진다."라고 했다. 구과는 맛은 떫으면서 고소해 먹을 수 있으며, 과거에는 사찰에서 구충제로 사용했다. 비자 종자를 짠 기름은 식욕 증진, 소화 촉진, 변비 및 치질 치료 등에 효과가 있다.

비자나무숲은 많이 사라지고, 전남 강진 병영면 삼인리 376(제39호), 전남 진도 임회면 상만리 980(제111호), 전남 장성 북하면 약수리 산115-1(제153호), 전남 고흥 금탑사 비자나무(제239호), 제주 구좌읍 평대리 산15(제374호) 등은 문화재청이 천연기념물로 지정 관리한다. 비자나무는 제주도에서는 비자낭, 비조남으로도 부르며 식용하거나, 정원수로 사용한다. 제주 구좌읍에는 비자림은 비자나무가 3,000여 그루가 무리를 지어 자라는 국내 최대 군락지다.

남해안 섬 지방과 제주도에서 시작하여 육지는 전라남·북도의 경계에 있는 백양산과 내장산이 비자나무가 자생하는 북한계선이다. 일본의 혼슈 1,000m, 규슈, 시코쿠 1,400m 일대에 자라는 교목으로 멸종위기종은 아니다.

국내에서는 전북 내장산 이남에서 자생한다. 전남(적대봉, 천등산, 서울대학술림, 유달산, 금오도, 망산, 여수 두모, 돌산도, 군유산, 불갑산, 상황봉, 보길도, 백운봉, 완도, 천관산), 전북(완주, 내장산), 경남(거제도, 경상남도수목원, 진해), 제주(수악, 토산, 당오름, 구좌, 비자림, 서귀포휴양림, 애월곶자왈, 물장올, 제주대) 등지에 자란다.

비자나무의 한반도 내 수직적 분포역은 선운산, 내장산(~400), 백양산(200~400), 조계산(~100), 만덕산(~200), 거제도, 월출산(~450), 대둔

침엽수의 자연사

산(~150), 완도, 한라산(~700) 등으로 서해안에서는 36도 이남, 남부에서는 35도 10분, 동해안 36도 30분에 자라며, 침엽수 가운데 가장 남쪽에 분포한다.

비자나무는 남부 산지에 주로 자라며 내장산~한라산 사이 150~700m에 자란다. 비자나무는 목재가 좋고 군락이 넓지 않아 사라질 수 있어 보전을 위한 관심이 필요하다. 비자나무 등 상대적으로 온난한 기후에서 경쟁력이 있는 나무들은 온난화와 같은 기후변화를 기회로 활용하여 현재보다 북쪽으로 또는 높은 고도까지 분포역이 넓어질 수도 있다.

비자나무(백양산)

외래 침엽수

외래 침엽수 가운데 금송속, 삼나무속, 나한백속, 낙우송속, 메타세쿼이아속 등은 지질시대 동안 한반도에서 화석으로 나타났다. 그러나 오늘날 인공적으로 심는 침엽수 가운데 일부는 국내에서 화석으로도 보고되지 않았다.

외국에서 들여와 우리나라에 심은 외래 나자식물(침엽수)은 은행나무, 개잎갈나무, 일본잎갈나무, 독일가문비, 방크스소나무, 백송, 리기다소나무, 구주소나무, 스트로브잣나무, 테에다소나무, 울레미소나무, 나한송, 금송, 삼나무, 메타세쿼이아, 낙우송, 편백, 화백, 서양측백나무, 나한백 등 20여 종이 대표적이다(표 10).

우리나라는 1958년부터 35개 나라에서 412종의 외국산 나무를 국내에 들여와 시험한 뒤 우리 기후와 풍토에 잘 맞아 생장이 우수한 나무들을 찾아 조림이나 관상용으로 심었다. 그러나 일부 나무는 국내에 도입된 시기가 불확실하다. 북한은 침엽수 가운데 일부를 천연기념물로 지정하였는데 이 가운데 일부는 우리나라처럼 외래종이 포함되어 있다.

일본잎갈나무(함백산) ⓒ 황영심

표 10. 주요 외래 나자식물

과명	속명	종명	원산지
은행나무과 (Ginkgoaceae)	은행나무속 (Ginkgo)	은행나무(Ginkgo biloba)	중국
소나무과 (Pinaceae)	개잎갈나무속 (Cedrus)	개잎갈나무(Cedrus deodara)	히말라야/ 아프가니스탄
	잎갈나무속 (Larix)	일본잎갈나무(Larix kaempferi)	일본
	가문비나무속 (Picea)	독일가문비(Picea abies)	유럽(노르웨이)
	소나무속(Pinus)	방크스소나무(Pinus banksiana)	미국/캐나다
		백송(Pinus bungeana)	중국
		리기다소나무(Pinus rigida)	북아메리카
		구주소나무(Pinus sylvestris)	유럽/북아시아
		스트로브잣나무(Pinus strobus)	미국/캐나다
		테에다소나무(Pinus taeda)	미국
남양삼나무과 (Araucariaceae)	울레미속 (Wollemia)	울레미소나무(Wollemia nobilis)	오스트레일리아
나한송과 (Podocarpaceae)	나한송속 (Podocarpus)	나한송 (Podocarpus macrophyllus)	중국
금송과 (Sciadopityaceae)	금송속 (Sciadopitys)	금송(Sciadopitys verticillata)	일본
측백나무과 (Cupressaceae)	편백속 (Chamaecyparis)	편백(Chamaecyparis obtusa)	일본
		화백(Chamaecyparis pisifera)	일본
	삼나무속 (Cryptomeria)	삼나무(Cryptomeria japonica)	일본
	메타세쿼이아속 (Metasequoia)	메타세쿼이아 (Metasequoia glyptostroboides)	중국
	낙우송속 (Taxodium)	낙우송(Taxodium distichum)	미국
	눈측백속 (Thuja)	서양측백(Thuja occidentalis)	북아메리카
	나한백속 (Thujopsis)	나한백(Thujopsis dolabrata)	일본

침엽수의 자연사

1. 은행나무과(Ginkgoaceae)

은행나무는 식물계 은행나무문(Ginkgophyta) 은행나무강(Ginkgoopsida) 은행나무목(Ginkgoales) 은행나무과(Ginkgoaceae) 은행나무속(*Ginkgo*)에 포함된다. 은행나무속(*Ginkgo*)은 황금열매나무를 뜻하는 일본어 ginkyo에서 왔다.

은행나무의 조상은 코르다이테스(*Cordaites*), 혀은행속(*Glossophyllum*)과 관련되는 것으로 본다. 고생대 석탄기에 은행나무의 선조가 나타났으며, 이보다 가까운 은행나무의 선조들은 페름기에 나타났다. 은행나무목 또는 유사은행나무목(Ginkgoales) 식물은 고생대 데본기나 페름기 후기까지 거슬러 올라가며 종자고사리(Pteridospermatophyta, Pteridosperms)의 선조형으로부터 기원한 것으로 본다.

은행나무목은 고생대 페름기에 나타나 중생대 삼첩기에 종수가 늘어났고, 쥐라기에는 가장 많아졌다. 백악기 초기에 들어 은행나무류, 소철류 등은 밀리고, 피자식물이 번성하여 분포역이 넓어졌다. 백악기 후기에는 은행류, 소철류가 급격하게 줄었다. 중생대의 은행나무 잎은 오늘날의 것보다 2~3배 또는 그 이상 컸다. 당시의 은행나무 잎은 여러 갈래로 나누어져 있었으나, 요즘의 은행나무 잎은 갈라지지 않았거나 한두 갈래로 갈라진다.

은행나무목과 가장 밀접한 관계를 맺는 화석은 중생대의 째진은행속이다. 은행나무목은 중생대 쥐라기 동안 흔하였고 종의 분화도 활발해져 번성했다. 쥐라기에 은행나무목이 자랐던 곳은 남아프리카, 영국, 유럽, 시베리아, 인도, 중국, 일본, 북아메리카, 오스트레일리아, 뉴질랜드, 남미의 끝 파타고니아 등 북극에서 남반구까지 매우 넓었다.

한반도에서 은행나무와 관련된 화석은 여러 시기에 걸쳐 전국적으로 출토됐다. 중생대 전기에 째진은행속(*Baiera*)은 자강(전천, 초산), 양강

(풍서), 함남(고방산), 평양, 평남(대동, 강서, 북창), 황북(송림), 남포, 강원(영월), 경기(김포), 충북(단양), 충남(보령), 대구, 경북(문경) 등이었다.

나도은행속(*Ginkgoites*)은 함남(신흥), 평양, 평북(신의주), 평남(대동, 순천, 강서), 강원(영월), 경기(김포), 충북(단양), 충남(보령), 대구, 경북(문경, 구미) 등에 나타났다.

스페노바이에라(*Sphenobaiera*)는 함남(허천), 평양, 강원(영월), 충북(단양), 충남(보령), 경북(문경) 등에 출토됐다.

은행나무(서울 경복궁)

침엽수의 자연사

● 은행나무속(*Ginkgo*)

은행나무속은 나자식물이지만 침엽수와는 다른 생김새를 가지기 때문에 별도로 은행나무목으로 분류한다.

은행나무의 조상은 고생대 나타나, 중생대에 가장 번성했고, 중생대 후기에 들어 쇠퇴하기 시작했다. 일부 식물학자들은 은행나무가 약 3억 5,000만 년 전인 고생대 석탄기 초에 출현한 것으로 추정한다. 은행나무는 중생대 쥐라기 때 가장 번성했던 것으로 알려져 있다. 은행나무속(*Ginkgo*)은 중생대 쥐라기 초기에 등장하여 중기까지 우점하였고, 쥐라기 후기와 백악기 초기에도 번성했다. 이미 멸종한 은행나무속 종류는 3종(*Gingko adiantoides, Ginkgo digitata, Ginkgo lamariensis*)이다.

현재까지 살아남은 종은 은행나무(*Ginkgo biloba*)가 유일하며 중국의 저장성에 야생으로 자란다. 오늘날의 은행나무는 신생대 제4기 플라이스토세 최후빙기 직전까지 유럽에 자랐던 은행나무와 거의 같은 종류다. 은행나무속의 화석은 지질시대에는 널리 분포하지만 살아 있는 나무의 분포지는 중국 동남부 일부 지역에만 나타난다.

한반도에서 은행나무속 화석은 중생대에 북한의 자강(중강, 초산, 전천), 양강(풍서, 용성), 함남(허천), 평양 등지에, 신생대 제3기에 함북(회령)에 출현했다. 남한에서는 중생대 쥐라기 동안 대구, 경남(진주)에, 신생대 제3기에 경북(포항)에 나타났다. 특히 제3기 올리고세 말기~마이오세 초기로 보는 경북(포항 장기층)에는 오늘날과 같은 은행나무의 폴렌이 처음으로 나타났다. 마이오세 초기로 추정되는 경북 포항(감포 역암·어일층)과 마이오세 중기부터 마이오세 후기로 보는 경북(포항 연일층)에서도 은행나무속이 나타났다. 그 뒤에는 은행나무의 화석기록이 없어 자생종은 국내에서 멸종한 것으로 본다. 현재 자생하는 은행나무는 중국에서 들여온 것이 퍼진 것으로 알려졌다.

은행나무속은 암수딴그루이지만 드물게 암수한그루도 있다. 가지는 불규칙적으로 나며, 잎은 가지에 서로 어긋나 자라고 납작한 부채 모양이며 가장자리에 이빨과 같은 형태가 난다. 은행나무의 꽃가루받이는 운동력이 없는 정자에 의해서 이루어진다. 암구화수는 둥글며 같은 해에 익고 노란색의 열매살로 덮여 있는데 뭉개면 역한 냄새가 난다. 종자는 둥글고 얇은 껍질로 덮여 있고 날개는 없다. 은행나무 종자의 껍질 안에 든 배젖은 익히면 먹을 수 있다.

은행나무(*Ginkgo biloba*)

은행나무는 중국이 원산지로 알려졌으며, 북한에서도 은행나무로 부르며, 영문명은 Maidenhair tree다.

은행나무는 지질시대부터 화석으로 출토되고 아직도 생존하여 '살아 있는 화석(living fossil)'이라고 부른다. 은행나무는 겉보기에는 활엽수처럼 보이지만 계통분류학적으로는 나자식물에 속하는 낙엽침엽교목이다. 침엽수와 활엽수를 나누는 기준은 잎의 모습이 아니라 밑씨를 갖는 씨방 생김새로 구분한다. 은행나무는 잎 모양이 활엽수처럼 잎이 지는 넓은 잎을 가졌지만, 침엽수처럼 씨방이 없고 종자가 될 밑씨가 밖에 드러나 있는 나자식물이다.

현미경으로 본 은행나무 조직은 세포 모양이 활엽수와 달리 침엽수와 비슷한 나자식물이다. 은행나무 조직은 헛물관 약 95%, 방사 조직 4~5%, 기타 특수한 세포로 이루어진다. 단면을 잘라보면 4~6각형의 세포가 벌집 모양으로 배열되어 있는데, 소나무, 주목, 전나무, 향나무 같은 침엽수와 구별이 힘들 정도로 닮았다. 반면에 활엽수는 은행나무의 95%를 차지하는 헛물관은 없고 은행나무에는 없는 물관과 목섬유가 대부분을 차지해 모양이 다르다.

은행나무 폴렌은 꼬리처럼 생겨 운동할 수 있는 긴 편모(鞭毛, flagellum)를 가진 정충 덕분에 스스로 움직여 꽃가루받이하며 오랫동안 살아남았다. 은행나무 암구화수 안쪽에 있는 눈에 보이지 않는 작은 우물 표면에 정충이 떨어지면 꼬리를 이용해 짧은 거리를 헤엄쳐 난자

은행나무 암구화수 ⓒ wikimedia

은행나무 수구화수 ⓒ 이강협

쪽으로 이동한다. 은행나무는 원시시대 물속 식물이 지녔던 흔적을 가지고 있는 것이다. 하등식물들은 자유롭게 움직이는 정자가 있으나 고등식물은 정자가 없는데, 은행나무에서 정자가 발견되면서 은행나무가 피자식물보다 오래된 식물임이 밝혀졌다.

은행나무는 낙엽침엽교목으로 40m까지 자라며 어릴 때는 길고 좁게 자라지만 나이가 들면 10개의 중요한 가지를 중심으로 나무의 전체 모습이 넓어진다. 나무껍질은 짙은 회백색이며, 나중에 갈색을 거쳐 밝은 회색으로 바뀌고 아래로 깊이 갈라진다. 잎은 갈라진 부채 모양으로 전체 길이가 12cm에 이른다. 구화수는 5월경에 피고, 암수딴그루이며, 10월에 성숙한다. 은행나무는 생식구조가 생기기 전에는 암나무와 수나무를 구분하기 쉽지 않다. 종자의 크기는 5cm 내외이고 속에 든 배젖은 3cm 정도다. 바깥 열매살은 똥 냄새가 난다.

은행나무는 암수딴그루로 암나무에만 종자가 열리는데, 소철, 주목 등도 모두 암수딴그루다. 암수딴그루는 암나무와 수나무가 구분되어 있어 암나무가 종자를 맺기 위해서는 수나무가 꼭 필요하다. 은행나무의 꽃가루받이는 바람에 의해 이루어지기 때문에 수나무와 암나무가 너무 멀리 떨어져 있으면 수분이 이루어지지 않는다. 보통 암나무와 수나무 사이의 거리가 4km 이내여야 암나무에 종자가 맺는다.

은행나무는 오래 사는 나무로 해풍과 공해도 잘 견디는 등 환경에 대한 적응력이 매우 높으나 환경이 알맞지 않으면 가지의 길이가 짧아진다. 햇볕을 좋아하는 나무이며 뿌리가 깊게 뻗어 습기 있는 땅을 좋아하며 건조에 대한 저항력도 강하다. 토양이 깊고 물 빠짐이 좋으며 비옥하고 평평한 땅에서 오래 살며 추위와 불도 잘 견딘다.

싹이 트는 능력이 있어서 늙은 나무 뿌리목 부근에서 새로 싹이 트는 움가지 또는 맹아(萌芽, bud)가 돋아나고 이것이 큰 나무로 되기도 한다. 줄기를 끊어 나무의 전체 모양을 다듬을 수 있으며, 비교적 큰 나무도 옮겨 심을 수 있다.

침엽수의 자연사

은행나무는 가로수나 관상수로 좋다. 도시의 가로수로 널리 심던 양버즘나무 또는 플라타너스(*Platanus*)는 미국흰불나방, 방패벌래 등 유충 피해가 심하지만, 은행나무는 도심에서도 큰 문제없이 자란다. 나방이 은행나무에 알을 낳아도 유충은 은행나무 잎을 먹지 못해 살 수 없다. 대기오염으로 도시의 가로수가 수난을 당해도 은행나무는 잘 자란다.

은행나무의 겉씨껍질 속에는 독성물질인 빌로볼(bilobol)과 피부염을 일으키는 은행산(Ginkgoic acid)이 들어있으며, 은행나무 잎에는 살균작용을 하는 플라보노이드(flavonoid)라는 독이 있다. 예전에는 목에 걸린 가래를 없애고, 기관지염과 폐병 치료에도 은행을 사용했다. 지금은 피를 맑게 해줘 노인성 말초 순환 장애, 뇌혈관 장애약, 천식 치료제, 혈전을 치료하는 물질인 테르펜산 락톤(terpenic lactone)인 깅코라이드(ginkgolides)를 은행나무 잎에서 추출해 의약품으로 사용한다.

은행 종자의 부드러운 연두색의 속살은 독성이 있어 해롭지만, 굽거나 끓여 먹거나, 기름에 졸이거나 오래 담가 두면 괜찮다. 은행나무 잎을 책 속에 끼워두면 책에 좀이 슬지 않고, 농촌에서도 거름을 만들 때 풀과 나뭇잎에 은행나무 잎을 섞어서 해로운 벌레가 생기지 않도록 독성분을 이용한다.

은행나무는 환경에 대한 적응성이 좋아 온대 지역에 널리 심는데, 우리나라에서는 야생종을 찾을 수 없고 사람이 심은 은행나무만이 자란다. 특히 사찰 주변에 널리 심었으며 불교가 전파되면서 일본에도 심었다.

은행나무는 동쪽으로는 중국의 저장과 안후이의 경계에서 서쪽으로는 구이주에 이르는 외진 곳에서 자랐다. 중국 남부의 저장, 구이주, 윈난의 해발고도 400~2,000m에 주로 자라며, 양쯔강 하류 텐무산(天目山) 해발고도 500~1,000m 사이의 되는 곳에도 자란다.

국내에서는 서울(경희대, 이화여대), 경기(앵자봉, 태화산, 관악산, 용문산), 인천(덕적도, 영흥도), 강원(영월, 원주, 정선, 춘천, 횡성), 충남(진악산, 천안, 칠갑산, 태안, 홍성), 충북(월악산, 괴산, 진천, 추풍령, 천태산, 월악산), 전남(담양, 보성, 비금도, 장흥), 전북(완주), 대구(두류산, 주암산, 팔공산), 경남(진주), 경북(경주, 구미, 상주, 안동, 영주, 영천, 울릉도, 비슬산), 제주(제주) 등에 자란다.

은행나무 가운데 천연기념물로는 경기 양평 용문사(1,100년 추정), 강원 영월 하송리(1,100년) 등 20곳에 이르며, 오래된 은행나무 노거수(老巨樹)는 대개가 암나무다. 국내에는 지질시대에 자생했으나 멸종한 뒤 1,000년 이전에 도입된 것으로 본다.

은행 종자(서울)

침엽수의 자연사

2. 소나무과(Pinaceae)

국내에 식재된 외래종 소나무과 침엽수는 개잎갈나무속, 잎갈나무속, 가문비나무속, 소나무속에 포함된 9종이 대표적이다.

❶ 개잎갈나무속(*Cedrus*)

개잎갈나무속은 구과목 소나무과의 상록침엽교목으로 키가 30~40m까지 자라며, 영문명은 cedar이다. 아프리카 북부 아틀라스산맥 모로코와 알제리에 자라는 종(*Cedrus atlantica*), 지중해 섬나라인 키프로스에 나는 종(*Cedrus brevifolia*), 지중해 연안 레바논과 터키에 사는 종(*Cedrus libani*)과 국내에 들어와 있는 히말라야산맥 서부 원산의 개잎갈나무(*Cedrus deodara*)가 있다.

개잎갈나무속은 여름은 건조하고 겨울에는 눈이 많은 지중해의 산악기후에 적응한 나무다. 히말라야 서쪽에서는 여름에 비가 많고 겨울에 가끔 눈이 내리는 기후에도 자란다. 개잎갈나무속은 히말라야산맥에서는 1,500~3,200m에, 지중해에서는 1,000~2,200m 사이에 자란다.

개잎갈나무(*Cedrus deodara*)

개잎갈나무는 히말라야 북서부, 아프가니스탄 동부의 낮은 산지에 자라며, 1930년쯤 우리나라에 도입하여 히말라야시다 또는 설송이라 부르며, 영문명은 Deodar 또는 Himalayan cedar다. 종명 *deodara*는 신의 나무를 뜻하는 산스크리트어 devdar에서 온 인도어 deodar에서 왔다. 개잎갈나무는 파키스탄에 널리 자라는 국가 나무인 동시에 인도 북부 히마찰 프라데시주의 상징나무다.

개잎갈나무는 상록침엽교목으로 높이가 30m, 지름 1m이고, 가지가 수평으로 퍼지며 밑으로 처지고, 나무껍질은 회갈색으로 얇은 조각처럼

벗겨진다. 잎은 바늘형이고, 짙은 녹색이며, 길이는 3~4cm이다. 구화수
는 10~11월에 피고, 암수한그루이며, 다음 해 9~12월에 성숙한다. 구과
는 타원형이고, 종자는 두 개씩 들어있으며, 종자에는 넓은 막으로 된 날
개가 있다.

개잎갈나무는 추위와 공해 그리고 바닷바람을 싫어한다. 토질은 크게
가리지 않으나 다소 습기가 있고 겉흙이 깊은 비옥한 사질양토가 알맞
고, 지나치게 건조한 땅이나 습한 땅은 싫어한다.

개잎갈나무에서 추출한 오일은 향기가 좋아 아로마 테라피, 해충 퇴
치, 항균제로 널리 사용하며, 나무로는 향을 만든다. 생장 속도가 빠르고
나무의 전체 모습이 크며, 잎의 색이 아름답고 생김새가 좋아 남부지방
에서는 가로수, 공원수로 널리 심었다. 박정희 정권 시절, 대통령이 이 나
무를 좋아한다고 알려지면서 경쟁적으로 가로수로 심었으나 뿌리가 깊
지 않아 바람에 잘 넘어져 피해를 주는 등 가로수로는 알맞지 않다.

개잎갈나무는 1930년경 관상용으로 우리나라에 도입되어 중부 이남
저지대에 심었다. 서울(이화여대), 전북(완주), 대구, 광주, 경남(욕지도),
부산 등지에 자란다.

개잎갈나무 가로수(대구) ⓒ 황영심

침엽수의 자연사

❷ 잎갈나무속(*Larix*)

일본잎갈나무(*Larix kaempferi*)

일본잎갈나무는 일본 원산으로 낙엽송(落葉松)이라고 부르기도 했으며, *Larix leptolepis*라고 부르기도 한다. 북한에서는 창성이깔나무라고 부르며, 영문명은 Japanese larch다.

일본잎갈나무는 낙엽침엽교목으로 높이 20~30m, 지름 1m 정도이며, 나무껍질은 짙은 갈색이고, 긴 비늘이 되어 떨어진다. 잎은 선형이며, 밝은 녹색이고, 길이는 11~35mm다. 구화수는 4~5월에 피고, 암수한그루이며, 9월에 성숙한다. 구과는 타원형이고, 위를 향해 달리며, 종자는 삼각형이고, 날개가 있다. 잎갈나무는 솔방울의 비늘 끝이 곧바르고 비늘의 숫자가 20~40개이지만, 일본잎갈나무는 비늘 끝이 뒤로 젖혀지고 비늘이 50개 이상인 것이 다르다.

일본잎갈나무는 햇볕이 잘 드는 산지에 잘 자라며, 숲 가장자리에 심으면 봄의 푸르름과 가을의 단풍을 볼 수 있다. 목재는 단단하여 힘을 받는 구조재, 가설재, 비계목 등의 건축재로 많이 쓰이고, 선박, 갱목, 전봇대, 합판, 농업 용구 및 펄프용으로도 쓴다. 나무껍질에서는 염색제 및 타닌을 채취하며, 수지에서는 테르핀 기름을 얻는다.

국내에는 1904년부터 일본에서 들여와 낙엽송이란 이름으로 보급되었으며, 초기에는 새로 낸 길의 가로수로 심었다. 곧게 자라기 때문에 1960~1970년대 나무 심기가 한창일 때 전국적으로 일본잎갈나무를 무더기로 심었다. 1973년부터 정부가 앞장서 치산녹화10개년계획에 따라 나무 심기가 한창일 때 가장 널리 심었던 나무로 일제강점기와 한국전쟁을 거치면서 헐벗은 산을 푸르게 하는 데 한몫했다.

일본잎갈나무는 강원도와 경북 북부지방에 많이 자라는데, 우리 산림 면적의 6.2%인 27만 2,000ha를 차지한다. 국립공원 내 일본잎갈나무숲 면적은 소백산(28.5km²), 치악산(16.1km²), 월악산(14.4km²), 지리산

일본잎갈나무(태백산)

침엽수의 자연사

(12.4km²), 태백산(8.2km²), 가야산(3.1km²) 순이다. 일본이 원산지라고 해서 뒤늦게 국립공원에 편입된 태백산국립공원의 일본잎갈나무를 베야 하는지를 두고 논란이 있었다. 국립공원의 일본잎갈나무를 두고 벌어진 논쟁은 심어진 나무가 문제가 아니고 나무를 심을 때 자연생태적 요인을 두루 살피지 않고, 적지적수를 찾는 시각이 부족했던 탓이 크다.

국내에서는 서울(도봉산, 남산, 청량리), 경기(원천, 태화산, 화야산, 주금산, 축령산, 관악산, 미리내성지, 용문산, 죽엽산), 인천(강화, 대연평도), 강원(함백산, 두타산, 덕항산, 대암산, 사명산, 영월, 치악산, 함백산, 석이암산, 춘천, 우대골, 용화산, 태백산, 가덕산, 오대산, 계방산, 금당산, 백적산, 박지산, 청옥산, 도마치봉, 용화산, 광덕산, 석룡산, 청태산, 태기산, 발교산, 봉복산), 충남(계룡, 묵방산, 팔봉산, 만리포), 충북(선도산, 대산, 소백산, 삼도봉, 민주지산, 백운산, 월악산, 만뢰산, 선도산, 보련산, 천등산, 대미산), 전남(지리산 노고단, 태청산, 화순, 장흥), 전북(덕유산, 장안산, 전주, 완주, 영구산, 고림사, 부귀산, 손싯골, 운장산), 경남(산청, 웅석봉, 천성산, 원효산, 저도, 법화산, 황매산), 울산(고헌산), 경북(내연산, 보현산, 대덕산, 염속산, 주흘산, 구룡산, 석개재, 늘뱅이, 명동산, 마구령, 통고산, 장재산, 비슬산, 화악산, 주왕산, 가산), 제주(남원) 등에 자란다.

❸ 가문비나무속(*Picea*)

독일가문비(*Picea abies*)

독일가문비는 유럽 원산으로 원래 이름은 노르웨이가문비나무이고 영문
명은 Norway spruce다.

독일가문비는 높이가 50m, 지름이 2m이며, 나무껍질은 갈색 또는
짙은 갈색이고, 거칠며, 갈라지고, 오래되면 작은 조각으로 떨어진다.
잎은 두껍고, 굽은 선형이며, 뾰족하고, 길이는 15~26mm다. 구화수는
5~6월에 피고, 암수한그루이며, 10월에 성숙하고, 구과는 긴 원추형이
며, 날개는 종자보다 2배 이상 길다.

우리나라에 1920년경에 도입되어 조림용, 정원수로 전국에 심는다.
목재는 재질이 좋아 유럽에서는 많이 심는다. 어린나무(7~8년생)는 가지
가 늘어지며 생김새가 아름다워 구상나무와 함께 성탄절 장식용으로 쓰
인다. 우리나라에서는 여름이 더워 자람이 좋지 않으나 덕유산 조림지에
서는 잘 자란다. 서울(불광천), 충남(천리포수목원), 전북(덕유산), 경북
(운문산) 등에 심어 기른다.

독일가문비(서울 동작구) ⓒ 황영심

침엽수의 자연사

❹ 소나무속(*Pinus*)

방크스소나무(*Pinus banksiana*)

방크스소나무의 대서양 연안에서 미국 중부지방과 캐나다에 걸치는 북아메리카 원산의 도입종이고, 영문명은 Jack pine이다.

방크스소나무는 상록침엽교목으로 높이 25m, 지름 50cm이고, 가지가 넓게 퍼지며, 일 년에 두 마디 이상 자란다. 나무껍질은 짙은 갈색이고, 좁고 두껍게 갈라지며, 조각처럼 떨어진다. 잎은 선상 바늘형이며, 두 장씩 모여나고, 길이는 10~57mm다. 구화수는 4~5월에 피고, 암수한그루이며, 다음 해 10월에 성숙한다. 구과는 달걀처럼 둥근 원추형이며, 종자는 삼각형으로 둥글고, 날개가 있다.

방크스소나무는 햇볕을 매우 좋아하는 나무로 자생지에서는 스트로브잣나무가 잘 자랄 수 없는 척박한 땅에서도 단순림을 이룬다. 조림용, 공원수로 심으며 방풍림으로도 좋고, 건조한 모래땅에 잘 자라 토양 침식을 막기 위해 심는 나무다. 토질이 나빠 조림에 거듭 실패했던 경북 포항 영일 사방사업지구 내에서도 성공적으로 자란다. 목재는 건축재나 펄프재 등으로 쓰이나 재질이 약해 빨리 썩는다.

방크스소나무가 국내 도입된 시기는 불확실하고, 서울(홍릉숲, 서울대, 이화여대), 경기(소요산, 원천, 김포, 소리봉), 전남(해남), 경북(영천) 등에 자란다.

백송(*Pinus bungeana*)

백송은 중국 중부와 북서부가 원산지로 역사시대에 국내 도입한 종으로 영문명은 Lace-bark pine이다.

백송은 상록침엽교목으로 높이 15m, 지름 1.7m이고, 나무껍질은 회백색이며, 밋밋하고, 큰 비늘처럼 벗겨지기 때문에 얼룩져 보인다. 잎은 바늘형이며, 세 장씩 모여나고, 곧으며, 굳고, 길이는 43~78mm다. 구화수는 4~5월에 피고, 암수한그루이며, 다음 해 10월에 성숙한다. 구과는 타원형이고, 종자는 달걀형이며, 떨어지기 쉬운 날개가 있다.

백송은 중국의 산지에서는 관목으로 자란다. 저온에 민감해 기후가 좋지 않은 곳에서는 땅에 가까이 자란다. 백송은 만주흑송(*Pinus tabuliformis* var. *mukdensis*)과 함께 자라기도 하며 석회암 산지의 남사면에서 흔히 자란다. 백송은 어릴 때는 나무껍질이 거의 푸른빛이었다가 나이를 먹으면 큰 비늘조각으로 벗겨지면서 흰빛으로 바뀌기 시작한다. 시간이 지날수록 점점 하얀 얼룩무늬가 많아지다가 다 자라면 나무껍질이 하얗게 된다. 나무껍질의 백색과 녹색의 바늘잎이 아름다워 절과 정원에 기념수, 관상수로 심었다. 중국에서는 종자를 먹고 구과에서 식용유를 얻으며, 묘지 주변에 심는다.

백송은 중국 남부 간수, 허난, 허베이, 산시, 산동, 쓰촨 북부 해발 500~1,800m 사이의 산이나 언덕에 자라며, 울창한 숲을 만들지는 않고 흩어져 자란다.

600여 년 전에 중국에서 도입해 서울(종로), 충남(예산), 전북(완주), 경북(경주)에 심었다. 서울 용산 원효로, 서울 종로 재동과 수송동, 경기 고양 일산 덕이동, 경기 이천 백사면 신대리, 충남 예산 신암면 용궁리, 충북 보은 보은읍 어암리 등 7곳의 백송이 천연기념물로 지정 관리된다.

침엽수의 자연사

백송(춘천 제이드가든)

리기다소나무(*Pinus rigida*)

리기다소나무는 북아메리카 동부 산지 원산으로 도입종이고, 북한에서는 세잎소나무라고 부르며, 영문명은 Pitch pine이다.

리기다소나무는 상록침엽교목으로 가지가 넓게 퍼지고, 높이 25m, 지름 1m에 이르며, 싹 트는 능력이 강하여 줄기에도 짧은 가지나 잎이 난다. 나무껍질은 적갈색이고, 길게 갈라진다. 바늘잎은 3개 또는 드물게 4개씩 모여 나고, 딱딱하며, 길이는 39~180mm다. 구화수는 5월에 피고, 암수한그루이며, 다음 해 9월에 성숙한다. 구과는 달걀처럼 둥근 원추형이고, 갈색으로 익는다. 종자는 삼각형이고, 흑갈색이며, 날개가 있다. 리기다소나무는 솔방울이 잔뜩 열리는 나무로도 유명하다.

리기다소나무는 척박하고 건조한 곳, 습한 평지, 산지에도 자라 토양 침식을 막기 위해 심거나 땔감용으로 심었다. 미국 동남부가 고향인 리기다소나무는 일제강점기인 1907년경 국내에 처음 심었고, 한국전쟁이 끝나고 한창 복구가 시작된 1960~1970년대에 48만ha의 리기다소나무 숲이 생겼다. 리기다소나무, 아까시나무, 오리나무 등 강한 생명력을 가진 나무들 덕분에 우리 숲이 푸르러졌으나 이제는 용재로 가치가 적어 베고 있다.

리기다소나무는 서울(북한산, 인왕산, 이화여대, 정릉, 고려대, 남산), 인천(백운산, 송산, 백련사, 석모도, 영흥도, 무의도, 영종도), 경기(광교산, 삼성산, 성주산, 앵자봉, 원천, 태화산, 주금산, 청계산, 우면산, 관악산, 수리산, 광릉, 수락산, 선감도, 국립수목원), 강원도(초록봉, 장산, 원천, 금학산, 춘천), 충남(향적봉, 묵방산, 진악산), 충북(우암산, 고양봉, 민주지산, 옥천, 천도산, 계명산, 대비산), 전남(운람산, 구봉화산, 보성, 오봉산, 일림산, 돈태봉, 산정봉, 하의도, 제암산, 문바위), 전북(백운산, 변산, 모악산, 완주, 천호산, 무령고개, 장안산, 진안), 경남(가조도, 옥녀봉, 원효산, 양산, 진해, 정병산, 백암산, 합천), 대구(경북대, 성암산), 경북(경주, 울진, 봉화산, 주왕산, 환호, 비슬산), 제주(안덕) 등에 자란다.

침엽수의 자연사

리기다소나무

구주소나무(*Pinus sylvestris*)

구주소나무는 유럽과 북부 아시아 원산으로 도입종이고, 영문명은 Scots pine이다. 구주소나무의 변종 가운데 겨울눈이 둥글고, 잎이 더 가느다란 것을 장백송 또는 미인송(*Pinus sylvestris* var. *sylvestriformis*)이라 하는데, 백두산 주변 이도백하에 많다.

구주소나무는 상록침엽교목으로 높이가 25~40m에 달하고, 가지가 사방으로 퍼진다. 나무껍질은 적갈색이며, 얇고, 밋밋하지만 밑부분이 흑색이며, 잔가지는 회황색이다. 유럽에서는 중요한 심는 나무이며, 목재는 건축재, 펄프재 등으로 쓰인다. 잎은 바늘형이고, 두 개씩 모여달리며, 길이는 32~72mm다. 구화수는 4~5월에 피고, 암수한그루이며, 다음 해 9~10월 성숙한다. 구과는 둥근 기둥 모양의 장타원형이고, 1~3개씩 달린다. 종자는 날개가 있다.

구주소나무가 국내에 도입된 시기는 알려지지 않았고, 경기(국립수목원, 수락산), 강원(태백산), 충남(홍성), 전남(두륜산, 완도수목원), 전북(덕유산), 경북(백운산) 등에서 주로 자란다.

스트로브잣나무(*Pinus strobus*)

스트로브잣나무는 미국 북동부지방과 캐나다 등 북아메리카 원산의 도입종이고, 영문명은 White pine이다.

스트로브잣나무는 상록침엽교목이며, 높이 30m, 지름 1m이다. 나무껍질은 회갈색이고, 밋밋하지만 늙으면 깊게 갈라진다. 잔가지는 녹갈색이고, 털이 있다가 없어진다. 목재의 나이테는 비교적 뚜렷하다. 잎은 바늘형이며, 회록색이고, 5개씩 모여나며, 길이는 51~113mm다. 구화수는 4월 하순에 피고, 암수한그루이며, 구과는 긴 원통형으로 다음 해 9월에 성숙한다. 종자는 타원형 또는 달걀형이고 날개가 있다.

스트로브잣나무는 습하거나 약산성 토양인 전국에 심는다. 목재는 건축재, 기구재, 조각재, 펄프재로 이용된다. 1920년경에 도입된 나무로 나무 생김새를 선택할 수 있고, 입지를 가리지 않아 조경수, 공원수, 가로수로 알맞으나 흔하지 않다.

　스트로브잣나무는 서울(노을공원, 평화공원, 남산), 인천(석모도), 강원(강원대), 충북(소백산, 천등산), 전북(완주), 경북(울진) 등지 자란다.

스트로브잣나무

테에다소나무(*Pinus taeda*)

테에다소나무는 미국 멕시코만과 대서양 연안 등 남동부 원산의 도입종으로 영문명은 Loblolly pine이다.

테에다소나무는 상록침엽교목이며, 높이가 30m 이상, 지름 1m 정도로 자란다. 나무껍질은 짙은 회색이고, 조각으로 갈라진다. 잎은 바늘형이며, 밝은 녹색이고, 세 장씩 모여나며, 길이는 75~212mm다. 구화수는 5월에 피고, 암수한그루이며, 다음 해 10월에 성숙한다. 구과는 대가 없는 원뿔 모양의 달걀형이며, 종자는 달걀형이고 날개가 있다. 리기다소나무는 곧게 자라지 않고 재질도 연약해 목재로서의 가치는 떨어진다. 반면 테에다소나무는 주로 따뜻한 지방에서 자라며 생장이 빠르고 재질도 좋지만 척박한 토양과 추위에 약하다. 테에다소나무는 조림용으로 적합하며, 목재는 건축재 등으로 쓰이며, 정원수로도 이용된다.

테에다소나무는 국내에 도입된 시기는 알려지지 않았고, 해발 700m 이하의 약간 습기가 있는 저지대 또는 건조한 고지대에 자라며, 추위에 약해 우리나라 남부지방에 심는다. 그늘에도 잘 견디고 건조한 모래땅에서도 자라지만 산불에는 매우 약하다. 리기테에다소나무(*Pinus rigitaeda*)는 테에다소나무와 리기다소나무의 잡종이다. 테에다소나무는 목재가 곧고 생장 속도가 빠르나 추위에 약하고, 비옥한 땅에서만 자라는 단점이 있다. 리기다소나무는 척박한 땅과 추위에 강하지만 목재가 곧지 못하고, 생장 속도가 느리다. 현신규 박사가 1950년 초 두 종을 교잡하여 장점만 있는 리기테에다소나무를 개발해 남부 지역에 널리 보급해 심었다.

테에다소나무는 서울(홍릉숲), 대전(우산봉), 충남(성거산), 전남(광양 서울대학술림, 대봉산), 전북(어청도) 등지에 자란다.

3. 남양삼나무과(Araucariaceae)

남양삼나무과의 기원은 중생대 삼첩기 후기로 거슬러가며, 공룡이 멸종하기 시작한 백악기에 쇠퇴하기 시작하여 지금은 남양삼나무속에 2속 21종 정도가 남반구에 살고 있다. 국내에 식재된 외래종 남양삼나무과 침엽수는 울레미소나무로 수목원이나 식물원에서 드물게 볼 수 있다.

　추위 등 기후에 민감한 아라우카리아 등 일부 외래종 침엽수는 야외에서 심기 보다는 화분에 심어 실내에서 관상용으로 기른다.

울레미소나무

● 울레미속(*Wollemia*)

울레미속은 남양삼나무과 침엽수로 1994년 이전에는 화석으로만 알려졌다. 살아 있는 울레미소나무는 오스트레일리아 뉴사우스웨일즈 울레미 국립공원 내 온대우림 야생에서 발견됐다.

울레미소나무(*Wollemia nobilis*)

울레미소나무는 중생대 쥐라기에 번성했고, 지구상에서 가장 오래된 살아 있는 화석 침엽수의 하나다. 낙엽송, 금송과 함께 나무 이름에 소나무 또는 송(松)을 뜻하는 영문명인 Wollemi pine이라는 이름을 가졌지만 정작 소나무(*Pinus*) 종류는 아니다. 울레미소나무는 소나무과와는 거리가 먼 남양삼나무과 나무다. 오스트레일리아 시드니 로열식물원은 울레미소나무를 중생대에 살았던 남양삼나무과의 새로운 속의 종으로 발표했다. 울레미소나무는 높이 40m까지 자라는 암수한그루로 가지 끝에 구화수가 피며, 암구화수는 항상 수구화수 위에 달린다.

1994년 울레미소나무가 오스트레일리아 시드니 북쪽 200km 떨어진 블루 마운틴의 울레미국립공원에서 발견됐다. 3,000년 전에 멸종되었을 것으로 추정되던 울레미소나무의 일부 군락이 발견된 것이다. 울레미소나무는 깊이 600m의 협곡의 0.5ha(약 1,500평)의 사암으로 된 암벽 위의 좁은 습지라는 외부와 단절된 특수한 조건에서 건조와 산불을 피해 살아남았다. 울레미소나무 성체 23개체, 어린나무가 16개체 등 모두 39개체가 멸종되지 않고 살아남은 것은 절벽으로 이루어져 산불을 피할 수 있는 독특한 지형과 기후가 만든 피난처 덕분이었다. 울레미소나무는 지구상에서 '살아 있는 화석'으로 불리며, 공룡과 같은 시대에 살아 '공룡소나무'라고도 부른다, 수명은 1만 년 이상이며 기온은 −12℃에서 45℃까지 견딜 수 있는 것으로 알려져 있다.

오스트레일리아는 국가별로 경매를 통해 울레미소나무 묘목 292그루를 분양하였고 국내에는 2006년에 국립수목원에서 처음 공개됐다. 지금은 국립세종수목원, 천리포수목원, 완도수목원, 국립생태원, 서울식물원 등에서도 기르고 있다.

울레미소나무(태안 천리포수목원)

4. 나한송과(Podocarpaceae)

나한송과는 남반구에 자라며, 15과가 있다. 국내에 식재된 외래종 나한송과 침엽수로는 나한송을 조경원예용으로 드물게 볼 수 있다.

나한송

침엽수의 자연사

● 나한송속(*Podocarpus*)

나한송속은 80여 종으로 이루어졌고, 대부분 상록침엽교목이지만 어떤 종류는 작은키나무이며 대부분은 극한의 대륙성기후에서는 자라지 못한다. 대부분 암수딴그루로 종자를 가지는 성숙한 구과는 핵과처럼 보인다.

나한송속의 대부분 종들은 태평양 남서 도서지방과 오스트레일리아에 자라며 아프리카 남부와 중앙 및 남아메리카도 이들이 밀집되어 자라는 곳이다.

나한송(*Podocarpus macrophyllus*)

나한송은 중국 원산으로 영문명은 Longleaf podocarpus이다.

나한송은 상록침엽교목이나 상록침엽소교목이다. 원산지에서는 높이가 5m에 달하고, 나무껍질은 회백색 또는 적갈색이며, 얕게 갈라지고, 오래되면 껍질이 떨어진다. 잎은 넓은 선형 또는 좁은 피침형으로 어긋나며, 길이는 40~140mm다. 구화수는 5월에 피고, 암수딴그루이며, 10~12월에 성숙한다. 구과는 원통형이고, 종자는 붉은색으로 익는다.

나한송은 열대, 아열대, 난온대에 분포하는데, 추위에 민감해 대부분 온대 지역에서는 잘 자라지 못한다. 주된 분포지는 동부와 남부 아프리카, 남아메리카, 뉴질랜드 등 남반구다. 일부 종은 중앙아메리카, 서인도 제도, 인도, 말레이시아, 필리핀, 중국, 일본 등지까지 분포한다.

국내에 도입된 시기는 알려지지 않았고, 남부 지역에 심으며, 해발 1,000m 내외의 산 또는 길가에 자란다. 전남(소록도, 송공산, 압해도, 보길도), 전북(완주), 제주(사라봉, 도련두르, 제주대) 등지에 분포한다.

5. 금송과(Sciadopityaceae)

금송과 금송속에는 금송(*Sciadopitys verticillata*)이 유일한 종이다. 국내에 식재된 외래종 금송과 침엽수는 조경원예용으로 심는 금송이 있다.

금송

● 금송속(*Sciadopitys*)

금송속(*Sciadopitys*)이라는 용어는 그리스어 skiados(그늘)와 pitys(가
문비나무, 소나무)의 합성어다.

금송 잎이 중생대 백악기와 쥐라기 초기층에서 나타나며, 신생대 제3
기에도 출현했다.

한반도에서 시대별로 금송속 화석이 나타난 곳은 신생대 제3기 마이
오세(장기, 감포, 연일, 회령, 고건원), 제4기 플라이스토세(화성, 어랑,
세포, 회양) 등이다.

금송속은 하나의 종으로 된 상록침엽교목으로 보통 나무의 전체적인
모습은 원추형이지만 때로는 불규칙한 모습도 한다. 금송의 긴 바늘잎은
두 개인데 가지 끝에 작은 우산처럼 매달린다. 금송은 암수한그루로 구
과는 다음 해에 익는다.

금송(*Sciadopitys verticillata*)

금송은 일본 남부의 특산으로 영문명은 Japanese umbrella pine이다.
금송은 산지 중간 고도에 자라는 상록침엽교목이다. 하나의 종으로 되어
있어 환경변화에 취약하다.

금송의 화석은 중생대 삼첩기 후기로 거슬러 가며 중생대 동안에는
비교적 널리 분포했다. 금송은 현재 일본에만 자생하나 지질시대에는 유
럽과 아시아에도 분포했다. 근연종이 없는 살아 있는 화석이다. 금송은
소나무처럼 바늘잎 뒷면이 황백색을 띠는 데서 이름이 왔다. 나무 이름
에 소나무 송(松) 자가 있으나 사실은 소나무 종류가 아니고 금송과 금송
속에 속하는 나무다.

금송은 상록침엽교목으로 높이는 30m까지 자라나 보통 15m 내외
로 자라며, 뾰족한 원추형 나무다. 나무껍질은 적갈색이고 수직으로 좁
게 벗겨진다. 잎은 선형이며, 두 개가 합쳐져서 두껍고, 바늘잎은 길이
50~120mm로 윤기가 있는 짙은 녹색이다. 구화수는 3~4월에 피고, 암수

딴그루이며, 다음 해 10~11월에 성숙한다. 구과는 달걀처럼 타원형이며, 종자의 길이는 약 1.2cm이다.

금송은 일본 특산종으로 일본 남부 냉온대 산지에 무리를 이뤄 자라기도 하지만 가끔은 고립되어 분포한다. 금송은 일본 혼슈, 시코쿠, 규슈가 원산으로 비교적 강한 종으로 토양이 깊은 모래, 점토, 유기물이 섞인 양토를 좋아한다. 금송은 해발 200~1,700m까지 자라며, 해발고도 700~1,200m 사이의 경사진 바위지대에서 볼 수 있다.

금송은 천천히 자라며 환경에 견디는 힘이 좋고 종자로 번식한다. 급경사면이나 능선에 잘 자라며 낙엽활엽수 사이에 드문드문 자라기도 한다. 목재는 단단해 물을 잘 견뎌서 배를 만들거나 욕조를 만든다. 나무는 잘 썩지 않아 관재, 건축재 등에 쓰이며 일본의 여러 목조 문화재의 기둥으로 쓰였다. 백제 무령왕의 무덤인 충남 공주 무령왕릉 내 왕의 관을 만든 재료로 쓰였으며, 전북 익산 미륵사지에서도 출토되어, 당시 일본과의 교역이 활발했음을 나타내는 증거로 본다. 바늘잎이 굵고 하나씩 나기 때문에 분재용 나무나 조경수로 인기가 많다.

금송이 국내에 도입된 시기는 알려지지 않았고, 전북(완주, 진안), 경남(하동) 등지에 심었다. 일본에서는 신사에 많이 심는데, 우리나라에서 충남 아산 현충사와 경북 안동 도산서원 경내에 심었다가 일본이 원산지라고 해서 논란이 되기도 했다. 심은 사람은 문제로 삼지 못하고 심어져 자라는 나무를 탓하는 풍조가 아쉽다. 외래종을 도입하여 심기 전에는 그 나무가 우리 자연생태계에 부담되지 않고 자생종과 잘 어울리는지, 사람들에게 건강, 정서 등에 문제가 되지 않을지 등을 두루 살펴야 한다. 앞으로 새로운 나무를 심을 때에는 지역의 풍토에 적합하고, 주민의 요구와 정서에 알맞는 종을 선택하는 적지적수(適地適樹)의 지혜가 필요하다.

침엽수의 자연사

6. 측백나무과(Cupressaceae)

국내에 식재된 외래종 측백나무과 침엽수는 편백속, 눈측백속, 나한백속에 4종 정도가 있다.

❶ 편백속(*Chamaecyparis*)

구과식물강 구과목 측백나무과 측백아과(Cupressoideae) 편백속(*Chamaecyparis*)에 속한다. *Chamaecyparis*라는 학명은 라틴어 Chamaecyparissos(키 작은 삼나무)나 그리스어 chamaikyparissos(키 작은 삼나무)에서 기원했다.

편백속은 중국, 일본, 대만과 북아메리카의 서부와 남동부에 사는 종류로 모두 6종(+2변종)이 있다. 편백속은 암수한그루인 상록침엽교목이거나 상록침엽소교목이다.

편백속 나무는 강하고 피라미드 모양을 한다. 잎은 어릴 때는 무디고 바늘처럼 생겼으나 자라면서 비늘과 같은 모습을 한다. 폴렌을 만드는 수솔방울은 작고 노란색이며, 종자를 생산하는 암솔방울은 작고 둥글며 같은 해에 익는다. 작은 구과에는 두 개 정도의 종자가 열리는데 첫해에 익는다. 종자는 납작한 모습을 하며 얇고 넓은 날개를 가지고 있다.

편백의 목재는 질이 좋고, 가벼우며, 견고하면서 가공이 쉬울 뿐만 아니라 특유의 향기가 나고, 균류나 곤충의 피해를 잘 받지 않아 인기가 많다. 침엽수 가운데 가장 품질이 좋아 건축에 사용한다.

편백속은 온대의 한랭한 침엽수림이나 해안 가까운 곳, 산지에서는 침엽수와 활엽수가 섞여 자라는 숲에서 다른 나무들과 함께 울창하게 자란다. 편백속의 7종이 중국, 대만, 북아메리카의 서해안과 남동해안에 분포한다. 편백속의 분포지는 북위 60~23도에 이르는 지역이며, 수직적으로는 해안으로부터 대만에서는 3,000m까지 자란다. 편백속은 온대의 여름에 비가 많이 오는 밀림에도 자란다.

편백(*Chamaecyparis obtusa*)

편백은 일본이 원산지이고, 영문명은 Japanese false cypress다. 국제적으로는 취약한 종이다.

　편백은 상록침엽교목이며, 높이 40m, 지름 2m이고, 나무껍질은 적갈색이며 가끔 회갈색을 띠고 길게 갈라지기도 한다. 잎은 둥근 마름모형이고, 끝이 무디며, 마주나고, 길이는 2~4mm다. 편백은 잎 뒷면의 숨구멍이 모여 희고 뚜렷한 Y자 모양을 한다. 화백은 숨구멍이 뭉개진 W자처럼 보이며, 측백나무는 잎 뒷면 숨구멍이 거의 보이지 않는다. 구화수는 4월에 피고, 암수한그루이며, 9~10월에 성숙한다. 암수가 각각 다른 가지에 달린다. 종자는 긴 삼각형이며, 날개가 있다.

　편백은 햇빛이 잘 들고 습윤하며 토질이 좋은 서늘한 곳에서 잘 자란다. 목재는 나무결이 곱고 가벼우며 연하고 향기와 광택이 있으며, 곧고 재질이 균일하며 아름다워 건축재, 가구재 등으로 좋다. 음향조절력이 있어서 음악당 내장재로 널리 쓰이고, 또한 강도가 높고 보존성이 좋아 조각재, 불교기구재, 선박재 등으로 사용된다. 진한 녹색의 잎이 치밀하게 나 있어서 질감이 좋아 공원수나 정원수로 널리 이용한다. 싹이 잘 나서 생울타리, 방풍림으로 많이 심는다. 편백의 구과에서는 향료를 채취한다.

　편백은 자기방어 물질인 피톤치드를 뿜어내므로 항균과 면역 기능이 있고, 아토피 피부염, 우울증, 스트레스 등 각종 질병 치료에 도움을 준다. 편백 잎에서 추출한 정유 속 에레몰(elemol)은 아토피 치료에 효과가 있다. 호흡을 통해 마시는 피톤치드는 스트레스 호르몬인 코르티솔의 혈중 농도를 절반 이상 줄여 준다. 편백이 내뿜는 피톤치드는 살균작용이 뛰어나고, 내수성이 강해 물에 닿으면 고유의 향이 진하게 퍼져 잡내도 제거하므로 욕조나 도마를 만든다.

　편백은 일본의 혼슈 북부, 시코쿠, 규슈가 원산지로 중요한 심는 나무

편백(축령산)

편백(남해)

이고, 대만에도 자란다. 일본의 혼슈와 야쿠시마 해발 300~1,700m 사이에 자란다. 난온대 기후에서 잘 자라며 추위에 약해 주로 남부지방에 심는다.

편백은 삼나무와 함께 1904년 일본에서 처음 들여와 남부지방에 심었다. 1920년대부터 기후가 온난한 곳에 편백숲이 조성됐다. 경기(국립수목원), 인천(월미도), 강원(태백산), 충남(칠갑산, 안면도, 국사봉, 기루지고개), 전남(마치산, 외나로도, 고장산, 통명산, 백운산, 계족산, 월림사, 일림산, 조계산, 봉화산, 봉황산, 태청산, 활성산, 금당도, 상황봉, 조약도, 보길도, 보적산, 남창골, 입암산, 용두산, 감부섬, 돈대봉, 하조도, 해남, 금산, 두봉산, 화순, 축령산), 전북(회문산, 우수산, 팔공산, 방장산), 경남(망산, 앵산, 좌이산, 남해, 창선도, 망운산, 속금산, 내산, 금산, 원효산, 이명산, 옥산, 작대산), 대구, 제주(만돌오름, 고근산, 한라산, 법정악, 제동목장, 제주대) 등지에 자란다.

편백숲이 잘 가꾸어져 있어 삼림욕하기 좋은 곳은 전남 장성 축령산, 순천 선암사, 장흥 억불산, 고흥 외나로도, 전북 완주 공기마을, 경남 남해, 통영 미륵사, 제주 서귀포 등이 대표적이다. 삼림욕(森林浴, green shower, forest bath)은 울창한 숲에서 나무의 향내와 신선한 공기를 깊이 들이마시며 기분을 새롭게 하는 건강요법이다. 삼림욕의 효과를 높여주는 피톤치드는 활엽수보다 침엽수에서 더 많이 나온다. 삼림욕 효과를 높이는 휘발성 물질은 편백, 소나무, 잣나무 등 침엽수가 더 많다. 잘 가꾼 침엽수림은 지역 경제에도 도움을 주고 일자리도 만들어 내는 효자 노릇을 한다.

화백(*Chamaecyparis pisifera*)

화백은 일본의 혼슈와 규슈가 원산지로 영문명은 Sawara cypress다.

화백은 상록침엽교목으로 높이 50m, 지름 1~2m이며, 나무껍질은 적갈색으로 좁고 깊게 갈라지며 나이가 든 나무는 회색을 띠기도 한다. 잎은 달걀형이고, 끝이 뾰족하며, 마주나고, 길이는 2~4mm다. 어린잎은 바늘형이지만 자라면 비늘 모습을 하며 길이 3mm 정도로 자란다. 잎은 황록색이나 밝은 녹색이며 나무의 진 냄새가 난다. 구화수는 4월에 피고, 암수딴그루이며, 10월에 성숙하고, 구과는 구형이고, 종자는 날개가 있다.

화백은 편백보다는 습기가 많은 땅에서 잘 자라며 환경에 대한 적응성도 높고, 멸종위기종은 아니다. 목재는 재질이 거칠기는 하지만 단단해 건축재, 토목재, 기구재, 선박재로 사용된다. 화백은 편백보다 재질이 떨어져 심지 않으나 물에 강하여 연못 가장자리에 심어 가꾸며 편백보다 추위를 훨씬 잘 견뎌 서울 홍릉숲에서도 겨울을 난다.

일본 혼슈 남쪽, 규슈 중부의 해발 700~1,700m의 바위지대, 습한 물가가 자라며 해발고도 2,400m까지 자란다. 우리나라에서는 1920년경 도입하여 전국에 심는다. 경기(국립수목원, 관악산, 동국대, 안산), 인천(강화도), 충남(덕봉산, 예산), 충북(양성산), 전남(나주, 태청산, 보적산, 상황봉, 두륜산), 전북(완주, 묘복산), 경남(백암산, 하동) 등지에 자란다.

화백(국립수목원)

❷ 삼나무속(*Cryptomeria*)

구과식물강 측백나무목 측백나무과 삼나무속(*Cryptomeria*)에 해당한다. 삼나무속(*Cryptomeria*)은 그리스어의 krypto(숨은)과 meros(부분)에서 온 것이다. 삼나무속에는 1종 2변종이 있다.

한반도는 북서유럽이나 북아메리카와는 달리 대륙빙하의 영향을 직접 받지 않기 때문에 제3기 식물상이 제4기까지 살았는데 삼나무속과 금송속이 대표적인 예다.

한반도에서는 신생대 제3기 마이오세에 경북 포항 장기, 경주 감포, 플라이스토세에 평양 용곡동굴에서 삼나무 화석이 나타난다.

삼나무속은 교목으로 습윤한 산악 침엽수림과 침엽수와 활엽수가 섞인 숲에 자란다. 삼나무는 일본, 중국 동남부가 원산이다. 야생에서 삼나무는 30~40m까지 자라며 크게는 65m까지 자란다. 중국의 쓰촨지방에서는 해발고도 1,500m까지 자란다.

삼나무(*Cryptomeria japonica*)

삼나무는 중국과 일본이 원산지로 북한에서도 삼나무로 부르며, 영문명은 Japanese cedar 또는 Japanese redwood다. 삼나무는 일본에서 재배하는 종(*Cryptomeria japonica* var. *japonica*)과 중국에 자생하는 종(*Cryptomeria japonica* var. *sinensis*)이 있다. 삼나무는 중국과 일본이 중요하게 여기는 나무다.

삼나무는 상록침엽교목으로 높이 40m, 지름 1~2m이고, 나무줄기는 적갈색이나 황갈색으로 띠와 같이 길게 벗겨진다. 잎은 바늘형으로 길이는 5~21mm다. 구화수는 3월에 피고, 암수한그루이며, 10월에 성숙한다. 구과는 둥글고, 종자는 장타원형이며 날개가 있다. 종자가 있는 구과는 작고 종자가 떨어진 뒤에도 나무에 남아있다.

삼나무는 일본에서 널리 심는 종으로 목재를 생산하고 나무를 벤 뒤에는 둥치에서 다시 싹이 난다. 삼나무는 습도가 높고 영양분이 풍부한

삼나무(제주 절물자연휴양림)

깊은 토양을 좋아한다. 삼나무는 1,000년까지 살며 추위에 약해 남부지방에서만 생육 가능하고, 공해에는 약하다. 제주도 감귤밭 주위에 방풍림으로 많이 심었으나, 그늘을 만들고 봄철 꽃가루가 많아 화분증(花粉症, pollinosis, hay fever)을 일으켜 베어내고 있다.

목재는 견고하고 가공이 쉽고 벌레가 잘 먹지 않아 건축, 토목, 술통, 선박, 조각, 가구재 등으로 사용된다. 시야를 가려주는 나무, 방풍, 산림녹화용으로 많이 심고, 울타리도 만든다. 잎은 향료의 원료로 쓰이고, 나무껍질은 지붕 재료. 염색제, 선박의 물막이, 뿌리껍질은 약용으로도 쓴다.

삼나무는 중국의 푸젠, 장시, 저장 등과 일본의 혼슈, 시코쿠, 규슈의 해발고도 150~1,800m에서 자란다. 일본의 조림지 가운데 3분의 1은 삼나무숲이다.

우리나라에서는 1900년대 초에 도입되어 전남, 경남 등 남쪽 지방과 제주도 등에서 심는다. 강원(강릉), 전남(용진산, 전남대, 소록도, 내나로도, 외나로도, 운람산, 지리산 노고단, 방장산, 고동산, 난봉산, 조계산, 희아산, 돈태봉, 안좌도, 비금도, 대흑산도, 금오도, 거문도, 태청산, 불갑산, 격자봉, 금당도, 완도, 보길도, 삼문산, 백운봉, 상황봉, 방장산, 용두산, 돈대봉, 하조도, 두륜산, 달마산, 화순, 계당산), 전북(내장산, 내변산, 쌍선봉, 연도, 완주), 부산(구덕산), 경남(북병산, 왕조산, 관음암, 삼방산, 거제도, 남해, 망운산, 금산, 사천, 영취산, 미륵도, 욕지도, 비진도, 한산도, 옥산), 경북(울릉도, 운문산), 제주(안덕, 백약이오름, 상추자도, 당오름, 조천, 서귀포)에 산다.

제주도에서는 감귤밭에서 여름 태풍과 겨울 차가운 바람을 막으려고 삼나무를 널리 심었다. 그러나 높게 자란 삼나무 울타리가 햇빛을 가리고 겨울철 냉기류를 가두어 감귤나무에 오히려 냉해를 끼치기도 한다. 삼나무가 제주도 자생 식물보다 더 잘 자라 생물다양성을 해친다는 우려도 있다. 한편 삼나무가 제주 환경에 잘 맞고 경제적 가치가 있고 자연휴양림을 만드는 등 자원 활용도가 높다는 의견도 있다. 그러나 감귤밭이

나 토지 경계에 심는 삼나무가 제주도 고유의 한라산, 오름, 경작지, 마을, 바다 경관을 가리고 봄에 꽃가루 알레르기를 일으키므로 제주도 자생종 나무로 바꾸는 것이 바람직하다.

❸ 메타세쿼이아속(*Metasequoia*)

메타세쿼이아는 구과식물강 측백나무목 측백나무과 메타세쿼이아속으로 좀삼나무속이라고도 부른다. 메타세쿼이아(*Metesequoia*)는 세쿼이아와는 조금 다른 특성을 가진 나무란 뜻으로 그리스어 meta(뒤)와 sequoia가 합쳐져 만들어졌다.

신생대 제3기 초기에 메타세쿼이아는 북아메리카, 유럽, 아시아에 널리 분포하였고, 에오세에는 북극권에 있는 노르웨이 스피츠베르겐까지 자랐다.

한반도에서 시대별로 메타세쿼이아속 화석이 나타난 곳은 신생대 제3기 마이오세(장기, 용동, 통천, 회령, 고건원, 함진동, 포항, 북평), 제4기 플라이스토세(용곡동굴) 등이다.

메타세쿼이아 가지는 넓게 퍼져 뾰족하게 자라며 바늘잎은 처음에는 녹색이지만 가을에는 분홍색을 띤 황금색으로 바뀐다. 암솔방울은 구형에 가깝고 딱딱하고 같은 해에 익는다. 조각비늘마다 5~8개의 종자가 있으며 날개는 불규칙하다. 생태적 조건은 낙우송속과 비슷하다.

메타세쿼이아는 하나의 속으로 이루어지며 중국에 자생하는 낙엽침엽교목이다.

메타세쿼이아(*Metasequoia glyptostroboides*)

메타세쿼이아는 중국 쓰촨과 후베이가 원산지로 북한에서는 수삼(水杉)나무라고 부르고, 영문명은 Dawn redwood다. 국제적으로는 심각하게 멸종위기에 처한 종으로 본다.

메타세쿼이아는 중생대 백악기부터 북아메리카, 그린란드, 북극과 아

북극의 도서, 아시아 등 북반구에 널리 분포했으며, 신생대 제3기 초기와 중기까지 자랐다. 중국 허베이와 쓰촨에서 1941년에 처음 알려졌고, 1948년부터 미국 아놀드수목원에 종자가 도입된 후 전 세계적으로 널리 퍼졌다. 국내에는 1950년대에 미국과 일본을 거쳐 들어왔다.

메타세쿼이아는 신생대 제3기 때 번성해 북반구 중위도에서 고위도와 북극권에 이르기까지 널리 분포했다. 우리나라에서도 포항 금관동층 등 제3기 퇴적층에서 나오지만, 제3기 마이오세에 이르면 동아시아와 알래스카를 제외하면 메타세쿼이아의 화석이 거의 나타나지 않는다. 우리나라는 메타세쿼이아가 마지막까지 살아남은 장소 중 하나다. 그 뒤 제4기 플라이스토세 빙하기에 춥고 건조해진 기후를 견디지 못하고 사라진 것으로 본다.

메타세쿼이아는 낙엽침엽교목으로 높이 40m, 지름 2m까지 자라며, 나무의 전체 모습은 원추형이다. 나무껍질은 황갈색이거나 적갈색으로

메타세쿼이아

침엽수의 자연사

길게 쪼개진다. 가을에 녹색의 어린 가지는 잎이 지면서 같이 떨어지지만, 싹이 나오는 눈을 가진 가지는 적갈색으로 계속 매달려 있다. 잎은 선형이고 마주나며, 길이는 6~28mm다. 겉모습은 낙우송과 같으나 바늘잎이 마주 보고 나며 종자를 가진 구과에 비늘이 있어 차이가 난다. 구화수는 2~3월에 피며, 암수한그루로, 10~11월에 성숙하며, 구과는 둥글고, 종자는 날개가 있다.

메타세쿼이아는 싹이 나서 10년 동안은 일 년에 1m 정도 자라는 나무로 뒤에는 서서히 자라며, 생태적 조건은 낙우송속과 비슷하다. 목재의 재질이 연하고 부드러워 펄프용으로 많이 쓰인다. 비교적 습하고 햇빛이 잘 드는 곳, 그늘진 곳에도 잘 자란다. 물 빠짐이 좋은 사면에서 잘 자라지만 호수나 하천 주변의 습한 토양과 일반 정원 토양에서도 잘 자라며, 질병에도 강하다. 겨울 기온이 낮은 곳에도 자라나 여름이 온화한 곳에서 빠르게 자란다.

메타세쿼이아는 중국 허베이, 후난, 쓰촨 등지의 해발 750~1,500m 사이의 강가, 산지 및 산골짜기에 자란다.

국내에서는 서울(남산, 난지도, 노을공원, 평화공원, 연세대, 이화여대, 양재천), 경기(국립수목원, 용문산, 광주), 강원(춘천 한림대, 남이섬), 전북 순창에서 전남 담양 가는 도로변 등지에 자란다. 메타세쿼이아 한 그루당 이산화탄소 흡수량은 약 70kg으로 주요 가로수의 2배, 소나무의 10배에 이르며, 탄소 저장량도 다른 나무들의 2배 정도로 많다.

❹ 낙우송속(*Taxodium*)

구과식물강 측백나무목 측백나무과 낙우송속에 포함된다. 낙우송속(*Taxodium*)은 주목을 뜻하는 그리스어의 taxos와 -odes(비슷)가 합쳐진 단어로 주목과 비슷하다는 뜻이 있다.

낙우송속의 화석은 신생대 제3기 에오세층에서 나타나며 캐나다, 알래스카, 유럽, 아시아 서부에 분포한 적이 있다. 현재는 북아메리카 일부 지역에만 자라난다.

　한반도에서 낙우송속 화석이 나타난 곳은 신생대 제3기 마이오세(회령, 용동, 장기, 감포, 연일), 마이오세~플라이오세(북평), 제4기 플라이스토세(새별, 해상동굴) 등이다.

　낙우송속은 3종이 있는데, 미국에 자라는 2종은 낙엽침엽교목이며, 멕시코에 자라는 종은 상록침엽교목이다. 잎은 바늘잎이며 10~15cm 길이의 가지에 두 줄로 난다. 녹색의 잎이 가을에는 구리색부터 황금빛 갈색까지 여러 색으로 물든다. 낙우송속은 암수한그루로 구과는 작고 둥글거나 달걀형으로, 익으면 터지면서 열린다.

　낙우송속은 물이 얕은 곳, 늪지, 호숫가의 물에 잠긴 곳에서 자라며 수면보다 높은 곳에 호흡을 위한 공기뿌리인 기근(氣根, anaerial root)이 있다. 줄기 밑부분에 돌출된 돌기는 산소를 공급해줘 습한 지역에서도 잘 자란다. 보통 단순림을 이루지만 건조한 곳에서는 활엽수와 같이 자라기도 한다.

　오늘날 낙우송속은 미국의 대서양 연안 평원, 미시시피계곡, 텍사스 남부 등부터 멕시코와 과테말라에 이르는 지역에 분포한다. 수직 분포역은 해수면부터 멕시코의 2,300m까지다.

낙우송(*Taxodium distichum*)

낙우송은 미국 플로리다가 원산지이고, 북한에서는 락우송이라 부르며, 영문은 Swamp cypress다.

　낙우송은 낙엽침엽교목으로 높이 50m, 지름 4m이고, 낙우송 아래에는 땅 위로 볼록볼록 솟아 있는 공기뿌리가 있다. 잎은 어긋나고, 길이는 4~15mm로 밝은 녹색이다. 구화수는 4~5월에 피고, 암수한그루이며, 9월에 성숙한다. 구과는 둥글고, 종자는 삼각형이다. 메타세쿼이아와 비슷하나 낙우송은 잎이 어긋나고 구과가 크며, 자루가 거의 없다.

　낙우송은 보통 습지나 하천을 좋아하나 일반 토양에서도 잘 자라며,

해변, 석회암지대의 습한 지역에도 자란다. 습지에서는 공기뿌리가 물 바깥으로 나와 뿌리의 호흡을 돕는다. 목재는 연하지만 잘 뒤틀리지 않고 벌레의 공격과 습기도 잘 견뎌 포장재, 파이프, 통풍기, 울타리, 정원용 가구를 만든다.

낙우송은 미국 남동부의 대서양 연안, 미시시피계곡, 텍사스 남부, 멕시코 등에서 자라는 낙엽침엽교목이다. 주된 분포지는 미국 델라웨어 남쪽과 플로리다 남부에서 텍사스 동부에 이르는 해발 150~520m 사이다. 1920년경 우리나라에 처음 수입되어 심었으며, 서울(이화여대), 경기(송추골, 광주), 전남(홍도, 삼각산), 전북(완주, 어청도), 제주(서귀포) 등지에 분포한다.

낙우송의 공기뿌리(국립산림과학원) ⓒ 황영심

⑤ 눈측백속(*Thuja*)

서양측백(*Thuja occidentalis*)

서양측백은 북아메리카 원산으로 도입종으로 영문명은 White cedar다.

서양측백은 상록침엽교목으로 높이 20m, 지름 30~100cm이고, 나무 껍질은 회갈색이며, 세로로 갈라진다. 잎은 달걀형이고, 마주나며, 끝이 갑자기 뾰족해지고, 길이는 1~4mm다. 구화수는 5월에 피고, 암수한그 루이며, 10~11월에 성숙한다. 구과는 달걀형 또는 장타원형이고, 종자는 장타원형으로 날개가 있다.

서양측백은 1930년경에 우리나라에 도입되어 남부지방에서 정원수 와 자연스런 멋을 내는 나무로 심는데, 싹이 잘 터서 높은 울타리를 만들 수 있다. 어려서는 측백나무보다 추위에 강하며, 습한 숲에서 잘 자란다. 목재의 재질이 우수하여 건축재, 기구재, 토목용으로 쓰인다. 잎은 향료 채취용으로, 약용으로도 이용된다. 잎에서 채취한 측백나무 기름은 월경 촉진제 및 이뇨제로 이용한다.

우리나라에서는 중부 이남에 심는다. 서울(난지천, 평화공원, 불광 천), 경기(국립수목원), 인천(대연평도), 전북(완주), 경북(경주) 등지에 자란다.

서양측백

❻ 나한백속(*Thujopsis*)

나한백속은 1종(+1변종)으로 구성된 일본 특산종이다. 일본 북부에 자라는 상록침엽교목이지만 야생에서 20m까지 자라기도 한다.

　한반도에서는 신생대 제3기 마이오세에 함북 고건원에서 나한백의 화석이 나타난다.

　잎은 거친 비늘 모습을 하며 아래쪽에 호흡을 위한 띠를 가지고 있다. 가지는 불규칙적으로 나며 종자를 가지는 구과는 10~15mm로 작다. 나한백속은 눈측백과 비슷하나 잎이 크고 잎의 아래쪽이 은색이며 구과가 보다 둥글다.

　나한백은 그늘을 잘 견디는 상당히 강한 나무이지만 극한적인 기후에서는 피라미드 모습의 관목으로 바뀌며, 물 빠짐이 좋은 토양에서 잘 자란다.

나한백

나한백(*Thujopsis dolabrata*)

나한백의 일본 원산으로 영문명은 False arborviatae다.

나한백은 상록침엽교목으로 높이 10~30m, 지름 90cm 정도이며, 나무껍질은 회갈색이고, 얕게 갈라지며, 피라미드형으로 자란다. 잎은 둥글며, 마주나고, 윤기가 있는 짙은 녹색이며, 길이는 2~5mm다. 구화수는 5월에 피며, 암수한그루이고, 10월에 성숙한다. 구과는 달걀형이며, 종자는 타원형이고, 양쪽에 날개가 있다.

나한백은 해안 저지의 침엽수와 활엽수가 섞여 자라는 숲과 한랭습윤한 산지에서 자란다. 그늘을 잘 견디는 종류로 나중에는 숲 위로 돌출되어 숲을 이루기도 한다. 나한백은 물 빠짐이 좋은 토양에서 잘 자란다. 목재는 연하고 견고하여 건축용 등으로 이용된다.

나한백은 일본 홋카이도, 혼슈, 규슈, 시코쿠 등지에 분포하는 교목으로 멸종위기종은 아니다. 해발 300~1700m 사이의 햇볕이 잘 드는 바위 지대에 자란다.

우리나라에서는 겨울의 낮은 상대습도와 적은 강우량 탓으로 경기도 남쪽 가운데 난대림 지역에서 주로 심어 기른다. 국내에 도입된 시기는 알려지지 않았고, 경남(경남수목원), 제주(서귀포) 등지에 자란다.

7. 남반구의 침엽수

분자 규모로 자료를 분석한 바에 따르면 남반구에 자생하는 침엽수는 4 과(Podocarpaceae, Araucariaceae, Cupressaceae, Taxaceae)에 5계통으로 구성된다. 남반구의 대표적인 침엽수는 카우리소나무(*Agathis australis*), 다크리디움 쿠프레시눔(*Dacrydium cupressinum*), 나한송속(*Podocarpus*), 남양삼나무속(*Araucaria*), 칠레삼나무속(*Austrocedrus*), 피츠로야(*Fitzroya*), 태즈메이니아와 오스트레일리아에서 자라는 칼리트리스(*Callitris*) 등이 있다.

나한송과(Podocarpaceae) 나한송속은 남반구에 가장 널리 분포하는 침엽수이고, 두번째로 분포역이 넓은 종류는 레트로필럼속(*Retrophyllum*)이다. 나한송속은 오스트레일리아와 뉴질랜드에서만 자라던 식물이나 지금은 아프리카, 동아시아, 남아메리카, 멕시코, 카리브해에서도 기른다.

남반구에만 볼 수 있는 대표적인 침엽수는 남서태평양에 있는 섬인 뉴칼레도니아의 특산속 침엽수(*Austrotaxus, Neocallitropsis, Parasitaxus*), 뉴질랜드 태즈메이니아의 침엽수(*Athrotaxis, Diselma, Microcachrys*), 칠레와 아르헨티나의 침엽수(*Fitzroya, Saxegothaea*) 등이 대표적이다.

침엽수의 자연사

카우리소나무(뉴질랜드 와이포우아숲) ⓒ wikimedia

북한의 침엽수 천연기념물

북한에서 천연기념물로 지정된 침엽수(괄호 속 지명은 분포지)는 우리의 상황과는 다르다. 국내에 소개된 북한의 천연기념물의 종류, 분포지 등의 내용 사이에 차이가 있어 앞으로 자세한 조사가 추가적으로 수행되어야 한다.

●은행나무과(Ginkgoaceae)

은행나무는 개풍 남포리, 개성 방직동 성균관, 장풍 대덕산리, 평성 봉학동 안국사, 평성 자산리, 평원 평원읍 훈련정, 향산 향암리, 묘향산 상원암, 안악 금강리, 정주 세마리, 이천 이천읍, 철원 정동리 가재울, 철원 저탄리 두문동, 함흥 동흥산, 금야 동흥리, 강계 북문동, 배천 배천읍, 신원 화석리, 신원 계남리, 연안 연안읍, 연안 호남리, 과일 과일읍, 신계 침교리에 자라며 천연기념물로 지정되어 있다.

●소나무과(Pinaceae)

천연기념물로 지정된 소나무과 전나무속에는 전나무(평양 능라도, 평양 모란봉, 삭주 좌리, 판교 룡포리, 금강 내강리, 전천 와운리, 화성 고성리), 구상나무(원산 송흥동, 판교 룡포리)가 있다.

2개 바늘잎을 가진 소나무속 천연기념물로는 소나무, 반송, 흑송 등이 포함된다. 그 중 소나무(평양 룡산리, 평양 무진리, 평성 률화리, 향산 향남리, 묘향산 상원암, 철산 장송리, 법동 금구리, 정주 세마리, 고산 위남리, 고산 설봉리 석왕사, 법동 건자리, 함흥 동흥산동, 금야 가진리, 함남 수동구 성남리, 고원 성남리, 덕성 중동리, 명천 포중리, 명천 포하리, 곡산 동산리, 곡산 동산리 구로동, 안변 문

침엽수의 자연사

북한 금강산의 잣나무

북한 금강산의 소나무

II부 한반도의 침엽수

307

수리, 서흥 화봉리, 고성 온정리, 화성 함진리, 김책 학동리, 삼지연 신무성동 연지봉)가 가장 흔하다.

소나무의 품종인 반송(함흥 소나무동, 사포구역), 흑송(맹산 맹산읍 당포리), 만지송(단천 달전리, 고풍 룡대리, 신평 선암리), 처진소나무를 일컫는 늘어진 소나무(창도 장현리)도 천연기념물에 포함된다.

5개의 바늘잎을 가진 잣나무(평양 모란봉, 화평 가림리 오가산, 화평 가림리 가산령, 중강군 오수리 오수덕, 강계 장자동), 섬잣나무(경성 승암리) 등도 천연기념물로 지정됐다. 그 밖의 소나무과 자생종 침엽수 천연기념물에는 잎갈나무속의 잎갈나무(평양 랭천동 문수봉), 가문비나무속의 긴방울가문비나무(시중 천장리) 등도 있다.

외래종 소나무과 침엽수 천연기념물로 북아메리카 동부 지역이 원산지인 스트로브잣나무(북한명 가는잎소나무)는 북창 룡포리, 중국 원산의 백송은 개풍 연강리에 자란다.

남한 남부 덕유산에서 한라산 이르는 아고산대에 주로 자생하는 구상나무와 울릉도에만 자라는 섬잣나무가 원산과 판교에 분포하는 이유가 흥미롭다. 강원 원산의 구상나무는 광복 이전인 1942년에 10년생 정도 되는 것을 원산역 앞에 심었다가 원산식물원을 건설하면서 옮겨 심었다고 한다. 강원 판교의 섬잣나무도 울릉도에서 종자나 어린나무를 심어 기른 것으로 본다.

침엽수의 자생지가 아닌 평양의 특별구역에 자라는 전나무, 잎갈나무가 천연기념물로 지정된 것은 정치적인 배경이 있는 것으로 추정된다. 만지송은 반송과 같은 종류로 보이는데 북한은 반송을 따로 구분해서 천연기념물로 소개한다.

● 측백나무과(Cupressaceae)

측백나무과 천연기념물은 향나무(신포 금호 호남리, 금야 청백리, 송화 원당리, 황주 삼전리), 단천향나무(명천 사리), 뚝향나무(평양 대성산), 곱향나무(명천 사리) 등이다. 메타세쿼이아(북한명 수삼나무)는 평양 대성산, 낙우송(북한명 락우송)은 해주 옥계동에 자란다.

침엽수의 자연사

●주목과(Taxaceae)

주목과 천연기념물은 주목(양강도 화평 가림리 오가산)이 있다.

●금송과(Sciadopityaceae)

일본 원산의 금송과 금송(북한명 금솔)은 원산 송청동, 개성 고려동에 자란다.

　　북한의 자생종과 외래종 현황과 천연기념물에 대한 정보가 부족하여 실상을 알기에는 제한적이다. 남북 사이에 나무에 대한 자료와 정보를 나누고 도우면서 서로를 알아가는 노력이 필요하다.

나오는 말

침엽수는 우리나라 숲의 절반 이상을 차지할 정도로 흔하지만 국민의 관심을 크게 받지 못했다. 우리는 지구촌의 골칫거리가 된 기후변화와 지구온난화, 현대인의 일상을 불편하게 하는 미세먼지, 2020년부터 인간 삶의 방식 자체를 뒤흔들어 버린 코로나19까지 겪으면서 살고 있다. 코로나가 한창일 때 사람들이 가장 안심하고 즐겨 찾던 곳이 공원과 마을 뒷산 숲이라는 사실은 시사하는 바가 크다. 혼돈 속의 세상사를 뒤로하고 침엽수림 아래에서 몸과 마음을 다스리게 되면서 비로소 사람들은 우리 나무와 숲의 가치를 알게 됐다.

이 책에서는 주변에 보이는 침엽수들이 어떤 족보를 가진 나무들인지, 언제부터 우리 곁에 있었는지, 어떻게 살고 있는지, 거기에 왜 사는지, 우리 삶에 어떤 영향을 주고받았는지를 시·공간적인 관점으로 되돌아보았다. 지질시대부터 현재까지 시간을 거슬러 오르내리며 침엽수의 자연사를 복원하였고, 백두산에서 한라산에 이르는 공간을 넘나들면서 침엽수들의 터전과 환경을 살펴보았다. 이 책을 통해 이 땅에 분포하는 침엽수의 자연사, 다양성, 분포, 생태, 외래종에 대한 궁금증을 식물지리적인 눈으로 들여다보고 궁금했던 질문에 대해 대답했다.

자연사

침엽수는 소철, 은행나무와 함께 종자가 밖으로 드러나는 나자식물(겉씨식물)로 원시적인 나무이며, 진화적으로는 양치식물과 피자식물의 사이

침엽수의 자연사

에 있는, 종자를 만들어 후손을 남기는 종자식물이다. 대부분의 침엽수는 중생대에 번성했고, 신생대에는 활엽수에 자리를 넘겨주었으나 아직도 28종의 자생종 침엽수가 꿋꿋하게 살고 있다. 한반도에 자라고 있는 침엽수는 오랫동안 기후와 자연환경 변화에 적응해 진화한 산물이고 자연사를 알려주는 증거다. 이를 바탕으로 침엽수의 자연사를 복원했다.

한반도의 첫 침엽수는 고생대에 등장해 살았으나 지금은 지구상에서 멸종한 왈치아, 울마니아, 엘라토크레듀스 등이다. 중생대 쥐라기에 살았던 팔리시아, 체카노브스키아 등과 백악기에 출현한 세쿼이아, 아라우카리아 등 침엽수들도 화석만을 남기고 한반도에서 사라졌다. 2개의 바늘잎을 가진 소나무속만이 유일하게 중생대부터 지금까지 살아남아 이 땅의 지킴이로서 자리를 지키며 우리와 삶을 이어가고 있다.

제3기 마이오세에 온난한 기후에서 번성했던 메타세쿼이아, 금송속, 낙우송속, 나한백속, 삼나무속, 개잎갈나무속, 나한송속 등 침엽수들은 제4기 플라이스토세 빙하기의 한랭한 기후를 견디지 못하고 한반도에서 사라졌다. 마이오세에 살다가 멸종했던 일부 침엽수들의 후손들은 오늘날 외래종으로 다시 도입되어 온난한 남부지방을 중심으로 심어 기른다.

중생대 백악기에 살았던 소나무속과 함께 신생대 마이오세에 번성했던 전나무속, 가문비나무속, 잎갈나무속, 솔송나무속, 향나무속, 개비자나무속, 주목속 등의 후손들은 신생대 제4기에 등장한 눈측백속, 5개의 바늘잎을 가진 소나무속 등과 더불어 현재까지 우리 곁을 지키고 있다.

신생대 제4기 플라이스토세 최후빙기 동안 가장 추웠던 2만 2,000~1만 8,000년 전은 현재보다 기온이 5~7℃ 정도 낮았다. 이때 한반도에서는 한랭한 기후에서 경쟁력이 있는 북방계 한대성 침엽수와 북방계 고산식물 등 한대성 식생이 세력을 넓혔고 온난한 기후를 좋아하는 남방계 난온대성 식생은 분포역이 줄었다.

지금으로부터 1만 2,000년 전 홀로세에 들어 기온이 오늘날과 비슷해지면서 한랭한 기후에서 번성하는 북방계 침엽수들은 온난해진 기후에 생리적으로 적응하기 어려워졌다. 이들 한대성 침엽수는 남방계 침엽수뿐만 아니라 온대성 활엽수들과의 자리다툼을 해야 했다. 최후빙기 때 추위를 피해 남쪽으로 피난을 떠났던 온대성 및 난온대성 나무들이 빙하기 이전의 고향으로 되돌아오면서 홀로세에는 오늘날과 같은 식물들의 자리가 정해졌다.

다양성

한반도에는 소나무과(Pinaceae) 전나무속(전나무, 구상나무, 분비나무), 잎갈나무속(잎갈나무, 만주잎갈나무), 가문비나무속(가문비나무, 종비나무, 풍산가문비나무), 소나무속(소나무, 잣나무, 섬잣나무, 눈잣나무, 곰솔, 울릉솔송나무) 등 14종, 측백나무과(Cupressaceae) 향나무속(향나무, 섬향나무, 눈향나무, 곱향나무, 단천향나무, 노간주나무, 해변노간주) 등 7종, 눈측백속(눈측백) 1종, 측백나무속(측백나무) 1종, 개비자나무과(Cephalotaxaceae) 개비자나무속(개비자나무, 눈개비자나무) 2종, 주목과(Taxaceae) 주목속(설악눈주목, 주목) 등 2종, 비자나무속(비자나무) 1종을 포함한 28종이 자생한다. 외국에서 20여 종의 침엽수를 들여와 원예용, 조경용, 조림용, 휴양림 등 여러 목적으로 심는다.

한반도 내 침엽수림을 이루는 주요 나무는 소나무와 함께 잣나무, 전나무, 가문비나무, 향나무, 주목 등이다. 북한의 일부 제한된 장소에만 자라는 침엽수는 북부 고산대에 자라는 곱향나무, 잎갈나무 등과 북부에만 분포하는 만주잎갈나무, 풍산가문비나무, 단천향나무 등이 대표적이다.

한반도 아고산대에는 눈향나무, 눈잣나무, 눈측백 등이 산봉우리를 중심으로 드문드문 자라며, 중부지방 아고산대에는 눈측백, 설악눈주목 등이 격리되어 자라고, 남부지방 아고산대에는 특산종인 구상나무가 자란다. 섬잣나무, 울릉솔송나무, 해변노간주, 섬향나무 등은 도서와 해안의 환경에 적응하여 생존한다.

한반도에 자생하는 침엽수 가운데 희귀종은 곱향나무, 단천향나무, 만주잎갈나무, 종비나무 등이다. 멸종위기종은 남·북한에 나는 눈측백, 북한에만 자라는 풍산가문비나무, 남한에 자라는 구상나무, 설악눈주목 등이다.

한반도 내에서 높은 산을 중심으로 분포역이 좁아 희귀한 침엽수는 잎갈나무, 가문비나무, 눈잣나무, 섬잣나무, 눈향나무, 눈측백, 울릉솔송나무, 설악눈주목 등으로 이들은 지구온난화와 환경변화에 따라 사라질 수 있는 종으로 관심을 가지고 보전해야 한다. 특히 고산대와 아고산대에 드물게 자라는 한랭한 기후를 좋아하는 침엽수와 해안과 도서에 격리되어 자라는 침엽수들은 지구온난화, 해수면 상승 등 환경변화에 따라 피해를 받기 쉬운 취약종이다.

한반도에 자생하는 침엽수는 기후변화, 개발, 산불, 병해충 등의 피해가 늘면서 예전보다 분포역과 나무의 세력이 줄어들고 있으므로 관심을 가지고 보살펴야 한다.

생태

한반도에 자생하는 28종 침엽수의 생김새는 상록침엽교목(14종), 상록침엽소교목(7종), 상록침엽중교목(4종), 낙엽침엽교목(2종), 상록침엽미소교목(1종)으로 침엽수의 대부분이 상록침엽수다.

한반도에 자생하는 침엽수의 생김새는 높이 20~40m, 지름 1m에 이르는 상록침엽교목이 가장 흔하다. 상록침엽교목(소나무, 잣나무, 섬잣나무, 전나무, 분비나무, 구상나무, 울릉솔송나무, 가문비나무, 비자나무, 주목, 잎갈나무 등)은 상록수와 낙엽수 모두 나타나며 수평적 및 수직적으로 널리 분포한다. 땅 위를 기는 침엽소교목이나 침엽중교목은 고산,

아고산, 바닷가 등 열악한 환경에서 주로 자란다. 땅 위를 기거나 덤불로 자라는 종류(곱향나무, 눈향나무, 눈측백, 눈잣나무, 설악눈주목 등)는 고산대와 아고산대의 저온과 강풍이 심한 혹독한 환경을 버티며 자리를 지키고 있다.

한반도에 자생하는 침엽수들은 주로 4~5월에 구화수가 피고 구과는 같은 해 가을이나 다음 해 가을에 익는 종류가 많다. 종자는 달걀형이나 타원형을 이루며 날개를 가진 것이 많아 열악한 자연환경에 견디고 종자가 퍼지기 알맞도록 적응했다. 종자에 날개가 있는 침엽수(가문비나무, 눈측백, 분비나무, 잎갈나무, 종비나무, 구상나무, 전나무, 소나무, 곰솔, 섬잣나무, 울릉솔송나무, 만주잎갈나무, 풍산가문비나무 등)는 주로 바람에 의해 산포된다. 종자에 날개가 없는 침엽수(눈잣나무, 잣나무, 측백나무 등)와 종자가 열매살로 덮인 침엽수(개비자나무, 눈개비자나무, 설악눈주목, 주목, 비자나무 등)는 주로 동물이나 중력에 의하여 퍼진다. 바람에 의해서 종자가 퍼지는 침엽수들은 동물 등에 의해 산포되는 종류보다 널리 분포한다.

지난 50여 년 동안 전국에 나무를 심고 가꾸면서 숲은 무성해졌지만 요즘 들어 지구온난화, 천이, 병해충 피해, 산불, 개발에 따라 숲을 이루는 나무 종류와 다양성 그리고 종별 분포역이 바뀌고 있다. 한반도가 온난화되면서 잣나무, 가문비나무, 구상나무 등 우리나라를 대표하는 한대성 침엽수는 갈수록 개체수와 분포역이 줄어드는 대신 신갈나무, 굴참나무, 붉가시나무, 구실잣밤나무, 동백나무 등 활엽수들이 차지하는 면적이 늘고 있다.

국립수목원이 지정한 기후변화에 취약한 식물 100종 가운데 침엽수는 소나무, 일본잎갈나무, 구상나무, 분비나무, 비자나무, 눈측백, 가문비나무, 주목, 눈잣나무, 설악눈주목 등 10종이며, 활엽수가 44종 그리고 풀이 46종으로 지구온난화에 따른 피해가 늘고 있다.

침엽수 가운데 고산대와 아고산대 산봉우리에 섬처럼 격리되어 자라

침엽수의 자연사

는 침엽수들이 지구온난화 피해를 겪으면서 쇠퇴하고 있다. 앞으로 지구온난화가 계속되면 백두대간과 한라산 등 고산대와 아고산대에 격리되어 분포하는 북방계 한대성 키 작은 침엽수(눈잣나무, 눈향나무, 눈측백, 설악눈주목 등), 키 큰 침엽수(구상나무, 분비나무, 가문비나무, 주목, 등) 모두 위기를 맞을 수 있으므로 기후변화에 취약한 침엽수를 관심을 가지고 보호해야 한다.

분포

한반도 북부 산악지대, 백두산에서 지리산에 이르는 백두대간과 한라산의 고산대와 아고산대는 지금 북극권의 툰드라에 우점하는 키 작은 꼬마나무인 극지고산식물과 중위도 높은 산꼭대기에 자라는 고산식물들의 터전이다.

북부 아고산대에 격리되어 자라는 풍산가문비나무와 남부 아고산대의 구상나무 등 한반도 특산종 침엽수는 최후빙기에 한반도로 유입된 나무가 홀로세 동안 북부와 남부의 국지적인 산악 환경에서 유전적으로 고립되어 만들어진 산물이다.

북쪽이 고향인 한대성 침엽수(곱향나무, 눈잣나무, 눈향나무, 단천향나무, 눈측백, 설악눈주목 등)는 홀로세에 들어 기온이 오르면서 남방계 온대성 및 난대성 침엽수와의 경쟁에 밀렸다. 그 결과 한대성 침엽수는 오늘날 한반도 북단부터 백두대간에 거쳐 한라산의 높은 산꼭대기에 섬처럼 드물게 떨어져 격리 분포한다. 이들은 혹독한 환경과 지구온난화를 견디면서 다른 나무들과 조화롭게 살고 있다.

북부와 중부 산악지대에서는 한대의 차가운 기후에서 잘 자라는 북방계 상록침엽수가 북방계 낙엽침엽수와 수많은 낙엽활엽수들 사이에서 자리다툼을 하면서 분포역을 넓혔다. 기후가 한랭하고 환경이 척박한 백두대간의 산악지대에서는 추위에서 경쟁력이 있는 북방계 상록침엽수(분비나무, 가문비나무, 종비나무, 잣나무, 주목 등)가 북방계 낙엽침엽수(잎갈나무, 만주잎갈나무)와 섞여 자라면서 수많은 활엽수와 자리다툼을 하고 있다.

중부와 남부의 낮은 산과 평야, 해안에는 온대기후에서 잘 자라는 침엽수가 자리를 두고 북방계 나무와 남방계 나무들이 치열하게 경쟁했다. 우리 국토의 많은 부분을 차지하는 넓은 산은 환경에 대한 적응력이 뛰어난 온대성 침엽수(소나무, 전나무, 노간주나무, 향나무, 측백나무 등)의 세상이 됐다. 특히 소나무는 가장 넓은 영토를 차지한 우두머리 침엽수가 됐다.

중부와 남부의 따뜻한 산자락에는 남방계 침엽수(개비자나무, 눈개비자나무, 비자나무 등)가 자란다. 해안에서 멀지 않은 곳에서는 곰솔이 자신들의 쉼터를 마련하고 세력을 넓힐 기회를 넘보고 있다.

남쪽과 해안, 그리고 지금은 해수면이 높아지면서 섬으로 바뀐 당시의 낮은 육지 등은 상대적으로 덜 추웠다. 이와 같이 상대적으로 덜 추웠던 지역에서는 남방계 난대성 침엽수가 최후빙기 이전보다 좁아진 피난처에서 추위를 견디고 경쟁하면서 생존했다.

울릉도를 비롯한 해안과 섬에는 갯바위, 모래언덕, 변화가 심한 기후 등 독특한 환경에 적응한 침엽수(섬향나무, 해변노간주, 섬잣나무, 솔송나무)들이 강한 바람과 소금기가 있는 거친 환경을 견디며 살고 있다.

외래종

외래 침엽수는 은행나무과(은행나무 1종), 소나무과(개잎갈나무, 일본잎갈나무, 독일가문비나무, 방크스소나무, 백송, 리기다소나무, 구주소나무, 스트로브잣나무, 테에다소나무 등 9종), 남양삼나무과(울레미소나무

1종), 나한송과(나한송 1종), 금송과(금송 1종), 측백나무과(편백, 화백, 삼나무, 메타세쿼이아, 낙우송, 서양측백, 나한백 등 7종)를 포함해 모두 20여 종이다.

　인공적으로 심은 침엽수들 가운데 일본이 원산지인 금송, 일본삼나무, 일본잎갈나무 등 일부는 과거사와 관련하여 논란이 됐다. 이 나무들을 고르고 심은 사람은 책임을 지지 않고, 애꿎은 나무만 뽑히거나 잘려나가는 신세가 됐다. 외국에서 나무를 들여와 심을 때에는 잠재적인 생태적 부작용 등에 대한 과학적인 검토를 거쳐 신중하게 도입 가능한 종을 먼저 선발하고 단계적인 시험과 점검을 거쳐 보급해야 한다. 이에 더해 산림황폐화의 피해를 겪고 있는 북한의 침엽수와 숲을 되살리려는 남북 간의 학술적인 교류와 협력이 필요하다.

　지질시대부터 한반도에 출현한 이래 침엽수들은 기후변화에 따라 끊임없이 자리바꿈을 계속한 결과 오늘날과 같이 28종을 이루며 백두산부터 한라산까지 한반도 곳곳에 터전 삼아 자리한다. 그러나 이 땅에 자생하던 침엽수들은 지구온난화와 같은 기후변화, 개발에 따른 나무 베기, 병해충의 공격에 따른 집단적 죽음, 산불과 자연재해에 따라 흔적도 없이 사라지는 일이 흔하다.

　침엽수들이 건강하게 자라서 지금보다 울창한 숲이 될 수 있도록 가꾸어 국민들에게 편안한 쉼터이자 지혜와 영감을 주는 공간으로 만들어야 한다. 생물다양성이 풍부하고 건강한 숲을 미래 세대에게 오롯이 전해주려면 애정과 관심을 침엽수에게 가져야 한다.

　오늘 우리가 보는 자연은 어제까지의 자연사이고 미래를 예측할 수 있는 거울과 같다.

참고문헌

● **국내문헌** ●

공우석, 1995, 한반도 송백류의 시·공간적 분포역 복원, 대한지리학회지, 30(1), 1~13.

공우석, 2002, 한반도 고산식물의 구성과 분포, 대한지리학회지, 37(4), 357~370.

공우석, 2003, 한반도 식생사, 아카넷.

공우석, 2004, 한반도에 자생하는 침엽수의 종 구성과 분포, 대한지리학회지, 39(4), 528~543.

공우석, 2006, 한반도에 자생하는 소나무과 나무의 생물지리, 대한지리학회지, 41(1), 73~93.

공우석, 2006, 북한의 자연생태계, 아산재단연구총서, 202집, 집문당.

공우석, 2007, 생물지리학으로 보는 우리식물의 지리와 생태, 지오북.

공우석, 2012, 키워드로 보는 기후변화와 생태계, 지오북.

공우석, 2016, 침엽수 사이언스 I, 지오북.

공우석, 2019, 우리 나무와 숲의 이력서, 청아출판사.

공우석, 2020, 바늘잎나무 숲을 거닐며, 청아출판사.

공우석, 2020, 지구와 공생하는 사람: 생태, 이다북스.

공우석, 2021, 숲이 사라질 때, 이다북스.

구경아·박원규·공우석, 2001, 한라산 구상나무의 연륜연대학적 연구 -기후변화에 따른 생장변
　　동 분석, 한국생태학회지, 24(5), 281~288.

국립수목원·한국식물분류학회, 2007, 국가표준식물목록, 국립수목원.

김봉균, 1959, 한국산 화석 식물 목록, 한국식물학회지, 2(1), 22~38.

김봉균·이하영·백광호·최덕근, 1992, 고생물학, 우성문화사.

김윤식·고성철·최병희, 1981, 한국의 식물 분포도에 관한 연구(IV), 소나무과의 분포도, 식물분
　　류학회지, 11(1, 2), 53~75.

김은숙·이지선·박고은·임종환, 2019, 아고산 침엽수림 분포 면적의 20년간 변화 분석, 한국산림
　　과학회지, 108(1), 10~20.

김준민, 1980, 한국의 환경 변천과 농경의 기원, 한국생태학회지, 3(1, 2), 40~51.

김정언·길봉섭, 1983, 한반도의 곰솔 분포에 관한 연구, 한국생태학회지, 6(1), 45~54.

김정환, 2005, 한국의 지층, 시그마프레스.

김진수·김영걸·김장수·문희종·배상원, 2014, 소나무의 과학: DNA에서 관리까지, 고려대학교출
　　판부.

김홍걸, 1992, 평산군 해상동굴 퇴적층의 포자 -화분 구성-, 조선고고연구. 86.

김홍걸, 1993, 덕천 승리산 동굴 유적의 포자 -화분 구성-, 조선고고연구, 87.

김현삼, 1978, 소나무속에 대한 지리적 고찰, 생물학, 63, 33~40.

도봉섭·임록재, 1988, 식물도감, 과학출판사.

리종오, 1964, 조선고등식물분류명집, 과학원출판사.

리상우, 1973, 제4기 층서 구분에서 제기되는 몇 가지 문제 (한창균, 1990, 북한의 선사 고고학,
　　백산문화, 29~32).

림경호 등, 1987, 조선의 화석 1, 과학기술출판사.

림경호 등, 1992, 조선의 화석 2, 과학기술출판사.

림경호 등, 1994, 조선의 화석 3, 과학기술출판사.

박상진, 2002, 궁궐의 우리나무, 아카데미서적.

박상진, 2011, 문화와 역사로 만나는 우리 나무의 세계 2, 김영사.

박원규·서정욱, 1999, 지리산 천왕봉지역 구상나무의 연륜기후학적 해석, 한국제4기학회지, 13(1), 25~33.

박종욱·정영철, 1996, 고등식물, 국내생물종문헌조사연구, 자연보호중앙협의회, 64~71.

박희현, 1984, 동물상과 식물상, (국사편찬위원회, 한국사론 12, 한국의 고고학I, 상, 91~186).

백광호·봉필윤·최덕근, 1979, 포항 지역의 마이오세 지층의 미고생물학적 연구, 조사연구보고, 6, 9~45.

봉필윤, 1980, 감포 지역 제3기층의 층서 화분분석, 조사연구보고, 9, 5~13.

봉필윤, 1982, 연일 동산리 지역의 화분 연구, 조사연구보고, 14, 7~23.

산림청, 2020, 산림기본통계, 산림청.

송국만, 2011. 한라산 구상나무림의 식생 구조와 동태. 박사학위논문, 제주대학교.

신문현·임주훈·공우석, 2014, 산불 후 입지에 따른 소나무 분포와 환경 요인: 강원도 고성군을 중심으로, 환경복원녹화, 17(2), 49~60.

신재권·정재민·김진석·윤충원·신창호, 2015, 희귀수종 향나무 자연집단의 분포와 성간 동태 및 보존, 한국자원식물학회지, 28(4), 400~410.

양승영(역), 1997, 한반도 지질학의 초기 연구사, 경북대학교출판부.

양승영·윤철수·김태완, 2003, 한국화석도감, 아카데미서적.

양종철·이유미·오승환·이정희·장계선, 2012, 구과식물, 한국식물 도해도감 III, 국립수목원.

윤철수, 2001, 한국의 화석, 시그마프레스.

오수영·박재홍, 2001, 한국 유관속 식물분포도, 아카데미서적.

오승환 등, 2015, 변화하는 환경과 구상나무의 보전, 국립수목원.

이규배, 2014, 나자식물이 꽃피는 식물로 인식되고 있는 잘못된 관행의 분석, 식물분류학회지, 44(4), 288~297.

이상태, 1997, 한국식물검색집, 아카데미서적.

이상헌, 2009, 한국 중서부 지역의 홀로세 후기 화분화석에 대한 고고화분학적 예비고찰, 지질학회지, 45(6), 697~709.

이상헌, 2014, 최종빙기 최성기 이후의 지질시대, 우리 숲의 역사, 숲과문화연구회, 거목문화사.

이성규, 2016, 신비한 식물의 세계: 식물에서 삶의 지혜를 얻다, 대원사.

이우철, 1996, 한국식물명고, 아카데미서적.

이우철, 1996, 원색한국기준식물도감, 아카데미서적.

이윤원·홍성천, 1995, 구상나무림의 군락생태학적 연구, 한국임학회지, 84(2), 247~257.

이융조, 1983, 플라이스토세의 자연환경 -청원 두루봉동굴 II 식물상-, 동방학지, 38, 1~41.

이영로, 1986, 한국의 송백류, 이화여자대학교 출판부.

이정석·이계한·오찬진, 2010, 새로운 한국수목대백과도감, 학술정보센터.

이중효·신학섭·조현제·윤충원, 2014, 아고산 침엽수 군락, 국립생태원.

이창복, 1983, 우리나라의 나자식물, 서울대 농대 관악수목원 연구보고, 4, 1~22.

이창복, 1986, 수목학(신고), 향문사.

이창석·조현제, 1993, 가야산 구상나무군락의 구조 및 동태, 한국생태학회지, 16(1), 75~91.

이천용·박봉우, 2012, 소나무의 역사, 경제수종① 소나무, 1~12, 국립산림과학원.

이춘령·안학수, 1965, 한국식물명감, 범학사.

이하영, 1987, 한국의 고생물, 민음사.

임경빈, 1995, 소나무, 빛깔 있는 책들 175, 대원사.

임록재·홍경식·김현삼·리용재·황호준, 1996, 조선식물지, 과학기술출판사.

임업연구원, 1999, 소나무 소나무림, 임업연구원.

장기홍, 1985, 한국지질론, 민음사.

장남기·김기완·김재근, 1988, 연일지역 신생대 제3기 마이오세 화석화분분석에 관한 연구, 한국
    생태학회지, 11(3), 137~144.

장병오·양동윤·김주용·최기룡, 2007, 한반도 중서부 지역의 후빙기 식생변천사, J. Ecol. Field
    Biol., 29(6), 573~580.

장진성·김휘·장계선, 2011, 한국동식물도감, 제 43권 식물편(수목), 교육과학기술부.

장진성·김휘·김희영, 2012, 한반도 수목 필드가이드, 디자인 포스트.

전영우, 2004, 우리가 정말 알아야 할 우리 소나무, 현암사.

전영우, 2005, 한국의 명품 소나무, 시사일본어사.

전영우, 2014, 궁궐 건축재 소나무, 상상미디어.

전제헌 등, 1986, 룡곡 제1호 동굴 퇴적층의 포자, 화분 분석 (한창균, 1990, 북한의 선사 고고
    학, 백산문화, 138~151).

전희영, 1983, 포항분지의 층서 고생물학적 연구, 82-국토기본지질, 7~26.

정동주, 2014, 늘 푸른 소나무: 한국인의 심성과 소나무, 한길사.

정재민·이수원·이강령, 1996, 지리산 구상나무 임분의 식생구조와 치수발생 및 동태, 한국임학
    회지, 85(1), 34~43.

정창희, 1976, 은행나무 이야기, 뿌리깊은나무 1976년 5월호.

정태현·이우철, 1965, 한국삼림대 및 적지적수론, 성대논문집, 10, 329~435.

조화룡, 1987, 한국의 충적지형, 교학연구사.

한창균, 1990, 북한의 선사고고학, 백산문화.

한창균, 1992, 용곡 제1호 동굴유적의 시기 구분과 문제점, 박물관기요, 8, 69~88.

한창균, 1994, 북한 구석기 문화 연구 30년 (대륙연구소, 북한의 고대사 연구 성과, 13~44).

한창균, 1995, 구석기 시대의 문화(한창균 등, 북한 선사 문화 연구, 백산자료원, 1~95).

홍문표, 2010, 설악산의 찝빵나무(눈측백) 분포와 생육현황, 자연보존, 149, 12~18.

홍정기·양종철·오승환·이유미, 2014, 엽록체 DNA matK와 psbA-trnH 염기서열에 기초한 한
    국산 향나무절(향나무속) 식물의 분자계통학적 연구, 식물분류학회지, 44(1), 51~58.

환경부, 1997, 금강소나무 분포 정밀조사 결과보고서, 환경부.

• 고문헌 •

세종대왕기념사업회, 1972, 世宗莊憲大王實錄 地理志 24, 광명인쇄공사, 17~462.

민족문화추진회, 1967, 新增東國輿地勝覽(전7권), 고전국역총서, 민문고(1989년 중판).

국사편찬위원회, 1973, 輿地圖書 上(1760), 한국사료총서 제20, 국사편찬위원회, 탐구당.

국사편찬위원회, 1973, 輿地圖書 下(1760), 한국사료총서 제20, 국사편찬위원회, 탐구당.

한국학문헌연구소 편, 1983, 전국지리지 3, 東國地理志, 한국지리지총서, 아세아문화사.

홍이섭 해제, 1966, 서유구 纂, 林園十六志(林園經濟志) 제1권(영인본), 1966, 서울대학교 고전
  총서 제 4권.

서유구 纂, 1969, 林園十六志(林園經濟志) 제6권(영인본), 서울대학교 고전총서 제9집.

한국학문헌연구소 편, 1976, 한국지리지총서, 大東地志, 아세아문화사(김정호, 1864).

• 외국문헌 •

松島眞次, 1941, 花粉統計에 의한 朝鮮 森林變遷 考察, 日本林學會誌, 23, 441~450.

中井猛之進, 1915~1939, 朝鮮森林植物編, 1~7卷.

南寅鎬, 1984, 朝鮮植被槪況, 延邊農學院學報, 2(16), 15~26.

Adams, RP, 1993, *Juniperus*, Flora of North America Editorial Committee(eds.), Flora of
  North America North of Mexico, Vol. 2, Oxford Univ. Press.

Adams, RP, Thornburg, D, 2010, Seed dispersal in *Juniperus*: A review, Phytologia, 92(3),
  424~434.

Adams, RP, 2014, Junipers of the World, The genus *Juniperus*: Trafford Publ.,
  Bloomington.

Anderson, JM, Anderson, HM, Cleal, CJ, 2007, Brief History of the Gymnosperms
  Classification, Biodiversity, Phytogeography and Ecology, Strelitzia 20, SANBI.

Arnold, CA, 1983, An Introduction to Paleobotany, Tata McGraw-Hill Publ., New Delhi.

Axelrod, DI, 1976. History of the Coniferous Forests, California and Nevada. Univ. Calif.
  Press, Berkeley.

Bannister, P, Neuner, G, 2001, Frost resistance and distribution of conifers, Bigras,
  FJ, Colombo, SJ(eds.), Conifer Cold Hardiness, 3-21, Kluwer Academic Publishers,
  Dordrecht.

Batten, DJ, 1984, Palynology, climate and the development of Late Cretaceous floral
  provinces in the Northern Hemisphere; a review, Brenchley, PJ(ed.), Fossils and
  Climate, 127-164, John Wiley & Sons, Chichester, U.K.

Beck, CB, 1988, Origin and Evolution of Gymnosperms, Columbia Univ. Press, N.Y.

Berglund, BE(ed.), 1986, Handbook of Holocene Paleoecology and Paleohydrology, John
  Wiley and Sons, Chichester, U.K.

Bond, WJ, 1989, The tortoise and the hare: ecology of angiosperm dominance and
  gymnosperm persistence, Jour. of the Linn. Soc. of Bot., 36, 227-249.

Bong, PY, 1980, Tertiary stratigraphy and palynology of the Gampo area, Korea, Korea

Rep. Geosci. and Min. Res., 10, 7-16.

Chamberlain, CJ, 1966, Gymnosperms Structure and Evolution, Dover Publications, Inc., N.Y.

Choi, DK, Bong, PY, 1986, Neogene Palynoflora from the Bugpyeong and Younghae, J. Paleontal. Soc. Korea., 2, 1-17.

Chung, CH, Choi, DK, 1993, Paleoclimatic Implications of Palynoflora from the Yeonil Group(Miocene), Pohang Area, Korea, J. Paleon., Soc. Kor., 9(2), 143-154.

Collins, D, Mill, RR, Möller, M, 2003. Species separation of *Taxus baccata, T. canadensis*, and *T. cuspidata*(Taxaceae) and origins of their reputed hybrids inferred from RAPD and cpDNA data. Amer. J. Bot. 90: 175-182.

Coulter, JM, Chamberlain, CJ, 1925, Morphology of Gymnosperms, Univ. of Chicago Press, Chicago.

Crane, PR, 1988, Major clads and relationships in the higher gymnosperms, Beck, CB(ed.), Origin and Evolution of Gymnosperms, 218-272, Columbia Univ. Press, N.Y.

Critchfield, WB, Little, EL Jr, 1966, Geographical Distribution of the Pines of the World, USDA Miscellaneous Publication 991.

Critchfield, WB, 1986, Hybridization and classification of the white pines(*Pinus* section *Strobus*), Taxon, 35(4), 647-656.

Den Ouden, P, Boom, BK, 1965, Manual of Cultivated Conifers, Martinus Nijhoff, The Hague.

Eckenwalder, JE, 2013, Conifers of the World, Timber Press.

Farjon, A, 1984, Pines: Drawings and Descriptions of the Genus, E.J. Brill/ Dr. W. Backhuys, Leiden.

Farjon, A, 1998, World Checklist and Bibliography of Conifers, Royal Botanical Gardens, Kew.

Farjon, A, 1990, Pinaceae: drawings and descriptions of genera *Abies, Cedrus, Pseudolarix, Keteleeria, Nothotsuga, Tsuga, Cathaya, Pseudotsuga, Larix* and *Picea*, Regnum Vegetabile, 121, 1-330.

Farjon, A, Styles, BT, 1997, *Pinus*(Pinaceae), Flora Neotropica, Monograph 75, N.Y. Botanical Garden, N.Y.

Farjon, A, 1998, World Checklist and Bibliography of Conifers, Royal Botanical Gardens, Kew.

Farjon, A, Page, CN, 1999, Conifers, Status Survey and Conservation Action Plan, IUCN/ SSC Conifer Specialist Group, Royal Botanic Gardens Kew, Kew.

Farjon, A, 2005, A Monograph of Cupressaceae and *Sciadopitys*, Royal Botanic Gardens, Kew.

Farjon, A, 2005, A Bibliography of Conifers, 2nd Edition, Royal Botanic Gardens, Kew.

Farjon, A, 2010, A Handbook of the World's Conifers, Vol. 1, 2, Brill, Leiden-Boston.

Farjon, A, Filer, D, 2013, An Atlas of the World's Conifers, Brill, Leiden.

Farr, K, 2008, Genus-level Approach to *Taxus* Species, NDF Workshop Case Studies, WG1 Trees, Case Study 6, Canada.

FitzPatrick, HM, 1965, Conifers: key to the genera and species, with economic notes, Sci. Proc. of the Royal Dublin Soc., Series A, 2(7), 67-129.

Florin, CR, 1955, Gymnosperm systematics in a century of progress in natural sciences 1853-1953, (Ed.), El. Kessel. Univ. of California, San Francisco.

Florin, CR, 1963, The distribution of conifer and taxad genera in time and space, Acta Horti Berg. 20(4), 121-312.

Frankis, MP, 1989. Generic inter-relationships in Pinaceae. Notes Roy. Bot. Gard. Edinburgh 45, 527-548.

Fujiki, T, Yasuda, Y, 2004, Vegetation history during the Holocene from Lake Hyangho, northeastern Korea, Quat. Intl., 123, 63-69.

Gadek, PA, Alpers, DL, Heslewood, MM, Quinn, CJ, 2000, Relationships within Cupressaceae sensu lato: a combined morphological and molecular approach, Amer. Jour. of Bot., 87(7), 1044-1057.

Gower, ST, Richards, JH, 1990, Larches: deciduous conifers in an evergreen world, Bioscience, 40, 818-826.

Graumlich, LJ, Brubaker, LB, 1995, Long-term records of growth and distribution of conifers: integration of paleoecology and physical ecology, In; Smith, WK, Hinckley, TM(eds.), Ecophysiology of Coniferous Forests, 37-62, Academic Press, San Diego.

Greenway, T, 1990, Fir Trees, Steck-Vaughn Library, Austin, Texas.

Gucinski, H, Vance, E, Reiners, WA, 1995, Potential effects of global climate change, In; Smith, WK, Hinckley, TM(eds.), Ecophysiology of Coniferous Forests, 309-331, Academic Press, San Diego.

Hageneder, F, 2007, Yew. A History, Sutton Publishing Ltd., Thrupp-Stroud-Goucestershire.

Hara, B, 1986, The Oxford Encyclopedia of Trees of the World, Peerage Books, London.

Hartzel, H Jr., 1991, The Yew Tree, A Thousand Whispers, Biography of a Species, Hulogosi, Eugene, Oregon.

Havrannek, WM, Tranquillini, W, 1995, Physiological processes during winter dormancy and their ecological significance, In; Smith, WK, Hinckley, TM(eds.), Ecophysiology of Coniferous Forests, 79-94, Academic Press, San Diego.

Hong, SC, 1995, Ecology and management of Korean *Larix* spp., Schmidt, WC, McDonald, KJ(eds.), Ecology and Management of *Larix* Forests: A Look Ahead, 66-71, IUFRO.

Hora, B, 1990, The Marshall Cavendish Illustrated Book of Trees and Forests of the World, Vol. i, Marshall Cavendish, N.Y.

Huzioka, K, 1943, Notes on some Tertiary plants from Chosen I, Jour. Fac. Sci. Hokkaido Univ. Ser., 4(1), 118-141.

Huzioka, K, 1951, Notes on some Tertiary plants from Chosen II, Trans. Proc. Palaeontol. Soc. Japan N.S., 3, 57-74.

Huzioka, K, 1972, The Tertiary floras of Korea, Jour. Min. Coll. Akita Univ. Japan, Ser. A, Vol. 5, 1-83.

Itokawa, H, Lee, KH. 2003, *Taxus*: The Genus Taxus, CRC Press.

Keeley, JE, Zedler, PH, 1998, Evolution of life histories in *Pinus*, In: Richardson, DM(ed.), Ecology and Biogeography of *Pinus*, 219-250, Cambridge Univ. Press.

Kim, JY, Ko, YG, Chung, CH, Kim, HG, 1996, Paleoecology of Neogene Palynoflora from the Bugpyeong Formation, Donghae Area, Korea, J. Paleontal. Soc. Korea., 12(2), 168-180.

Kolbek, J, Kucera, M, 1989, A Brief Survey of Selected Woody Species on North Korea(D. P.R.K), Bot. Inst. Czech. Acad. of Sci., Czechoslovakia.

Kolbek J, Srutek, M, 1990, Structure of tree line on the SE slopes of Mt. Paektu, Abstracts, V Intl. Cong. of Ecol., p. 384.

Kong, WS, 1992, The vegetational and environmental history of the pre-Holocene period in the Korean Peninsula, Kor. J. Quat. Res., 6(1), 1-12.

Kong, WS, Watts, D, 1993, The Plant Geography of Korea, Kluwer Academic Publishers, The Netherlands.

Kong, WS, 1994, The vegetational history of Korea during the Holocene period, Kor. J. Quat. Res., 8(1), 10-26.

Kong, WS, 2000, Vegetational history of the Korean Peninsula, Global Ecol. and Biogeog., 9(5), 391-401.

Kong, WS, Lee, SG, Park, HN, Lee, YM, Oh, SH, 2014, Time-spatial distribution of *Pinus* in the Korean Peninsula, Quat. Intl., 344(1), 43-53.

Kong, WS, Koo, KA, Choi, K, Yang, JY, Shin, CH, Lee, SG, 2016, Historic vegetation and environmental changes since the 15th century in the Korean Peninsula, Quat. Intl,, 392, 25-36.

Kremenetski, CV, Liu, KB, MacDonald, GM, 1998, The late Quaternary dynamics of pines in northern Asia, In: Richardson, DM(ed.), Ecology and Biogeography of *Pinus*, 95-106, Cambridge Univ. Press.

Krüssmann, G, 1985, Manual of Cultivated Conifers, Timber Press, Portland.

Iwatsuki K, Yamazaki T, Boufford, DE, Ohba, H(eds.), 1995, Flora of Japan, Volume 1, Pteridophyta and Gymnospermae, Kodansha, Tokyo.

Larcher, W, 1995, Physiological Plant Ecology, 3rd ed., Springer-Verlag, Berlin

Leathart, S, 1977, Trees of the World, A & W Publishers, N.Y.

Ledig, FT, 1998, Genetic variation in *Pinus*, In: Richardson, DM(ed.), Ecology and

Biogeography of *Pinus*, 251-280, Cambridge Univ. Press.

Lee, SW, Choi, WY, Kim, WW, Kim, ZS, 2000, Genetic variation of *Taxus cuspidata* in Korea, Silva Genetica, 49(3), 124-130.

LePage, BA, Basinger, JF, 1995, The evolutionary history of the genus *Larix*: (Pinaceae), Schmidt, WC, McDonald, KJ(eds), Ecology and Management of *Larix* Forests: A Look Ahead, 19-29, IUFRO.

Li, J, Davis, CC, Del Tredici, P, Donoghue, MJ, 2001, Phylogeny and biogeography of *Taxus*(Taxaceae) inferred from sequences of the internal transcribed spacer region of nuclear ribosomal DNA, Harv. Pap. Bot., 6, 267-274.

Little, EL Jr., and Critchfield, WB, 1969, Subdivisions of the Genus *Pinus*(Pines), USDA Misc. Publ., No. 1144, Washington, D.C.

Liu, TS, 1971, A Monograph of the Genus *Abies*, Department of Forestry, National Taiwan Univ., Taipei.

Lu Y, Ran JH, Guo DM, Guo, DM, Yang, ZY, Wang, XQ, 2014, Phylogeny and divergence times of gymnosperms inferred from single-copy nuclear genes, PLoS ONE, 9: e107679.

Ma, JL, Zhuang, LW, Li, JG, Chen, D, 1992, Geographic distribution of *Pinus koraiensis* in the world, Jour. Northeast Forest Univ.(China), 20(5), 40-48.

MacDonald, GM, 1993, Fossil pollen analysis and the reconstruction of plant invasions, Adv. Ecol. Res., 24, 67-110.

Mao, KS, Hao, G, Liu, JQ, Adams, RP, Milne, RI, 2010, Diversification and biogeography of *Juniperus*(Cupressaceae): variable diversification rates and multiple intercontinental dispersals, New Phytol., 188(1), 254-272.

Meyen, SV, 1988, Gymnopserms of the Angara flora, Beck, CB(ed.), Origin and Evolution of Gymnosperms, 338-381, Columbia Univ. Press, N.Y.

Miki, S, 1957, Pinaceae of Japan, with special reference to its remains, Osaka City Univ. Inst. Polytech. Jour. Series D, Biology, 8, 221-272.

Millar, CI, 1993, Impact of the Eocene on the evolution of *Pinus*, Ann. Miss. Bot. Gdn., 80, 471-498.

Millar, CI, 1998, Early evolution of pines, In: Richardson, DM(ed.), Ecology and Biogeography of *Pinus*, 69-91, Cambridge Univ. Press.

Miller, CN, 1976, Early evolution in the Pinaceae, Rev. Paleobot. and Paly., 21, 101-117.

Miller, CN, 1977, Mesozoic conifers, Bot. Rev., 43, 217-280.

Miller, CN, 1998, The origin of modern conifer families, Beck, CB(ed.), Origin and Evolution of Gymnosperms, 448-486, Columbia Univ. Press, N.Y.

Milyutin, LI, Vishnevetskaia, KD, 1995, Larch and larch forests of Siberia, Schmidt, WC, McDonald, KJ(eds), Ecology and Management of *Larix* Forests: A Look Ahead, 50-53, IUFRO.

Miner, CL(eds.), 1996, Korean pine broadleaved forests of the Far East: Proc. from the Intl. Conf.: 1996, Sept. 30-Oct. 6, Khabarovsk, 32-39, Russian Federation Gen. Tech. Rep. PNW-GTR-487, Portland, OR, Department of Agriculture, Forest Service, Pacific Northwest Research Station.

Mirov, NT, 1967, The Genus *Pinus*, N.Y.

Mirov, NT, 1967, Migration and survival of plants as exemplified by the genus *Pinus*, Year Book of the Amer. Phil. Soc., 318-320.

Mitchell, AF, 1972, Conifers from Europe and Asia, in: Napier, E(ed.), Conifers in the British Isles, 9-10, The Royal Hort. Soc., London.

Nakai, T, 1952, A Synoptical Sketch of Korean Flora, Bull. Natl. Sci. Mus. Tokyo.

Nienstaedt, H, Teich, A, 1972, The Genetics of White Spruce, USDA Forest Ser. Res. Paper WO-15, 24p.

Nikolov, N, Helmisaari, H, 1992, Silvics of the circumpolar boreal forest tree species, In; Shugart, HH, Leemans, R, Bonan, GB(eds.), A Systems Analysis of the Global Boreal Forest, 13-84, Cambridge Univ. Press, Cambridge.

Nimsch, H, 1995, A Reference Guide to the Gymnosperms of the World, An introduction to their history, systematics, distribution, and significance, Koeltz Scientific Books, Champaign, USA.

Okitsu, S, Ito, K, 1984, Vegetation dynamics of the Siberian dwarf pine(*Pinus pumila*) in the Taisetsu Mountain Range, Hokkaido, Japan, Vegetatio, 58, 105-113.

Okitsu, S, Ito, K, 1989, Conditions for the development of the *Pinus pumila* zone of Hokkaido, northern Japan, Vegetatio, 84, 127-132.

Okitsu, S, Mizoguchi, T, 1990, Relation between cone production and stem diameter elongation of *Pinus pumila* of Japanese high mountains, Jpn. Jour. Ecol., 40(2), 49-55.

Oldfield, S, Lusty, C, MacKinven, A, 1998, The World List of Threatened Trees, World Conservation Press, IUCN, Cambridge, U.K.

Page, CN, 1990, The families and genera of conifers, In: Kubitsky, K(ed.), The Families and Genera of Vascular Plants, Vol. 1, 278-361, Springer-Verlag, Berlin.

Park, JJ, 2011, A modern pollen-temperature calibration data set from Korea and quantitative temperature reconstructions for the Holocene, The Holocene, 21, 1125-1135.

Park, CW *et al*, 2007, The Genera of Vascular Plants of Korea, S.N.U.

Pielou, EC, 1988, The World of Northern Conifers, Cornell Univ. Press, Ithaca.

Pravdin, LF, Iroshnikov, AJ, 1982, Genetics of *Pinus sibirica, P. koraiensis*. and *P. pumila*, Ann. Forest, 9(3), 79-123.

Rich, PV, Rich, TH, Fenton, MA. Fenton, CL, 1996, The Fossil Book, A Record of Prehistoric Life, Dover Publ., N.Y.

Richardson, DM, Bond, WJ, 1991, Determinants of plant distribution: evidence from

침엽수의 자연사

pine invasion, Amer. Nat., 137, 639-668.

Richardson, DM(ed.), 1998, Ecology and Biogeography of *Pinus*, 3-46, Cambridge Univ. Press.

Rothwell, GW, Mapes, G, Stockey, RA, Hilton, J, 2012, The seed cone Eathiestrobus gen. nov.: fossil evidence for a Jurassic origin of Pinaceae, Amer. Jour. of Bot., 99(4), 708-720.

Rushforth, K, 1987, Conifers, Facts on File Publications, N.Y.

Sakai, A, Larcher, W, 1987, Frost Survival of Plants: Responses and Adaptation to Freezing Stress, Ecol. Stud., Vol. 62, Springer-Verlag, Berlin.

Sauer, JD, 1988, Plant Migration: The Dynamics of Geographic Patterning in Seed Plant Species, Univ. of California Press, Berkely.

Silba, J, 1984, An International Census of the Coniferae, I, Phytological Memoirs.

Silba, J, 1986, Encyclopaedia Coniferae, Phytologia Memoirs VIII, Corvalis.

Schmidt, WC, 1995, Around the world with *Larix*: an introduction, Schmidt, WC, McDonald, KJ(eds), Ecology and Management of *Larix* Forests: A Look Ahead, 6-10, IUFRO.

Sporne, KR, 1965, The Morphology of Gymnosperms(The structure and evolution of primitive seed plants), Hutchinson & Co., London.

Spjut, R W, 2007. A phytogeographical analysis of *Taxus*(Taxaceae) based on leaf anatomical characters. J. Bot. Res. Inst. Texas 1(1), 291-332.

Stewart, WN, Rothwell, GW, 1993. Paleobotany and the Evolution of Plants. 2nd Edition, Cambridge Univ. Press, Cambridge.

Styles, BT, 1993, Pine kernels, In: Macrae, R, Robinson, RK, Sadler, MJ(eds.), Encyclopaedia of Food Science, Food Technology and Nutrition, Vol. 6, 3595-3597, Academic Press, London.

Taylor, TN, 1976, Introduction: patterns in gymnosperm evolution, Rev. Paleobot. and Paly., 21(1), 1-3.

Thomas, BA, Spicer, RA, 1987, The Evolution and Palaeobiology of Land Plants, Croom Helm, London.

Thomas, P, 2000, Trees: Their Natural History, Cambridge Univ. Press, Cambridge.

Tranquillini, W, 1979, Physiological Ecology of the Alpine Timberline, Springer-Verlag, Berlin.

Uyeki, H, 1926, Corean Timber Trees, Vol. 1, Ginkgoales and Coniferae, For. Exp. Stat. Rep., Vol. 4, 1-154.

Uyeki, H, 1927, The seeds of the genus *Pinus*, as an aid to the identification of species, Bull. Agri. & For. Coll., 2, 1-129, Suwon, Korea.

Valacovic, M, Kucera, M, Kolbek. J, Jarolminek, I, Valakovik, M, 2001, Distribution and Phytocoenology of Selected Woody Species of North Korea D.P.R.K, Coronet Books,

Pruhonice, Czech.

Van Gelderen, DM, 1996, Conifers: The Illustrated Encyclopedia, Vol. 1, Timber Press.

Velichko, AA, Isaeva, LL, Makeyev, VM, Matishov, GG, Faustova, MA, 1984, Late Pleistocene glaciation of the Arctic Shelf and the reconstruction of Eurasian ice sheets, In: Velichko, AA(ed.), Late Quaternary Environments of the Soviet Union, 35-41, Univ. of Minneapolis, Minneapolis.

Vidaković, M, 1991, Conifers: morphology and variation,(translated by Šoljan, M.) Graficki Zovod Hrvatske, Zagreb, Croatia.

Wang, SM, Zhong, SX, 1995, Ecological and geographical distribution of *Larix* and cultivation of its major species in southwestern China, Schmidt, WC, McDonald, KJ(eds), Ecology and Management of *Larix* Forests: A Look Ahead, 38-40, IUFRO.

Watson, FD, Eckenwalder, JE, 1993, Cupressaceae, Flora of North America Editorial Committee(eds.), Flora of North America North of Mexico, Vol. 2. Oxford Univ. Press.

Welch, JH, 1991, The Conifer Manual Vol. 1, Kluwer Academic Publishers, Dordrecht.

Williams, CG, 2009, Conifer Reproductive Biology, Springer.

Wolfe, JA, 1985, Distribution of major vegetation types during the Tertiary, Geophy. Monogr., 32, 357-375.

Wolfe, JA, 1990, Palaeobotanical evidence for a marked temperature increase following the Cretaceous/Tertiary boundary, Nature, 343, 153-156.

Woodward, FI, 1995, Ecological controls of conifer distributions, In; Smith, WK, Hinckley, TM(eds.), Ecophysiology of Coniferous Forests, 79-94, Academic Press, San Diego.

Wright, JW, 1955, Species cross-ability in spruce in relation to distribution and taxonomy, For. Sci., 1, 319-349.

Yasuda, Y, Tsukada, M, Kim, JM, Lee, ST, Yim, YJ, 1980, The environment change and the agriculture origin in Korea, Jpn. Min. of Edu., Overseas Res. Rep., 1-19(in Japanese).

Wang, XQ, Ran JH, 2014, Evolution and biogeography of gymnosperms, Mol Phylogenet Evol., Jun;75: 24-40. doi: 10.1016/j.ympev.2014.02.005.

• 웹페이지 •

https://en.wikipedia.org
http://herbaria.plants.ox.ac.uk/bol/conifers
http://plants.usda.gov/core/profile?symbol=THOC2
http://www.bris.go.kr
https://www.britannica.com/plant/conifer/Distribution-and-abundance
http://www.conifers.org

http://www.donsmaps.com/images26/icesheetsnorthernhemisphere.jpg

https://www.forest.go.kr/kfsweb/kfi/kfs/cms/cmsView.do?mn=NKFS_04_05_01&cmsId=
FC_000065

https://kfss.forest.go.kr/stat/ptl/infoGraphc/infoGraphcDtl.do?curMenu=114&infoGraphc
Seq=202

https://www.hani.co.kr/arti/animalpeople/ecology_evolution/968512.html

https://www.hani.co.kr/arti/animalpeople/ecology_evolution/1012294.html#csidxca80763
2fb76a8e9fb0e5d6c1e38d08

https://www.joongang.co.kr/article/17520063#home

http://www.juniperus.org

http://www.kofpi.or.kr

http://www.nature.go.kr/kpni/index.do

https://www.sciencetimes.co.kr/news/%EC%8A%A4%EC%B9%B8%EB%94%94%E
B%82%98%EB%B9%84%EC%95%84-%EC%B9%A8%EC%97%BD%EC%88%98-
%EB%B9%99%ED%95%98%EA%B8%B0-%EA%B2%AC%EB%94%94%EA%B3 %A0-
%EC%83%9D%EC%A1%B4/

http://www.worldbotanical.com/index.html#outline

찾아보기

침엽수의 자연사

임목축적(량) 75, 93

잎갈나무 20, 39, 46, 83, 85, 88, 98, 100,
102, 121, 142, 149, 158~161, 169, 186,
267, 308

잎갈나무속 34, 43, 80~81, 83, 85, 87~88,
91, 140~145, 147, 158~159, 166, 203,
256, 267, 308

ㅈ

자가수분 28, 47

자생종 20, 40, 133, 259, 286, 295,
308~309

자성구화수 28~30

자연사 44, 58~59, 66, 74~75, 103, 132,
134, 139, 172, 191, 203

자이언트 세쿼이아 16, 33, 40

잣까마귀 34, 175

잣나무 33~34, 83, 85, 88, 92, 100, 102,
108, 123, 129~130, 133, 140~142,
174~177, 186~190, 290, 308

재선충 129~130, 180

재선충병 26, 130, 196

전나무 22, 52, 83, 85, 87~88, 90~91, 100,
118, 133, 142, 146~149, 151, 306, 308

전나무속 20, 34, 80~83, 85, 88, 91, 114,
116, 140~143, 145~148, 306

전이대 95

제주조릿대 119

종 다양성 37, 42, 44, 141, 145~146,
164~165, 172, 204, 207~208

종비나무 83, 85, 88, 98, 100, 142, 164,
168~170

종자고사리 59~60, 257

종자식물 15~17, 30, 47, 61, 63

주목 25, 31, 35, 40, 50, 71, 83, 85, 88, 91,
98, 102, 105, 108, 112~113, 132~133,
234, 240~242, 244~249, 297, 309

주목과 37, 44, 58, 83~84, 88, 234,
238~240, 249, 309

주목속 20, 28, 80~81, 83, 85, 87~88, 91,
239~241, 244, 246, 249

중생대 55~61, 64~66, 77~81

쥐라기 55~59, 64~65, 78~79, 139, 164,
172, 203, 239, 257, 259~280, 285

지구온난화 48, 106~107, 111, 117, 119,
121~122, 127, 129~130, 132~133, 144,
206

지표식물 114, 191

지표종 154, 168

진박새 34, 175

ㅊ

천연갱신 119

천연기념물 40, 76, 113, 184, 191, 196,
209, 211, 216, 224, 232, 248, 252, 255,
264, 272, 306, 308~309

천이 47, 119, 121, 123, 125, 143, 173

청설모 34, 175, 186

최온난기 73

최후빙기 68~71, 112, 172, 191, 259

취약종 105~106, 228, 244

측백나무 52, 64, 83, 85, 88, 100, 206,
222~225, 229, 256, 288, 300

측백나무과 31, 37, 44, 58, 76, 81, 83~84,
88, 202~204, 206~208, 226, 229, 256,
287, 292, 295, 297, 308

측백나무속 83, 85, 87~88, 204, 222

침엽수림 42~43, 46, 59~60, 75, 89, 91,
93, 108, 110, 124, 126~127, 132, 134,
144

침엽수의 자연사

The Natural History of Conifer

초판 1쇄 인쇄 2023년 2월 20일
초판 1쇄 발행 2023년 2월 25일

지은이 공우석

펴낸곳 지오북(**GEO**BOOK)
펴낸이 황영심
편집 전슬기, 정진아
디자인 장영숙

주소 서울특별시 종로구 새문안로5가길 28, 1015호
(적선동, 광화문 플래티넘)
Tel_02-732-0337 Fax_02-732-9337
eMail_book@geobook.co.kr
www.geobook.co.kr
cafe.naver.com/geobookpub

출판등록번호 제300-2003-211
출판등록일 2003년 11월 27일

ISBN 978-89-94242-85-9 03480

재생종이로 만든 책

이 책은 환경과 산림자원 보호를 위한
FSC 인증 종이와 재생종이를 사용했습니다.